电子装备试验数据的
非统计分析理论及应用

柯宏发　陈永光　赵继广　著
胡利民　夏　斌　杜红梅

国防工业出版社

·北京·

图书在版编目(CIP)数据

电子装备试验数据的非统计分析理论及应用／柯宏发等著．—北京：国防工业出版社，2016.5
ISBN 978-7-118-10174-4

Ⅰ.①电… Ⅱ.①柯… Ⅲ.①电子装备-实验-统计分析 Ⅳ.①E933-33

中国版本图书馆 CIP 数据核字(2016)第 061460 号

※

国防工业出版社出版发行
（北京市海淀区紫竹院南路23号　邮政编码100048）
国防工业出版社印刷厂印刷
新华书店经售

*

开本 880×1230　1/32　印张 11¼　字数 315 千字
2016 年 5 月第 1 版第 1 次印刷　印数 1—2000 册　定价 78.00 元

（本书如有印装错误，我社负责调换）

国防书店：(010)88540777　　发行邮购：(010)88540776
发行传真：(010)88540755　　发行业务：(010)88540717

感谢以下项目对本专著内容研究的资助!

中国博士后科学基金项目
国家重点实验室基金项目
总装备部"1153"人才战略工程专项
总装备部重点特色学科专业建设项目
军队"2110"工程建设项目
试验技术研究重点项目

序

"先决胜于试验场,再决胜于战场",电子装备作为信息化战争的基础单元装备,对其进行试验得到的鉴定结论,是对未来战争中电子装备作战效能、作战适用性进行预测与评估的重要依据。另一方面,电子装备的试验鉴定是其全寿命周期管理过程的重要环节,试验鉴定技术水平直接影响电子装备的作战能力、发展速度和发展水平,因此对电子装备试验鉴定理论与技术进行深入研究,具有重大的军事意义。

电子装备的试验鉴定,主要根据装备研制总要求中规定的战术技术指标和作战使用要求,对电子装备进行定量描述、测试与评价,以检验、评估其在完成作战任务时的对抗效果。对电子装备进行试验鉴定需要综合应用严格的科学方法、现代测试系统和准确的测试结果数据分析方法,使用户能在接近实战环境中确定装备的战场作战能力。由于受到电子装备及试验鉴定活动的复杂性、试验活动管理者的认知局限性、数据分析处理方法与模型表达的多样性及局限性等不确定因素的影响,很多情况下试验数据的概率分布特征难以确定。传统的概率统计分析理论在这样的数据,特别是武器装备作战试验中贫信息数据面前,有些捉襟见肘乃至束手无策。同时,电子装备试验数据的不确定性遍历试验数据的获取、表达、传输、分析等处理全过程,试验数据的表达、分析与处理的局限性可能使数据的不确定性进一步传播和累积。总的看来,基于不确定性理论等非统计原理的试验数据描述、处理与分析是目前试验理论发展过程中亟需解决的重大难题,也成为电子装备试验鉴定领域的一个重要发展方向。

本书作者多年从事电子装备试验鉴定技术的研究工作,紧密结合电子装备试验鉴定需求,系统深入地研究了电子装备试验活动中未知概率分布试验数据的误差识别、预测建模以及聚类分析等大量实际问题,对试验数据的非统计分析理论与技术进行了概括和升华,初步构建了试验数据非统计处理与分析的理论体系,是对现有武器装备试验数据分析方法的较大突破与发展,填补了国内电子装备试验数据处理与分析领域的空白。本书提出的非统计分析理论在多项大型和特大型电子装备试验中得到了成功的应用,既解决了传统概率统计方法难以合理处理的某些贫信息数据分析问题,又提供了一条研究和分析武器装备试验数据分析问题的新途径。

  本书构思新颖,结构合理,内容深入浅出,理论联系实际,体现了先进性与新颖性的统一,在工程技术应用方面具有明显的特色与创新,是一部高水平的学术著作。本书的出版将为武器装备试验数据的非统计分析开辟一条新途径,也将对武器装备试验理论与技术的发展与提高起到积极的促进作用。

张光义,中国工程院院士。

前　言

　　电子装备试验是电子装备研制过程中保证电子装备质量、提高电子装备性能和作战能力、促进电子装备技术发展的重要环节，电子装备试验数据处理与分析技术是其试验理论和技术的重要基础部分，而电子装备试验数据的来源和描述等受到很多不确定因素的影响，试验数据的概率分布特征难以确定，基于不确定性理论等非统计原理的试验数据描述、处理与分析是目前试验理论发展过程中亟须解决的重大难题。因此，深入研究电子装备试验数据的非统计分析理论与技术，具有重大的理论价值和军事意义。

　　本书作者是国内最早在电子装备试验领域进行灰色系统等不确定性理论与技术应用研究的学者之一，近 10 年来，本书作者及其研究团队通过不懈努力，先后主持或参加与电子装备试验技术有关的中国博士后科学基金、"863"项目、装备预先研究项目、总装备部试验技术重点研究项目等 20 余项，在贫信息下电子装备作战效能评估、电子装备试验数据的灰色处理理论以及基于未确知有理数的试验数据处理理论等方面取得突破，在国内外期刊和会议上发表相关学术论文 60 余篇（其中，被 SCI、EI、ISTP 三大检索机构收录 40 余篇），获得国家发明专利 3 项、国家实用新型专利 1 项，获得军队科技进步二等奖 1 项、三等奖 6 项，总装备部教学成果一等奖和二等奖各 1 项，特别是前期部分研究成果形成了 4 本学术专著，包括《电子信息装备试验灰色系统理论运用技术》《电子装备试验与训练最优化技术和方法》《电子装备试验不确定性信息处理技术》和《电子装备复杂电磁环境适应性试验与评估》，这 4 部专著的出版都得到了国防科技图书出版基金的资助。

　　上述这些研究成果是形成本书的基础。本书研究了电子装备试验数据的不确定性数学描述、处理与分析方法,对电子装备试验数据非统计分析理论与技术进行了理论上的升华和概括,初步构建了电子装备试验数据非统计处理与分析的理论体系框架,为电子装备试验非统计理论与技术奠定了基础,富有开拓性和创新性。

电子装备试验数据的非统计分析研究主要从理论与实践的结合上进行,重在应用,强调解决电子装备试验中的实际问题;并且注重可读性,尽量用通俗易懂的语言来叙述。本书所有研究成果均有很强的应用背景,不能断言对所有实践问题都是最有效的分析处理方法,但是具有一定吸引力的新的选择。另外,本书的背景领域是电子装备试验数据处理,因此全书的章节题目中省略了"电子装备"字样。

本书包括3部分的内容:第1部分是基础理论部分,分析了电子装备试验数据的非统计处理与分析需求,介绍试验数据的不确定性预处理模型与方法;第2部分分别对基于灰色系统理论、模糊数学、联系数等的试验数据处理与分析模型进行研究;第3部分对试验数据的非统计数据预测与聚类技术进行研究。具体来说,全书共13章:

第1章分析了电子装备试验数据的非统计处理与分析需求,介绍了试验数据处理的非统计数学研究方法,提出了本书的研究目标与主要研究内容;

第2章研究了试验数据的非统计预处理模型与方法,包括定性数据的定量化转换模型、规范化处理模型以及不确定性评定模型等;

第3章研究了基于灰色理论的试验数据误差处理与评定方法,主要包括试验数据的灰数表达方法、粗大误差的灰色包络判别法和GM(1,1)判别法、系统误差的灰色关联判别法和GM(1,1)判别法等问题,并分别进行了应用实例研究;

第4章研究了基于灰色系统理论的试验数据估计方法,提出了试验数据列的灰距离信息模型,研究了试验数据的点估计模型与区间估计模型,并分别进行了应用实例研究;

第5章研究了基于模糊数学的试验数据处理与分析方法,主要包括基于模糊集的试验数据表达、隶属函数的确定方法,基于模糊概率的

试验数据处理方法,以及粗大误差的模糊判别方法等;

第 6 章研究了基于未确知有理数的试验数据处理与分析方法,主要包括试验数据的未确知有理数表达模型、粗大误差的未确知有理数判别方法、基于未确知有理数的参数估计模型等,并进行了实例分析;

第 7 章研究了基于盲数的试验数据分析方法,主要包括基于盲数的试验数据表达模型、盲数的可信度及 BM 模型等,并就基于盲数的电子侦察分队侦察能力、基于盲数的装备对抗态势等实际问题进行了分析;

第 8 章研究了基于联系数的试验数据处理与分析方法,主要包括试验数据的联系数表达模型,基于联系数的方差分析模型,以及基于集对同势的分析模型等;

第 9 章研究了基于灰色系统理论的试验数据预测模型与方法,主要包括基于灰色 Verhulst 优化模型的电子装备故障时间预测、基于 $GM(1,N)$ 模型及其优化模型的侦察概率模型与影响因素相对重要性分析方法,以及基于 $MGM(1,N)$ 模型的运动目标轨迹坐标预测模型等;

第 10 章研究了基于灰色系统理论的试验数据聚类模型与算法,主要提出了灰色面积变权聚类和灰色关联熵权聚类新方法,并对灰色关联聚类及其聚类可靠性模型进行了研究;

第 11 章研究了基于模糊数学的试验数据聚类模型,并就基于侦察能力的电子装备分类、电子装备侦察能力的分类等进行了应用研究;

第 12 章研究了基于未确知有理数的试验数据预测与聚类模型以及试验数据的未确知均值聚类模型,并对装备性能的未确知有理数聚类以及装备操作水平的未确知均值聚类等进行了应用研究;

第 13 章研究了试验数据的联系数预测与聚类模型,提出了基于均值和极值的联系数预测模型,以及基于距离矩阵的联系数聚类模型。

这些内容包括了电子装备试验数据的非统计分析技术与方法,内容丰富,层次分明,论据充分,知识量、信息量大,集前瞻性、探索性、学术性、应用性于一体,具有重要的理论价值和实践价值。

感谢总装备部"1153"人才资助工程的资助；感谢中国洛阳电子装备试验中心王国良总工程师、军械工程学院导弹工程系高敏主任、总参谋部合肥科技创新工作站王可人主任对本书的指导和帮助；感谢装备学院的各级领导和同仁在本书出版过程中给予的许多支持和帮助。本书的撰写参考了国内外许多专家学者发表的论文和书籍，也参考了课题组的许多研究报告、文章和学位论文，特别是刘义等人的论文，在书后的参考文献中均已一一列出，在此一并深表诚挚的感谢。

"路漫漫其修远兮"，电子装备试验数据的非统计分析理论与技术作为一门新型且极有难度的研究方向，本书内容尚处于研究和探索中，还有许多问题有待于进一步探索。加之作者学识水平有限，国内没有相关的理论专著借鉴，虽多方讨论和几经改稿，书中错误、缺点和短见之处在所难免，恳请读者和各方面专家不吝赐教指正。

著　者

目 录

第1部分 基础理论

第1章 绪论 …………………………………………………………… 2

1.1 电子装备试验活动及其数据分析 …………………………… 2
    1.1.1 电子装备试验活动 ………………………………… 2
    1.1.2 电子装备试验数据分析 …………………………… 6
    1.1.3 试验数据非统计处理需求 ………………………… 7
1.2 试验数据非统计处理的研究现状与发展 …………………… 9
    1.2.1 试验数据的非统计数学研究方法 ………………… 9
    1.2.2 试验数据非统计处理的研究现状 ………………… 15
    1.2.3 试验数据非统计处理的发展 ……………………… 23
1.3 试验数据的非统计处理研究内容 …………………………… 24
    1.3.1 研究体系框架 ……………………………………… 25
    1.3.2 主要研究内容 ……………………………………… 26

第2章 试验数据的非统计预处理模型与方法 ………………… 29

2.1 试验数据的不确定性特征与识别 …………………………… 29
    2.1.1 试验数据的不确定性内涵与外延 ………………… 29
    2.1.2 试验数据的不确定性识别 ………………………… 31
2.2 定性试验数据的量化处理模型 ……………………………… 33
    2.2.1 基于灰色白化函数的转换方法 …………………… 33

  2.2.2 基于模糊数学的转换方法 ·················· 37
  2.2.3 基于云模型的转换方法 ·················· 37
 2.3 试验数据的规范化处理模型 ····················· 40
  2.3.1 无量纲化处理 ························· 41
  2.3.2 归一化处理 ··························· 41
  2.3.3 等极性化处理 ························· 42
 2.4 试验数据的非统计不确定性评定模型 ·············· 43
  2.4.1 模糊性不确定性测度 ··················· 43
  2.4.2 灰色性不确定性测度 ··················· 44
  2.4.3 未确知性不确定性测度 ·················· 44
  2.4.4 联系度不确定性测度 ··················· 45

第 2 部分 处理与分析

第 3 章 试验数据的灰色误差分析理论与应用 ·········· 48

 3.1 试验数据的灰数表达与灰色分析 ················· 48
  3.1.1 电子装备试验数据的灰数与数据列表示 ······ 49
  3.1.2 试验数据的累加(减)生成 ················ 51
  3.1.3 灰色关联分析 ························· 53
  3.1.4 GM(1,1)模型 ························· 56
 3.2 粗大误差判别的灰色包络方法 ··················· 59
  3.2.1 灰色包络判别准则 ····················· 59
  3.2.2 灰色包络判别实例 ····················· 61
 3.3 基于 GM(1,1)模型的粗大误差直接判别法 ··········· 63
  3.3.1 基于 GM(1,1)模型的直接判别法 ··········· 63
  3.3.2 基于 GM(1,1)模型的直接判别法实例 ········ 65
  3.3.3 直接判别法可行性仿真实例 ··············· 67
 3.4 粗大误差的 GM(1,1)模型精度判别法 ·············· 72

    3.4.1 GM(1,1)模型精度判别法原理 …………………… 72
    3.4.2 GM(1,1)模型精度判别法实例 …………………… 73
  3.5 系统误差判别的灰色系统方法 ………………………………… 75
    3.5.1 系统误差的灰色关联判别方法 …………………… 75
    3.5.2 系统误差的GM(1,1)模型判别 …………………… 76
    3.5.3 系统误差的灰色判别实例 ………………………… 76

第4章 试验数据的灰色估计理论与应用 ……………………………… 80
  4.1 试验数据列的灰色距离信息模型 ……………………………… 80
    4.1.1 基于灰色系统理论与范数的灰色距离定义 ……… 80
    4.1.2 灰色距离信息量的定义与性质 …………………… 82
    4.1.3 平均距离信息量的定义与性质 …………………… 84
  4.2 试验数据列的灰色点估计模型 ………………………………… 86
    4.2.1 参数的点估计模型 ………………………………… 87
    4.2.2 不确定度评定 ……………………………………… 88
    4.2.3 灰色点估计结果的接受与拒绝标准 ……………… 90
  4.3 试验数据列的灰色区间估计模型 ……………………………… 91
    4.3.1 试验数据灰色估计区间的确定 …………………… 91
    4.3.2 与传统概率参数估计的比较 ……………………… 92
  4.4 试验数据列的灰色估计步骤与算例 …………………………… 95
    4.4.1 试验数据列的灰色估计步骤 ……………………… 95
    4.4.2 试验数据的灰色点估计算例与分析 ……………… 95
    4.4.3 试验数据的灰色区间估计算例与分析 …………… 97

第5章 试验数据的模糊分析理论与应用 …………………………… 101
  5.1 基于模糊集的试验数据表达 ………………………………… 101
    5.1.1 模糊集合的概念 …………………………………… 101
    5.1.2 试验数据与模糊信息 ……………………………… 103

5.1.3　基于历史试验数据的隶属度确定方法 …………………… 105
　　　5.1.4　基于模糊隶属度的试验数据表达模型 …………………… 107
　5.2　基于模糊概率的试验数据表达 ……………………………………… 108
　　　5.2.1　模糊事件与模糊概率 ……………………………………… 108
　　　5.2.2　基于模糊事件的雷达发现目标概率 ………………………… 109
　　　5.2.3　抽检中不合格装备的模糊概率表达 ………………………… 110
　5.3　粗大误差的模糊判别方法 …………………………………………… 111
　　　5.3.1　模糊信息扩散原理及信息扩散估计 ………………………… 111
　　　5.3.2　基于模糊熵的粗大误差判别原理与应用 …………………… 114
　　　5.3.3　基于模糊聚类的粗大误差判别原理与应用 ………………… 118
　5.4　试验数据的模糊估计模型与实例 …………………………………… 121
　　　5.4.1　基于模糊测度的点估计模型与实例 ………………………… 121
　　　5.4.2　基于模糊信息扩散原理的参数点估计模型 ………………… 124
　　　5.4.3　基于模糊隶属度的区间估计模型与实例 …………………… 127

第6章　基于未确知有理数的试验数据分析理论与应用 ………… 130
　6.1　试验数据的未确知有理数表达 ……………………………………… 130
　　　6.1.1　未确知有理数的定义 ………………………………………… 131
　　　6.1.2　小样本试验数据的未确知有理数构造模型 ………………… 133
　6.2　未确知有理数的数学运算 …………………………………………… 134
　　　6.2.1　未确知有理数的加（减）运算 ……………………………… 134
　　　6.2.2　未确知有理数的乘（除）运算 ……………………………… 137
　　　6.2.3　未确知有理数的大小关系 …………………………………… 138
　6.3　基于未确知有理数的粗大误差判别 ………………………………… 138
　　　6.3.1　基于未确知有理数的判别原理 ……………………………… 139
　　　6.3.2　领域半径的确定模型与仿真 ………………………………… 140
　　　6.3.3　等效辐射功率测试数据的粗大误差判别实例 ……………… 143
　6.4　基于未确知有理数的参数估计 ……………………………………… 145

    6.4.1 未确知有理数的数学期望 ·················· 145

    6.4.2 未确知有理数的方差 ······················· 146

    6.4.3 接收机灵敏度的抽样确定 ·················· 147

    6.4.4 电子装备侦察能力的比较与分析 ·········· 149

  6.5 基于未确知有理数的试验数据分析实例 ············· 151

    6.5.1 天线增益的未确知有理数表达与分析 ··· 152

    6.5.2 电子装备试验周期的整体优化 ············ 156

    6.5.3 电子干扰装备等效功率的可靠度分析 ··· 159

    6.5.4 电子侦察装备的配备数量分析 ············ 163

第 7 章 基于盲数的试验数据分析理论与应用 ············· 167

  7.1 盲数的定义与运算 ·· 167

    7.1.1 盲数的定义 ···································· 167

    7.1.2 盲数的运算 ···································· 168

    7.1.3 盲数的均值 ···································· 170

  7.2 盲数的可信度及盲数模型 ······························· 170

    7.2.1 盲数的可信度 ································· 170

    7.2.2 盲数模型 ······································· 171

  7.3 基于盲数的试验数据分析实例 ·························· 172

    7.3.1 基于盲数的电子侦察分队侦察能力分析 · 172

    7.3.2 基于盲数的电子侦察装备配备数量分析 · 174

    7.3.3 基于盲数的装备对抗态势分析 ············ 176

第 8 章 基于联系数的试验数据分析理论与应用 ············ 178

  8.1 基于联系数的试验数据表达 ····························· 178

    8.1.1 联系数表达与分析模型 ···················· 178

    8.1.2 电子装备试验数据的联系数模型 ········ 180

    8.1.3 不确定性系数 i 的取值方法 ············· 184

8.2 基于联系数的试验数据处理实例 ………………………………… 186
    8.2.1 电子系统可靠度的联系数表示模型 ……………………… 186
    8.2.2 侦察能力的联系数表示与比较 …………………………… 187
    8.2.3 基于联系数的试验时间不确定性分析模型 ……………… 189
8.3 基于联系数的试验数据方差分析及应用 …………………………… 192
    8.3.1 联系数的构造及其基本运算 ……………………………… 192
    8.3.2 基于联系数的试验数据方差分析原理 …………………… 193
    8.3.3 信噪比对接收机性能的影响程度分析 …………………… 195
8.4 基于集对同势的试验数据分析及应用 ……………………………… 197
    8.4.1 集对同势的相关概念 ……………………………………… 197
    8.4.2 基于集对同势的试验数据分析示例 ……………………… 198
8.5 基于联系数的电子装备效能分析 …………………………………… 199
    8.5.1 基于联系数的电子装备系统效能分析 …………………… 199
    8.5.2 基于联系数的电子装备体系效能分析 …………………… 201

第3部分 预测与聚类

第9章 试验数据的灰预测理论与应用 ………………………………… 208

9.1 试验数据预测概述 …………………………………………………… 208
9.2 基于灰色 Verhulst 优化模型的数据预测 …………………………… 209
    9.2.1 灰色 Verhulst 模型及其求解 ……………………………… 210
    9.2.2 灰色 Verhulst 优化模型 …………………………………… 211
    9.2.3 电子装备平均故障工作时间预测 ………………………… 213
    9.2.4 电子装备试验配试设备的研制费用预测 ………………… 216
9.3 基于 GM(1,N) 模型的装备工作状态估计 ………………………… 218
    9.3.1 GM(1,N) 模型及其参数估计 …………………………… 219
    9.3.2 GM(0,N) 模型及其参数估计 …………………………… 221
    9.3.3 电子装备的数据传输误码率建模 ………………………… 221

- 9.3.4 信号侦察概率的影响因素建模分析 …………… 226
- 9.4 GM(1,N)优化模型及其应用 ………………………… 233
  - 9.4.1 GM(1,N)优化模型 ………………………… 233
  - 9.4.2 基于GM(1,3)优化模型的数据传输差错率建模 …………………………………………… 234
  - 9.4.3 基于GM(1,4)优化模型的侦察概率影响因素分析 …………………………………………… 236
- 9.5 基于MGM(1,N)模型的数据预测 ………………… 239
  - 9.5.1 MGM(1,N)模型及其参数估计 …………… 240
  - 9.5.2 基于MGM(1,N)的目标轨迹预测原理 …… 242
  - 9.5.3 无人机飞行轨迹预测实例仿真 …………… 245
- 9.6 基于区间数的GM(1,1)与灰色Verhulst模型及其应用 ……………………………………………………… 255
  - 9.6.1 基于区间数的GM(1,1)模型 ……………… 255
  - 9.6.2 基于区间数的灰色Verhulst模型 ………… 259
  - 9.6.3 运动目标距离的区间GM(1,1)模型预测 … 259
  - 9.6.4 电子装备训练效果的区间灰色Verhulst模型预测 ……………………………………………… 263

第10章 试验数据的灰聚类理论与应用 ……………… 267

- 10.1 试验数据聚类概述 …………………………………… 267
- 10.2 灰色关联聚类及应用 ………………………………… 268
  - 10.2.1 灰色绝对关联度的定义 …………………… 268
  - 10.2.2 灰色关联聚类原理 ………………………… 269
  - 10.2.3 灰色关联聚类的可靠性 …………………… 270
  - 10.2.4 电子装备性能评价指标的归类约减 ……… 272
  - 10.2.5 基于灰关联的通信侦察装备归类 ………… 274
- 10.3 灰色面积变权聚类及应用 …………………………… 276

        10.3.1　灰色面积变权聚类原理 ……………………………… 276
        10.3.2　灰色面积变权聚类流程 ……………………………… 279
        10.3.3　作战对象模拟程度的灰色聚类 ……………………… 280
    10.4　灰色关联熵权聚类及应用 …………………………………… 286
        10.4.1　灰色关联熵权聚类原理 ……………………………… 286
        10.4.2　灰色关联熵权聚类流程 ……………………………… 287
        10.4.3　作战对象模拟程度的灰色关联熵权聚类 …………… 288

第 11 章　试验数据的模糊聚类技术 …………………………………… 290

    11.1　试验数据的模糊聚类原理 …………………………………… 290
        11.1.1　模糊聚类分析法 ……………………………………… 290
        11.1.2　基于模糊模式识别的试验数据聚类 ………………… 292
    11.2　试验数据的模糊聚类应用实例 ……………………………… 294
        11.2.1　基于侦察能力的电子装备分类 ……………………… 294
        11.2.2　电子装备侦察能力的分类 …………………………… 298

第 12 章　试验数据的未确知预测与聚类 ……………………………… 301

    12.1　基于未确知有理数的试验数据预测模型 …………………… 301
        12.1.1　通信接收机信干比的预测计算 ……………………… 301
        12.1.2　基于未确知有理数的装备作战能力预测 …………… 305
    12.2　基于未确知有理数的聚类模型 ……………………………… 308
        12.2.1　未确知有理数的质心与大小关系 …………………… 308
        12.2.2　基于未确知有理数的装备性能聚类模型 …………… 309
        12.2.3　装备性能聚类事例 …………………………………… 311
    12.3　试验数据的未确知均值聚类 ………………………………… 314
        12.3.1　未确知均值聚类的基本思想 ………………………… 315
        12.3.2　未确知均值聚类的基本步骤 ………………………… 317
        12.3.3　基于未确知均值聚类的侦察装备性能分析 ………… 318

  12.3.4　装备操作水平的未确知均值聚类 ……………… 321

第 13 章　试验数据的联系数预测与聚类方法 ……………… 324

 13.1　试验数据的联系数预测模型 ……………………………… 324

  13.1.1　基于均值的联系数预测原理 ………………… 324

  13.1.2　基于极值的联系数预测原理 ………………… 325

  13.1.3　电子侦察装备的性能预测 …………………… 325

 13.2　试验数据的联系数聚类原理与实例 …………………… 326

  13.2.1　基于距离矩阵的联系数聚类原理 …………… 326

  13.2.2　基于距离矩阵的侦察装备聚类示例 ………… 328

参考文献 ………………………………………………………… 332

第❶部分
基础理论

第1章 绪论
第2章 试验数据的非统计预处理模型与方法

第1章 绪 论

1.1 电子装备试验活动及其数据分析

电子装备试验数据的非统计分析理论及应用是研究和探讨电子装备试验与评价活动中试验数据处理方法的一种理论与技术,要进行系统的研究,首先必须给研究对象"电子装备试验"、"电子装备试验数据处理"等一个准确的界定,并且论证电子装备试验数据的非统计分析需求。

1.1.1 电子装备试验活动

1.1.1.1 试验

试验指已知某种事物的时候,为了了解它的性能或者结果而进行的试用操作,还指为了察看某事的结果或某物的性能而从事某种活动。理解试验和将试验与其他研究方法区别开来的关键点就在于,通过操纵事物观察现象;试验的科学方面就是在可控条件下操纵事物并对之进行正确的评价;用最简单的方法来理解,试验就是"通过改变变量制造效果"的过程。

美国防务系统管理学院1987年7月版编著的《防务采办缩略语和术语》给出了"试验"的定义:为取得、确定或提供数据的任何计划或程序,用这些数据评价研究和研制(不含实验室实验)、完成研制目标的进展情况,或评价系统、子系统、部件和设备项目的性能和使用能力。而美国国防采办大学出版的《国防采办缩略语和术语汇编》认为,"试验"是任何旨在获得、验证或提供用于评价以下内容的数据的计划或程序:①实现研制目标的进展情况;②系统、子系统、部件和设备的性能、作战能力和作战适用性;③系统、子系统、部件和设备的易损性和杀伤力。

《中国人民解放军装备条例》基于试验"制造效果"的目的性指出

了装备试验的任务,就是对被试验装备提出准确的试验结果,做出正确的试验结论,为装备的定型工作、部队使用、承研承制单位验证设计思想和检验生产工艺提供科学依据。

综上所述,本书认为装备试验是在武器装备全寿命管理的不同阶段,为了正确评价装备的战术技术性能、作战能力和作战适用性而采取的数据获取过程。

由试验的定义可以看出,试验不同于实验:实验是相对于知识理论的实际操作,针对某个结论重复前人已经认识的过程或者推导出新的结论,并且该结论基本是一种真理,实验的目的只是为了从实验中更形象地学习到知识;而试验是对事物或社会对象的一种检测性的操作,是在以前没有得到结论的,或是结论没有得到大多数人认可的,再通过试验对某个结论进一步研究。试验是就事论事的。从上述比较可以看出,实验比试验的范围宽广,所有的试验都是一种实验。

1.1.1.2 试验与评价

从广义上说,试验与评价可以定义为研究、研制、引入和使用某项武器系统或子系统过程中进行的所有物理试验、建模、仿真、实验和相互分析。

美国防务系统管理学院1987年7月版编著的《防务采办缩略语和术语》给出了"试验与评价"的定义:通过试验将系统或部件与要求和规范做比较。对比较结果做评价以评估设计、性能、保障性等的进展情况。

美国国防采办大学出版的《国防采办缩略语和术语汇编》认为,"试验与评价"是演练系统或部件、对结果进行分析以提供与性能相关的信息的过程。该信息有很多用途,包括风险识别、风险降低及为验证模型和仿真提供经验数据。试验与评价能对技术性能、技术规范的实现情况和系统成熟度进行评估,以确定系统是否具备预期的作战效能、适用性、生存性和/或杀伤力。

上述两个定义的"评价",就是进行分析和判断并得到结论的过程,即对试验所获得的数据进行处理、逻辑组合和综合分析,将其结果与装备研制总要求中规定的战术技术指标和作战使用要求进行比较分析,对实现装备研制目标的情况进行评价,对军事装备的战术技术性能和作战使用性能进行评定。试验是获取有价值数据资料的过程。这两个概念在装备研究和研制过程中的作用是可以得到明显区分的,但是试验与评价的两个过程又是密切相关的,这两个概念通常被结合在一起使用,没有通过试验获取可靠的数据信息,就不可能进行科学的评价,试验是评价的前提和基础,评价是试验的延续和深化,两者的目的一样,都是为了确保研制和生产出符合作战要求的武器系统。

1.1.1.3 电子装备试验与评价

电子装备,通常又称为电子信息装备,一般指承担电子信息获取、传输、处理、利用、攻击和防御等任务的各种装备,可保护己方信息和信息系统,阻止敌方获取和利用信息,最大限度地提高、扩展主战装备的性能和功能,充分发挥武器装备整体作战能力。本书所论述的电子装备,按照装备类型和用途主要包括雷达及雷达对抗装备,通信及通信对抗装备,光电及光电对抗装备,各种指挥、控制、通信、计算机、情报、监视和侦察(C^4ISR)系统,导航及导航对抗装备,基于计算机网络的各种信息系统及信息网络对抗装备。其组成如图1-1所示。

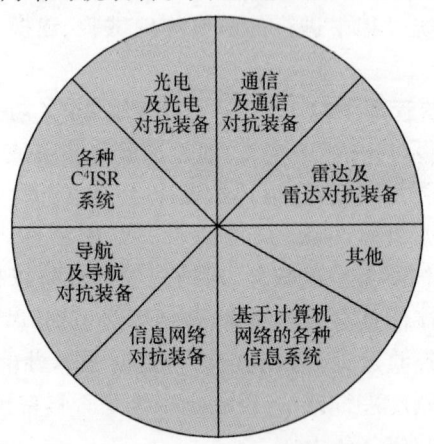

图1-1 电子装备组成

电子装备的试验与评价,主要是对电子装备在给定的作战想定背景下进行定量描述、测试与评估,根据装备研制总要求中规定的战术技术指标和作战使用要求,以检验评估其在完成作战任务时的对抗效果,识别、评估并降低电子装备论证、研制过程中其战术技术性能不能适应复杂战场的巨大风险,提供及时、准确和足够的电子装备战术技术性能数据信息,支持其全寿命周期中设计定型、采购和作战使用等决策,是电子装备在装备部队之前必须进行的试验。

电子装备系统是一个复杂的人机大系统,是由多个电子装备分系统的综合集成,具备多种功能,如信号侦察、干扰等。电子装备系统是多任务、多使命的,其试验与评估问题是个十分复杂的问题。为了能有效地利用有限、昂贵的现有电子装备试验与评价资源,需要有一个明确的电子装备试验与评价程序(图1-2),因为过去的很多电子装备项目表明,在设计定型试验与评价中的确存在不足,常常不得不进行昂贵的改进和重新进行试验。

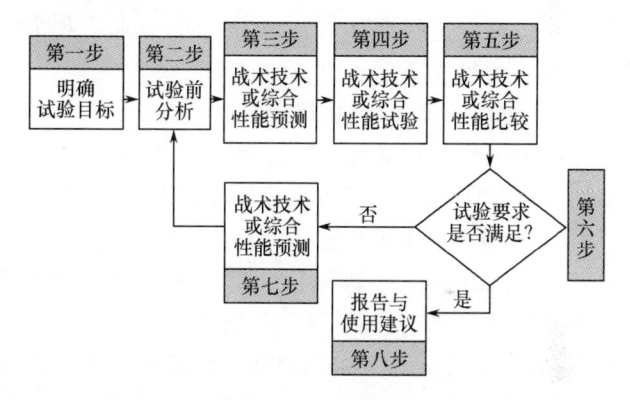

图1-2 电子装备试验与评价程序

图1-2将电子装备试验与评价分为两个层次。

(1)电子装备试验与评价的第一个层次是战术技术性能层,电子装备战术技术性能是装备的多个单项指标,反映的是装备的某些属性。与效能相比:装备战术技术性能是绝对的,是针对电子装备产品本身的;而效能则比较抽象,是针对电子装备作战对象的。

(2)电子装备试验与评价的第二个层次是效能层,即图中的综合性能层,电子装备的效能评估是指利用定性和定量相结合的手段,分析、计算、评价电子装备在执行特定作战任务时所能达到预期目标的程度,是对电子装备自身效能评估和该装备在作战条件下的使用效能评估的综合。

高技术电子装备的迅猛发展,对试验与评价的依赖程度越来越高,对试验与评价技术提出了更新、更高的要求。电子装备的试验与评价需要应用严格的科学方法、现代测试系统和准确的测试结果数据分析方法,其主要目的就是在这些严格的测试技术和分析方法的基础上,使得用户在战争环境中能准确确定装备的战场作战能力。

1.1.2 电子装备试验数据分析

著名科学家门捷列夫说过:"没有测量,就没有科学。"测试试验技术是科学研究中信息的获取、处理和显示的重要手段,是人们认识客观世界并取得定性或定量信息的基本方法,是信息工程的源头和重要组成部分。电子装备试验技术则是指利用测试技术、信息获取、信息处理等技术对电子装备性能进行测试与评估的方法,试验数据的分析与处理是试验技术的重要组成部分。

《中国人民解放军军语》对"数据分析"一词的定义是:"从客观数据中提取反映事物内在规律或某种特征等有用信息的研究方法。可用以辅助军事决策"。电子装备试验数据分析是指通过各种试验数据分析工具,将电子装备及其多种配试传感器所探测的各种原始形式的数据处理成试验管理者认识的、与人类认知事物和试验决策与评价信息直接相关的语义数据的过程。对于电子装备试验数据而言,如果试验数据样本充分,而且相应的假设成立,就可以使用基于概率的各种经典统计理论进行试验数据的分析,如估算、假设检验、变量分析和学习曲线分析等。

由图1-2可以看出,数据分析在电子装备试验与评价过程中占有极其重要的地位,其中的第三步、第四步、第五步和第七步都与数据分析紧密相关,必须基于数据分析的结果来支持电子装备性能试验与评价,数据分析结果的好与坏直接关系到试验结果的评价和试验结论的提出。当然,电子装备试验数据分析过程是电子装备试验数据管理系统的一个重要阶段。在第三步"战术技术或综合性能预测"中,电子装备试验数据分析涉及数据建模、数据聚类、数据预测等分析处理过程;在第四步"战术技术或综合性能试验"中,电子装备试验数据分析涉及数据的误差判别与处理、数据建模等分析处理过程;在第五步"战术技术或综合性能比较"中,电子装备试验数据分析涉及数据建模、数据聚类、数据预测等分析处理过程;在第七步"战术技术或综合性能预测"中,电子装备试验数据分析涉及数据建模、数据预测等分析处理过程。

1.1.3 试验数据非统计处理需求

不确定性表示事物的含糊性、不明确性、不肯定性、不完全性或指事物的未决定或不稳定状态,是自然界普遍存在的一种现象,也反映了在不同学科领域中人们对自然界认知的局限程度。这里所讨论的电子装备及其试验测试系统是一个复杂多变的、开放的、非线性的巨系统,具有不确定性,而这种不确定性大概由三个方面的因素所致:①电子装备及其试验测试系统本身的不确定性;②试验者对电子装备及其试验测试系统认知的局限性;③试验测试技术水平及手段的局限性。

人类对客体信息的辨识过程,必然涉及客体信源的客体性、人类主体的主体性以及主客体相互作用中各种噪声干扰的交融性,因此不确定性信息的出现是不可避免的。作为不确定性信息的随机性信息,荷兰著名天文、物理兼数学家惠更斯早在他1657年出版的著作《论机会游戏的计算》中就已提出并进行了研究,而"不确定性"一词,在1836年詹姆斯·穆勒临终前发表的《政治经济学是否有用》一文中明确提出。但人类真正对随机性问题进行研究,还要归功于苏联数学家柯尔莫哥洛夫,他于1933年在其专著《概率论的基本概念》中,首次提出并建立了在测度论基础上的概率论与命题化方法。由于科学界的专家们对不确定性认识不足,而且在对不确定性的研究中遇到了不少困难,人类对不确定性的研究发展比较缓慢。直到1965年,才由美国学者扎德(L. A. Zadeh)创建了模糊集合论,给出了模糊信息的概念,发展了不确定性的研究领域;1982年,我国华中科技大学邓聚龙教授创立了灰色系统理论,建立了灰色集合,产生了灰色数学;1990年,我国工程院院士王光远教授提出了未确知信息,并提出了未确知集作为其主要的研究方法,产生了未确知数学;1991年,我国学者王清印建立了泛灰集,使之包含了以上所有类型的不确定性信息。

由于不确定性是客体与主体相互作用的结果,因此人关于研究对象认识的不确定性的发生,既与研究对象运动规律的自身特点有关,也与主体在观察和认识能力上的局限有关,因此不确定性又分为本征型不确定性(指研究对象状态变化方式的不规则性引起人们对其认识的不确定性)、感知型不确定性(指信息不足引起的人们对研究对象认识的不确定性)和认识型不确定性(指主观认识能力的不足引起的人们对研究对象认识的不确定性)。所以,到目前为止,人们根据不确定性信息的产生原因和相应的研究方法,把不确定性信息分为以下四种:随机信息、模糊信息、灰色信息和未确知信息。

电子装备试验与评价的本质目的就是通过试验,获取有价值的数据信息,将获得的数据进行处理与分析,根据其结果判断装备研制总要求中战术技术指标和作战使用要求的实现程度,换句话说,本质目的就是减少人们对装备战术技术指标和作战使用要求的认知不确定性程度。概率论与数理统计方法是最早研究并应用于电子信息装备试验中不确定性信息的处理方法,并取得了不少的研究成果,其基本思路是使用抽样样本,假设装备战术技术指标和作战使用要求性能符合某种统计规律性,将其看作随机事件,然后通过大量的试验数据来求取其统计规律特征,从部分信息推断出总体信息,通过概率来表达其不确定性本质。

但是随着电子技术的发展和大量高新装备的出现,由于电子装备及其试验测试系统的复杂性以及试验数据表达的多样性,造成概率论与数理统计方法应用局限性的客观存在。其局限性表现在以下几个方面:

(1)实际应用中多数的电子装备试验,由于试验条件和试验费用的限制,不可能让试验者重复随机试验获取大量的试验数据,有时试验数据样本量甚至也就两三个,如果来假设样本的概率分布(通过人类的经验与常识所得到的概率具有较强的主观性)进行数据处理,就会造成试验结果的失真及结果置信度的下降。

(2)电子装备及其试验测试系统中伴随大量的定性现象,无法用定量的数据值表达,如×××装备对某体制信号的侦察效果"好"、×××电台通信效果"414"等,其中的"好"、"414"等概念,概率论与数理统计方法无法进行描述与处理。

(3)电子装备试验的目的一方面是确定装备研制总要求中战术技术指标和作战使用要求的实现程度,另一方面是通过试验发现其存在的缺陷,以提高其战术技术指标和作战使用要求的实现程度。也就是说,对于战术技术指标和作战使用要求的认知,除了要研究其"实现程度",也研究其"不能实现程度",还有"实现程度"与"不能实现程度"的中间的过渡状态。例如,在电子装备试验中经常碰到这样的数据描述问题,×××装备对某体制信号的侦察概率为75%,对某体制信号不能进行侦察的概率为15%,那么对侦察概率75%与不能侦察概率15%中间的10%如何进行描述与处理,概率论与数理统计方法束手无策。

上述这些局限性的存在,迫使人们必须去探索研究试验数据的非统计描述与处理方法,以客观科学地反映电子装备及其试验测试系统问题实际。

1.2 试验数据非统计处理的研究现状与发展

由于电子装备在现代信息化战场上始终处于错综复杂及大量的信号环境中,其使命极其复杂,影响其效能的因素或指标也很多,人们对它们的认知大多是不精确的。在进行电子装备的试验与效能评估时,这些不确定性信息就一直是困扰人们的难题。不确定性,一般认为就是缺乏决策所需的足够信息,这种不明确或不完全信息会增加决策者的难度并可能导致错误的结果。目前人们认识到的不确定性信息通常有随机信息、模糊信息、灰色信息和未确知信息,相应地不确定性信息处理方法就有经典的概率理论、模糊理论和20世纪90年代由邓聚龙教授创立的灰色系统理论方法等。其中经典的概率理论是一种统计处理方法,本书将模糊信息、灰色信息和未确知信息处理方法归结为非统计处理方法。

本节将介绍模糊数学、灰色系统理论、未确知数学和集对分析等非统计数学研究方法,比较它们之间的优、缺点,并指出这些非统计数学方法的研究进展情况。

1.2.1 试验数据的非统计数学研究方法

随着科学技术的发展、人类社会的进步和人的认识能力的提高,人们对客观世界的认识正在经历一个向着多样性、复杂性和不确定性发展的根本变化。20世纪50年代以来,基于不确定性的非统计理论逐渐成为系统科学领域的研究热点。电子装备试验数据非统计分析问题的研究处于初步阶段,很多研究方法还不是太成熟,也正处于探索应用阶段。结合不确定性理论成果,本节对模糊数学方法、灰色系统方法、集对分析等非统计方法进行介绍。

1.2.1.1 灰色系统理论

灰色系统理论是我国著名学者邓聚龙教授于 1982 年创立的一门横断学科。1982 年,邓聚龙教授在 *Systems & Control Letters* 发表论文《The Control Problems of GreySystems》,在《华中工学院学报》发表论文《灰色控制系统》。这两篇开创性论文的公开发表,标志着灰色系统理论的诞生。灰色系统理论认为:一个系统由许多因素组成,如果组成系统的因素明确、因素之间的关系清楚、组成系统的结构明确及系统作用原理完全明确,则该系统称为白色系统;反之,信息完全不明确的系统称为黑色系统;介于上述两者之间的系统,即信息部分明确部分不明确的系统,也就是贫信息系统,称为灰色系统。灰色系统概念如图 1-3 所示。

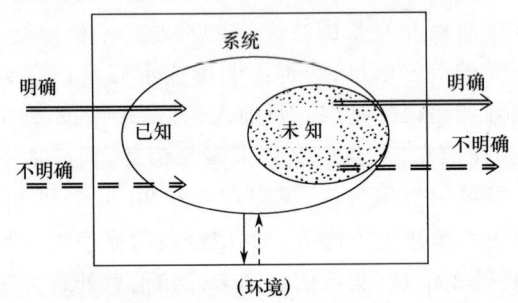

图 1-3 灰色系统概念示意图

灰色系统理论是处理少数据、贫信息问题的有力工具,它以"部分信息已知、部分信息未知"的"小样本"、"贫信息"不确定系统为研究对象,采取补充信息,转化灰色性质为白色性质的方法提取有价值的信息,实现对系统运行行为的正确认识。

灰色信息由灰色理论和灰色数学方法表达和处理。在电子装备试验活动中,由于认识能力有限,很多决策与评估问题的影响因素或指标知之不准或不可能知道,只能得到其部分信息或大致范围,而不能获得全部信息或确切信息,可以利用灰色系统的灰色关联分析和灰色聚类分析等方法来解决试验任务的质量评价、装备作战效能评估等贫信息问题。如通信电台的实际发射功率是一个数值区间,电波传播衰减的影响因素只能分析主要的少数几种,灰色系统理论是处理该类问题的有力工具,它从少量的数据入手,通过灰生成的手段来寻找数据的规律性,是处理不确定性信息的一种新型的有效手段,也是对概率统计方法的一个补充。

1.2.1.2 模糊数学方法

1965 年,美国加利福尼亚大学控制论专家扎德教授在 *Information and Control* 发表了一篇创造性的论文"Fuzzy Sets",标志着模糊数学的诞生。与其他学科一样,模糊数学也是由于实践需要而产生的。当代科技发展的趋势要求将模糊概念或模糊现象定量化和数学化,作为研究和处理模糊概念的数学方法,模糊数学的出现适应了人们这种定量化和数学化的要求。

模糊数学是研究和处理模糊性现象的数学方法。模糊性是指客观事物的属性在中间过渡时所呈现的"亦此亦彼"的特性。众所周知,经典数学是以精确性为特征的,模糊数学则是以模糊性为特征的。事物的模糊性并不是完全消极和没有价值的,在某些情况下,用模糊的概念来处理问题甚至比用精确的方法更能显示出优越性,因为不确定性是客观事物具有的一种普遍属性。

模糊数学不是把数学变成模糊的东西,它也具有数学的共性。模糊数学既认识到事物"非此亦彼"的清晰性形态,又认识到事物"亦此亦彼"的过渡性形态。在处理复杂事物时,科学的方法应当是精确性和可行性综合最优的方法。任何一种方法结果的精确性往往是以方法的复杂性为代价的。科学技术发展的实践证明,精确性和意义性是有条件的和相对统一的,不一定越精确越好。模糊数学大大扩展了数学的应用范围,因此,它的适应性比传统数学更广泛,更具有生命力和渗透力。

电子装备试验活动中试验质量评估、装备作战效能评估等问题就是按照一定的要求和规律进行评价和分类的。由于现实评价和分类过程中部分影响因素或指标往往伴随着模糊性,如由于电子装备试验中战术技术性能分析、作战效能评估等问题的部分影响因素或指标的界限不分明，不能给出确切性的描述，如描述语音通信干扰效果时的"很强"、"强"，其边界划分往往伴随着模糊性，所以用模糊数学方法来解决电子装备试验活动中的部分决策与评估问题是很自然的，从一定程度上也是符合客观实际的。目前在电子装备试验中常用的方法有模糊聚类和模糊综合评判决策分析法。

模糊数学方法的核心是利用隶属度函数来描述具有不确定性信息的元素，而隶属度函数的确定方法又阻碍了其在电子装备试验得到进一步应用。模糊方法采用模糊集来对指标进行量化，元素属于模糊集的隶属度是客观存在的，但其确定目前还停留在靠经验阶段，如利用模糊统计或指派等方法进行主观臆造，并从实践效果中不断进行反馈校正。但概率统计方法确定隶属度函数需要大量的样本数据或以某一概率分布规律作基础，而单纯靠经验确定隶属度函数，则降低了评估结果的可靠性。所以应用模糊数学方法来解决电子装备试验活动中不确定性信息处理问题的关键是建立符合实际的隶属度函数。

另外，由于模糊数学方法的独特优势和长处，其在电子装备试验活动中的应用范围值得进一步研究扩大，如不确定性因素的去模糊量化、电子装备任务分配的模糊规划等。

模糊信息处理方法的不足在于模糊数学的不足。模糊数学的不足表现在两个方面：一是确定隶属函数的方法，目前用得最多的仍然是主观判定或统计的方法，这些方法都有其局限性，并且论据不够充分；二是模糊数学至今没有建立完善的公理系统。模糊数学中的很多内容是从经典数学中移植过去的，没有经过证明，因此不够严谨。

模糊数学的这些缺陷导致模糊综合评判存在先天不足，如：单因素评判矩阵的建立采用的仍是统计试验或专家打分的方法给出；权数的分配没有统一的格式可以遵循，通常采用的方法缺乏自学习的能力，因此，很难摆脱决策过程中的随机性、主观不确定性和认识上的模糊性。

1.2.1.3 未确知数学方法

未确知性是中国工程院院士王光远教授发现的不同于随机性、模糊性和灰性的一种不确定性，这种不确定性主要不在于事物本身，而是由于决策者不能完全把握事物真实状态和数量关系,造成的纯主观的认识上的不确定性,在决策中就不能把其看成是确定的,而必须当作不确定性事物看待。

未确知数学是研究未确知性信息描述与处理的科学。随机信息是以随机试验为背景的信息,其试验结果是随机出现的,但是一切试验结果都是已知的。当一切试验结果并不是完全已知时,虽然试验结果也还是随机出现的,但这时获得的信息不是随机信息,而是未确知性信息,该试验过程称为盲动试验。盲动试验与随机试验的差别就在于它的试验结果不全是已知的,电子装备试验中的很多试验场景就是这种情况。不管电子装备及其配试设备以及试验过程是确定还是不确定,试验中各种对抗过程、信息的流动过程等是已发生还是未发生,试验管理者不能完全把握其真实状态或数量关系,这种主观认识上的不确定性即为未确知性。

未确知信息可用未确知数表达和处理,未确知数包括未确知有理数和盲数,其中未确知有理数是最基本、最简单、应用最广泛的未确知数,它能精细地刻画和表达许多客观现实中的"未确知量",而避免只用一个实数来表示这些量产生的信息遗漏和失真的缺陷。

1.2.1.4 集对分析方法

概率统计、模糊数学、灰色系统理论和未确知数学分别只用来表达和处理随机信息、模糊信息、灰色信息和未确知信息等只具有一种不确定性的"单式"信息,但是客观上信息的不确定性往往不是单一的,常是多种不确定性的混合体。集对分析是由中国学者赵克勤于1989年提出的一种用联系数 $a + bi + cj$ 统一处理模糊、随机、中介和信息不完全所致不确定性的系统理论和方法,其特点是对客观存在的这种非统计不确定性给予客观承认,并把不确定性与确定性作为一个既确定又不确定系统,从同、异、反三个方面对两个事物的确定性与不确定性进行辩证分析和数学处理,全面刻画两个不同事物的联系。

上述联系数中的 i 是对处于微观层次上的非统计不确定性所做的刻画,而不确定性的本质是不确定,在实际工程应用中 i 的取值一般情况下具有多值性,不能随便加以确定,需要根据不同的背景情况做不同的、具体的分析。在各种具体的问题研究中,还常常把 i 的取值作为理论模型与实际问题的一个接口、一个调节器,从研究对象的实际演化过程和演化结果来确定 i 的取值,最终使得用集对分析研究非统计确定不确定系统所得到的结果符合实际问题背景。

联系数 $a+bi+cj$ 是集对分析理论中的一个重要的数学工具,实际工程应用中很多的基于集对分析的理论与方法都是由联系数推导出来的。

1.2.1.5 不同数学处理方法之间的比较

(1)概率方法研究的随机性和模糊数学研究的模糊性都是事物本身所固有的特性,两者对不确定性信息的度量都是通过取值于[0,1]上的实数来表达的。但概率不确定性反映了事件是否发生的不确定性以及与之相关的量的规律,但事件本身是确定的;随着时间的过去或事件的发生,这种不确定性就会变成确定的。模糊方法所研究的是事物本身所固有的不精确状态,反映了事物之间由于差异的中间过渡所引起的划分上的不确定,模糊的这种不确定性与时间的流逝或事件是否发生无关。

(2)概率统计方法和灰色理论方法所处理的都是客观数据,但是概率统计方法处理的是大样本数据,而灰色理论方法处理的是小样本数据。电子装备试验中由于客观条件的限制,实际上获得的数据很有限,必须根据这些少量的数据和信息来进行决策与评估,这是灰色理论方法应用的坚实基础。

(3)灰色方法与模糊数学的主要区别在于研究对象的内涵和外延的性质上。模糊数学着重研究"认知不确定"问题,其研究对象具有"内涵明确、外延不明确"的特点;灰色方法着重研究"内涵不明确、外延明确"的对象,重点解决概率统计和模糊数学不能解决的"小样本、贫信息不确定"问题,其特点是少数据建模。

(4)未确知信息和灰色信息在性质上有很大的一致性,都是知道一部分但都不全知,同时二者又有重要的区别。其区别表现在灰色信息的已知部分少于未确知信息的已知部分,未确知信息比灰色信息增加了"确定"的含量。例如:如果只知道一个数是在区间[a,b]上,这个数表达灰色信息；如果同时还知道它在该区间上的某种分布，则表达未确知信息。可见，未确知信息多于灰色信息的信息量。

（5）未确知信息不同于随机信息和模糊信息的本质特点在于，它反映决策者主观的、认识上的不确定，而不管事物本身是确定还是不确定。随机信息是未确知信息的特例，在未确知信息的表达式中：若总可信度 $\alpha = 1$，则试验数据的真实状态就是已知的，该式描述的就是随机信息；而总可信度 $\alpha < 1$ 时，则不能完全把握试验数据的真实状态，该式描述的就是未确知信息。另外，未确知信息和模糊信息的描述在数学角度上是同构的。

（6）集对分析中的同异反联系数可以把处理随机、模糊、灰色、中介以及未确知性等工作有机结合起来。首先联系数中的同一度、差异度和对立度可以通过同、异、反的统计而得到；其次可以建立一种基于 $a + bi + cj$ 形式的统计概率和模糊隶属度。例如，在某作战想定下的某电子干扰机对某种体制信号的干扰效果，经分析能干扰压制的可能性为 0.7，不能干扰压制的可能性为 0.1，究竟能不能干扰压制不能确定的可能性为 0.2，则可得到该电子干扰机对某种体制信号的干扰效果为 $0.7 + 0.2i + 0.1j$，该式全面地刻画了该电子干扰机对某种体制信号的干扰压制能力，此时该式又可以称为同异反概率。当利用 $a + bi + cj$ 描述模糊隶属度时，$a + cj$ 形式的隶属度等价于模糊理论中的普通隶属度，$bi + cj$ 形式的隶属度是一种侧重于从反面描述的隶属度。

1.2.2 试验数据非统计处理的研究现状

本书试验数据的非统计分析主要指基于模糊数学、灰色系统理论、未确知数学理论和集对分析理论的相关处理方法，试验数据分析方法特别指向数据处理、数据建模和数据分析，因此针对电子装备试验数据，以 data analysis 与 uncertainty、data analysis 与 non-statistical、data processing 与 uncertainty、data processing 与 non-statistical、data modeling 与 uncertainty、data processing 与 non-statistical 为限定词在文献的题目中进行检索，检索源包括简氏装备数据库、美国航空航天学会期刊数据库、外文军事期刊数据库、Springer 全文电子期刊数据库、IEEE/IEE

Electronic Library、Elsevier全文电子期刊数据库、美国国防科技报告数据库和维普中文科技期刊数据库,基于检索结果对试验数据的非统计处理研究现状进行分析。

1.2.2.1 试验数据的灰色系统分析方法研究现状

灰色系统理论以"部分信息已知、部分信息未知"的"小样本"、"贫信息"不确定性系统为研究对象,主要通过对"部分"已知信息的生成、开发,提取有价值的信息,实现对系统运行行为、演化规律的正确描述和有效监控。灰色系统理论经过20年的发展,已基本建立起一门新兴学科的结构体系。其主要内容包括以灰色朦胧集为基础的理论体系,以灰色关联空间为依托的分析体系,以灰色序列生成为基础的方法体系,以灰色模型(GM)为核心的模型体系,以系统分析、评估、建模、预测、决策、控制、优化为主体的技术体系。

针对数据分析、数据处理、数据建模等问题,灰色系统分析除灰色关联分析外,还包括灰色聚类和灰色统计评估等内容。灰色模型按照五步建模思想构建,通过灰色生成或序列算子的作用弱化随机性,挖掘潜在规律,经过灰色差分方程与灰色微分方程之间的互换,实现了利用离散的数据序列建立连续的动态微分方程的新飞跃。灰色预测是基于灰色模型做出的定量预测,按照其功能和特征可分为数列预测、区间预测、灾变预测、季节灾变预测、波形预测和系统预测等几种类型。灰色系统理论的应用范围已拓展到工业、农业、社会、经济、能源、交通、石油、地质、水利、气象、生态、环境、医学、教育、体育、军事、法学、金融等众多领域,成功地解决了生产、生活和科学研究中的大量实际问题。例如:朱坚民等针对实际测量中由于实验条件的限制,获得的测量数据个数往往较少,不能保证其满足某种概率分布,提出了基于信息熵和灰色系统理论的测量数据粗大误差判别方法,实际算例取得了较好的判别效果;付继华等针对动态测量系统的时变性和不确定性,将动态测量序列作为灰色过程处理,采用参数随时间变化的灰色新陈代谢模型序列代替传统的单一模型,建立动态测量系统的非统计数学模型,通过算例和仿真分析充分验证了灰色新陈代谢模型序列较传统的统计模型和模糊、神经网络等非统计模型能更快速、平稳、准确地描述动态测量系统的特性,并且有较好的适应性,其建模方法同样适用于静态测量系统;熊和金等针对系统样本数据量不大或有残缺、样本数据更新变换快,整体数据规律相当复杂,而在某一时间或空间的数据却有很强的规律性之类的贫信息灰色系统中的数据挖掘课题,探讨了灰色系统理论与技术在数据挖掘中的应用问题,提出了贫信息灰色数据挖掘的灰色关联算法、灰色统计算法、灰色聚类算法、灰色统计聚类算法,并提出了灰色系统数据挖掘的体系结构;张志警等针对捷联惯组历次测试数据由于受到各种因素的影响、数据量少、测试时间也是非等间隔的特点,提出了捷联惯组误差系数非等间隔灰色建模预测新方法;K. C. Chang 等提出了数据的灰色关联模式识别方法,给出了寻求数据类中心的聚类算法,并且无须给出数据的初始类中心,通过算例和模糊 C - 均值聚类算法的对比验证了该方法有效合理;Norihito SHIMIZU 等利用灰色模型解决时序数据序列的预测问题。

灰色系统理论方法应用于电子装备试验已经取得了较多的研究成果,把电子装备试验系统放在灰色系统框架中加以考察研究,从灰色系统分析的观点出发,分析电子装备整体与部分(要素)、整体与外部环境的相互联系、相互作用和相互制约关系;在技术与方法论上,定量地描述电子装备试验的运动状态和规律,通过灰关联分析、灰色建模、灰色决策和灰色聚类等应用技术处理电子装备试验中大量存在的不完全信息,并研究电子装备试验不确定性系统的分析、建模和决策方法,重点解决试验中信息不充分情况下的试验方案优选、试验点位及配试设备的选择、作战效能的评估、电子装备干扰任务的目标分配以及决策与评估问题影响因素的优势分析等诸多实际问题,初步形成了电子装备试验的灰色系统理论体系。特别是利用灰色关联法分析决策与评估问题影响因素的主次关系,这是概率统计方法和模糊数学方法不能解决的问题。

针对数据分析、数据处理、数据建模等问题,典型的研究成果如下:柯宏发等将电子装备试验数据系统看作一个灰色系统,提出了基于灰色系统相关理论的电子装备试验数据粗大误差的判别与剔除方法、系统误差的判别方法、标准差的求取方法以及数据结果的求取方法等,另外,柯宏发等针对电子装备外场试验中无人机等运动目标位置测量数据少、概率分布未知等实际工程背景,提出利用新陈代谢 GM(1,1) 模型来进行预测。Chen Yongguang 等基于范数和灰色关联理论,提出了灰色距离信息方法(包括数据点的灰色距离信息量和数据样本空间的平均灰色距离信息量)来解决小样本试验数据的处理(包括小样本数据估计真值的求取算法、数据处理结果不确定度的评定方法及样本数据处理结果的接受和拒绝标准等)问题;Ke Hongfa 等提出利用任务准备阶段历史数据建立 GM(1,1) 模型,根据求得的灰色预测值建立了实战中干扰目标分配的灰色规划模型,解决了实战中分配模型效率矩阵数据录取的难题;Ke Hongfa 等提出了基于灰色关联理论的数据列空穴插值方法和灰色距离测度的数据列空穴插值方法;刘义等提出了一种基于灰色距离测度的小样本数据区间估计方法。

  本书进一步拓宽灰色系统理论在电子装备试验数据分析中的应用范围,深入研究试验数据基于 GM(1,1) 模型的粗大误差判别方法、灰色点估计等问题,并提出基于 MGM(1,N) 模型的试验数据预测模型、运动目标距离的区间 GM(1,1) 模型预测以及灰色面积变权聚类和灰色关联熵权聚类等新方法。

1.2.2.2 试验数据的模糊分析方法研究现状

  模糊数学理论一产生就在数学领域本身以及许多的实用领域里得到了广泛的应用。到 20 世纪 90 年代,已经形成了具有完整体系和鲜明特点的模糊拓扑学、框架日趋成熟的模糊随机数学、模糊分析学以及模糊逻辑理论等。模糊数学在实际中的应用几乎涉及国民经济的各个领域及部门,农业、林业、气象、环境、地质勘探、军事等都有模糊数学广泛而又成功的应用。例如:Saroj K. Meher 等针对被冲击噪声污染了的图像恢复问题,提出了一种基于乘积聚合推理规则的污点模糊检测器,实际算例表明该检测器具有较好的学习和概括能力;April Rose C. Semogan 等提出了一种针对肺结核诊断的基于模糊逻辑和规则推理的决策支持系统;吴东华等提出了一种基于多目标模糊线性规划法解决飞机排班问题的新算法,该算法将模糊理论与最优化概念相结合,根据最大隶属度原则,将以飞机飞行时间均衡优先、飞机起降次数均衡优先、飞机等待时间最少优先为目标函数的多目标模糊线性规划数学模型转化为一般的线性规划问题进行求解;刘辉等基于模糊控制理论,建立了某混合动力车再生制动控制策略,选取制动踏板位置、车速及电池荷电状态作为模糊控制器输入,设计了适于能量回收的制动力分配规则和模糊控制器。

　　针对数据分析、数据处理、数据建模等问题,模糊数学理论也取得了很多的研究成果。例如:Jaroslaw Jasiewicz 针对地理信息系统中大量的数据分析问题提出了一种模糊推理系统;Christian Doring 等对基于模糊聚类技术的数据分析进行了综述;黄崇福等首次提出并论证了模糊信息不仅来自于度量尺度的模糊性,而且来自于样本知识的非完备性,建立了非完备性模糊信息优化处理的理论,将信息分配方法发展成了信息扩散原理,并提供了用于地质灾害分析、震害预测中的模糊信息优化模型和方法;王中宇等以范数、隶属函数、分解定理等原理为基础,提出了数据粗大误差的模糊判别准则和扩展不确定度的模糊评定模型等,并将其应用于滚动轴承振动的试验中,结果表明,用模糊评定法估计扩展不确定度,置信水准和可靠度均可以达到95%以上;朱学锋针对影响遥测参数处理和分析的野值问题,提出了基于聚类法实时设计模糊系统实现动态数据野值辨识和剔除的新方法;方永华等为了提高卡尔曼滤波对含有野值的量测数据的滤波精度,提出了对野值基于模糊逻辑推理的识别处理方法;郑承利等完整地给出了适用于实数范围内的基于模糊积分的多元非线性回归模型转化为普通线性回归模型的非线性转换方法及其简化算法,并将该方法应用于金融市场数据分析;周建明等提出采用模糊因子来描述不同可靠性试验所得数据的重要程度以及这些数据对分析结构所带来的影响;姚明海等利用模糊聚类方法对案件侦查数据进行了分析,解决了侦察数据自动聚类分析问题。

　　目前模糊数学应用于电子装备试验领域更多的仅局限于模糊综合评判决策分析法和模糊聚类方法。例如:魏保华等运用模糊综合判别的思想,研究了雷达干扰效果的评估问题,建立了衡量干扰效果各因素的模糊评价模型,提出了一种新的基于模糊综合的干扰效果评估准则和度量方法,另外,魏保华等针对传统模糊综合评判采用常权面临的突出问题,引入了变权的思想,研究了变权模糊综合评估方法,应用变权模糊综合方法评估雷达抗干扰性能的示例结果表明,相对于常权方法,采用变权模糊综合评估方法可以得出更加合理的评估结论;武传玉等利用模糊决策和模糊综合评判等理论建立了防空作战中静态威胁评估和动态威胁评估模型;牛强等将改进的遗传算法与模糊 C - 均值聚类算法结合起来进行聚类分析,在一定程度上避免了模糊 C - 均值聚类算法对初始值敏感和容易陷入局部最优解的缺陷。

针对数据分析、数据处理、数据建模等问题,模糊数学应用于电子装备试验领域的研究成果较少,本书重点研究基于模糊集合的电子装备试验数据表示、试验数据隶属函数的确定方法以及试验数据粗大误差的模糊判别等问题。

1.2.2.3 试验数据的未确知分析方法研究现状

自 1990 年王光远院士的论文"未确知信息及其数据处理"发表以来,未确知数学得到迅速的发展,其理论已应用于 20 多种科技和生产领域。

主要应用之一就是基于未确知有理数的计算与分析,能得到更符合实际工程背景的结果。例如:刘开第等在专著中介绍了未确知有理数在钢筋混凝土构件设计、煤矿立井施工中的应用,合理地确定单筋矩形截面梁的承载力设计值和客观地反映出立井施工工期,另外他们还提出利用未确知有理数精细地刻画钢筋抗拉强度的标准值;康健等针对煤岩稳定性计算中存在的多种不确定因素影响计算结果准确度等问题,应用未确知信息理论,对煤层围岩力学参数进行未确知有理化,求解煤层围岩的未确知期望值,并对煤层围岩的稳定性进行分析和计算,该方法较传统方法更精确、更简洁、更有效;杨瑞刚等针对机械设备结构在可靠性评估时由于客观原因的限制和影响,试验数据处于小样本或贫信息的情况下,可靠性计算结果与实际情况有较大差别,提出了基于未确知理论的能度可靠性分析方法,其采用优化准则法选取可能的临界元,用增量载荷法确定主要失效模式的极限状态方程,并应用未确知理论拟合结构所受载荷分布的数学特征值;赵志峰等针对岩土参数的特点,利用未确知有理数来表达计算参数的不确定性,将未确知有理数应用于挡土墙的抗滑移验算中,使用确定性和不确定性两种方法进行了挡土墙抗滑安全系数的计算,避免了传统方法对参数描述过于绝对化,与常规方法相比计算结果更翔实、可靠。

主要应用之二就是建立未确知评价模型。例如,石勇等在将评价指标定义为未确知参数的基础上,通过与传统的综合营养指数模型相耦合,构建了综合营养指数未确知模型,并由未确知数的可靠性原理建立营养状态识别未确知模式,将上述未确知模型应用于巢湖水体富营养化评价,获得了满意的效果。

主要应用之三就是基于未确知的数学建模方法,如王涛等将未确知集理论和贝叶斯网络应用于军事信息系统软件可靠性建模研究,采用其描述软构件失效特征,计算可靠性参数,并在此基础上构建了一个基于未确知集与贝叶斯网络的军事信息系统软件可靠性模型。

电子装备试验活动中关于未确知信息问题的研究相对于其他三种单式不确定性信息还比较少,针对电子装备试验活动中装备作战效能评估、未确知概率分布的小样本数据处理分析与建模等问题,可以利用未确知数学方法展开深入研究。目前的初步研究成果如陈永光等提出了基于未确知理论的天线增益测试数据处理方法,利用未确知有理数来表达测试数据的不确定性,并介绍了测试数据的未确知有理数构造算法。本书继续研究基于未确知有理数的对抗态势分析新方法、基于未确知有理数的粗大误差判别原理、基于未确知有理数的参数估计模型等。

1.2.2.4 试验数据的集对分析方法研究现状

集对分析从两个集合同(同一)、异(差异不确定)、反(对立)这个角度研究不确定性,在基本概念、研究思路、处理方式等方面都与基于概率、模糊或灰色的不确定性理论有根本性的区别,采取了对不确定性加以客观承认、系统刻画、具体分析的态度,从而使研究结果更加贴近实际,具有较强的实用性。该理论从诞生至今虽然只有二十几年的时间,但已经被较为成功地应用于许多领域。

集对分析应用最广泛的是决策与评价领域。例如:程启月对"火力使用策略"进行定性分析,把影响火力使用的7对主要矛盾看作7个集对,定义每个集对的同、异、反三属性的测量要素,通过求各集对的联系度所在问题的解,达到择优最佳"火力使用策略"的目的,从而对战役行动起到指导或辅助决策的作用;王文圣等基于集对原理提出了水资源系统的集对评价法,该方法考虑了等级标准边界的模糊性,避免了直接确定联系度中的差异不确定(分量)系数,并探讨了集对评价法在水资源系统评价中的应用。

集对分析在预测领域获得了广泛的应用。例如:金菊良等提出了用集对分析检验和互相关系数统计假设检验相结合识别影响水资源变化的主要物理因子,用集对分析方法从同、异、反三方面定量刻画水资源历史样本之间的相似性,然后用多个最相似的历史样本的水资源加权平均值作为当前水资源的预测值,进而建立了基于集对分析的水资源相似预测模型;高洁等提出集对分析聚类预测法,该方法融合了集对分析中的同、异、反模式识别的"择近原则"和聚类分析的基本思想进行分类预测,并建立了邮电业务量水平聚类的预测模型。

基于集对或联系数的数据分析与建模也取得了很多的研究成果。例如:张明俊等针对新型作战样式条件下空中多机动目标密集回波的数据关联问题,从缓冲算子思想入手,先对雷达探测的目标数据进行随机性弱化处理,然后再运用集对分析思想来研究密集回波下的多机动目标的数据关联问题;赵克勤等提出利用 $a+bi+cj$ 型联系数刻画工程中因未知或难以估计的因素所引起的工期不确定性以及由突发事件引发的反常情况带来的工期变化,从而形成一种有别于传统但更加符合工程实际的网络计划方法;刘晓等将集对分析法引入岩土变形监测分析领域,并结合层次分析法提出了滑坡变形动态预测模型,给出了基于概率论的最优预测算法,提出并证明了集对论中最大同一度在等势条件下存在极限解,据此提出位移势的概念,在位移势的基础上,进行集对分析(SPA)二次建模,提出了基于 SPA 的滑坡变形与水库蓄水过程相关性动态分析模型。

集对分析也丰富了数据融合、数据聚类与分类以及不确定性推理理论等。例如:刘以安等针对探测数据不可靠而造成融合中心数据处理精度的下降问题,提出了一种应用一次融合数据为特征的集对分析思想,把每时送入融合中心的各雷达探测数据与一次融合后的数据组成集对,求出目标状态当前时刻的区间估计,去掉每时落入估计区间之外的雷达探测数据,再做二次融合,仿真结果表明该算法能有效提高不确定雷达系统的跟踪精度和可靠性;李宜敏等提出了一种基于集对分析联系度的聚类方法,借用集对分析的联系度对稀疏数据矩阵进行同、异、反特征分类,给出了符合一定概率分布的同、异、反特征数和同、异、反距离计算模型,根据距离矩阵基于距离聚类方法给出聚类结果;王文圣等考虑了径流的大小及其年内时程分配,提出了年径流丰枯分类的集对分析新方法,将年内12个月的月径流量分别分类并构造分类集合,由分类集合与分类标准集合构造集对,用联系度描述集对的关系进而进行径流丰枯分类;马守明等利用集对分析的思想,提出一种利用同、异、反向量夹角余弦来对不确定性上下文进行推理的方法。

集对分析在军事领域的应用除了上述的数据融合外,更多地应用于军事决策与评估问题的解决。例如:杜保等运用集对分析理论建立了基于集对同一度的装备研制方案评价模型;陈校平等针对评估过程中存在的不确定性因素和动态变化的特征,提出基于集对理论和马尔科夫链的装备保障能力动态评估方法,为装备管理决策者制定装备保障方案提供了科学依据。但是集对分析在电子装备试验领域中的文献极少,本书重点研究电子装备试验数据的联系数表达、基于联系数的试验数据方差分析、基于集对同势的试验数据分析方法以及基于联系数的电子装备试验数据挖掘方法等。

1.2.3 试验数据非统计处理的发展

概括起来说,电子装备试验数据非统计分析与处理方法的发展趋势主要有以下几个方面。

1.2.3.1 试验数据的单式非统计信息描述向复合非统计信息拓展

目前已研究很多的电子装备试验数据基于模糊集合、灰色系统理论、未确知有理数和联系数的非统计描述是一种单式非统计信息,但是实际电子装备试验中,这种信息的非统计特征往往不是单一的,一般至少存在两种或两种以上的非统计特征,常是多种非统计特征复合的混合体。所以研究一种能包含几种类型的非统计特征信息综合描述模型,基于综合描述模型进行电子装备试验中非统计信息的描述与处理是一个很有价值的研究方向。

1.2.3.2 试验数据的耦合非统计分析技术的研究

为了综合分析复合非统计特征信息,利用各种非统计分析方法相互结合的研究需求趋势日益增长,必须对随机模糊、模糊灰色等各种耦合非统计分析技术进行研究。实际上,本书利用联系数 $a+bi+cj$ 来统一处理电子装备试验数据的模糊、随机、中介和信息不完全所致的非统计特征,为电子装备试验数据的复合非统计分析与处理探索了新的思路。另外,针对单式非统计分析技术和耦合非统计分析技术,其灵敏度分析以及结论的不确定性分析等问题的研究还比较少,这些问题也是试验数据非统计分析技术发展过程中亟须解决的问题。

1.2.3.3 隶属函数或白化函数的确定等关键技术的解决

目前应用基于模糊数学、灰色系统理论的试验数据非统计分析虽然取得了较多的研究成果,但是其中一些基础技术难题却阻碍其进一步的应用拓展。例如,反映定性和定量相互之间的映射关系,模糊数学利用隶属函数进行转换,灰色系统理论利用白化函数进行转换,但是隶属函数和白化函数目前还是依靠专家的经验知识确定,人为主观性痕迹很强,难以通过严密的数学推导而得到。所以为了进一步拓宽应用范围,必须对隶属函数和白化函数的主、客观综合确定方法进行研究。

1.2.3.4 试验数据非统计分析的可视化表达技术

本书对电子装备试验数据的非统计分析技术及其应用进行了初步的探讨,但对分析结果的可视化表达未能涉及。但是基于图表等形式的可视化表达却是试验数据分析的主要研究内容之一,因此试验数据非统计分析的可视化表达技术也是亟须研究的工作之一。

1.3 试验数据的非统计处理研究内容

由于电子装备试验过程和电磁信息环境的绝对可变性与试验数据信息的相对贫乏性,电子装备试验数据越来越难以基于统计概率来描述与分析。本书研究内容主要从理论与实践的结合上、定性分析与定量分析的结合上进行,基于灰色系统理论、模糊数学、未确知理论、联系数学等非统计理论的相关技术与方法构建电子装备试验数据的非统计处理体系框架,研究电子装备试验数据的粗大误差判别、数据建模、预测与聚类等问题,达到电子装备试验数据的非统计分析的目的。

1.3.1 研究体系框架

本书系统地对电子装备试验数据的非统计处理与分析技术进行了研究,构建了电子装备试验数据的非统计分析理论和应用技术体系,其体系框架如图1-4所示。

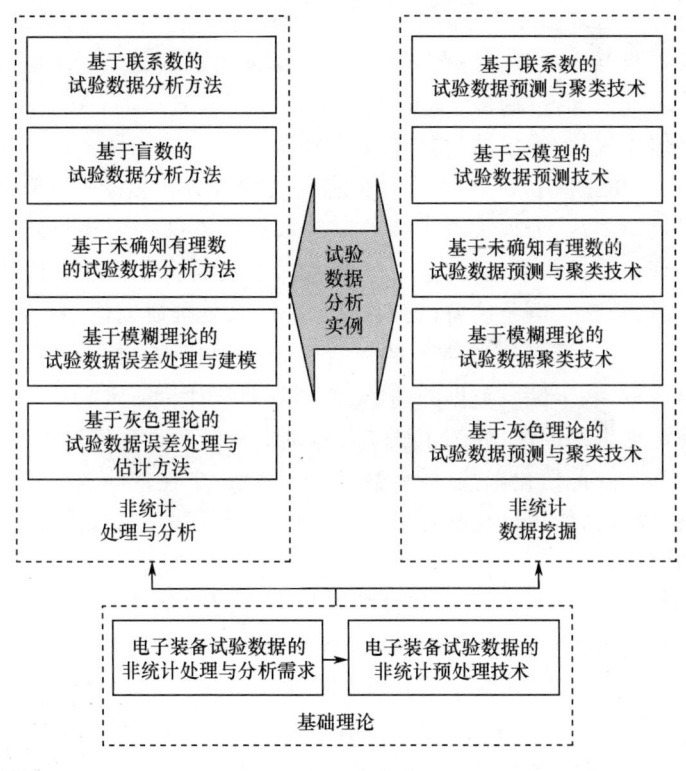

图1-4 电子装备试验数据的非统计处理体系

由图1-4可以看出,本书研究以电子装备试验数据分析实际问题为牵引,根据试验数据的非统计表达而研究试验数据的误差处理、建模、挖掘等理论与技术,然后研究基于这些新理论的试验数据分析实际事例,实现"从实践中来,到实践中去"的闭环,即依据实际问题提出理论与方法,实际问题的解决又反过来验证了所提理论与方法的合理性和可行性。

1.3.2 主要研究内容

由图 1-4 所示的电子装备试验数据的非统计处理体系可以看出,本书的主要内容包括三个大的模块:第一大模块是基础理论部分,包括"电子装备试验数据的非统计处理与分析需求"子模块以及"试验数据的非统计预处理技术"子模块;第二大模块是电子装备试验数据的非统计处理与分析部分,包括五个子模块;第三大模块是电子装备试验数据的非统计数据挖掘技术部分,也包括五个子模块。

具体来说,各子模块的具体内容如下:

(1)"电子装备试验数据的非统计处理与分析需求"子模块的研究内容见第 1 章,分析了电子装备试验数据的不确定内涵与外延及非统计处理与分析需求,研究了电子装备试验数据的非统计处理研究现状与发展,构建了电子装备试验数据的非统计处理研究体系框架。

(2)"电子装备试验数据的非统计预处理技术"子模块的研究内容见第 2 章,基于试验数据的内涵、外延等非统计特征研究了试验数据的不确定性识别问题,介绍了试验数据的非统计预处理模型与方法,主要包括基于灰色白化函数、模糊数学、云模型的定性试验数据量化处理模型,试验数据的规范化处理模型,以及试验数据的非统计不确定性评定模型等。

(3)"基于灰色理论的试验数据误差处理与估计方法"子模块的研究内容见第 3 章和第 4 章,其中:第 3 章主要研究了试验数据的灰数表达方法、粗大误差的灰色包络判别法和 GM(1,1)判别法、系统误差的灰色关联判别法和 GM(1,1)判别法等问题,并分别进行了应用实例研究;第 4 章提出了试验数据列的灰距离信息模型,研究了试验数据的点估计模型与区间估计模型,并分别进行了应用实例研究。

(4)"基于模糊理论的试验数据误差处理与建模"子模块的研究内容见第 5 章,主要研究了试验数据的模糊集表达模型、试验数据隶属函数的确定方法、基于模糊概率的试验数据处理以及粗大误差的模糊判别法等问题。

（5）"基于未确知有理数的试验数据分析方法"子模块的研究内容见第6章,主要研究了试验数据的未确知有理数构造方法及其运算方法、基于未确知有理数的粗大误差判别方法、基于未确知有理数的参数估计等问题,并就天线增益的未确知有理数表达与分析、电子装备试验周期的整体优化、电子干扰装备等效功率的可靠度分析、电子侦察装备的配备数量分析等问题进行了实例分析。

（6）"基于盲数的试验数据分析方法"子模块的研究内容见第7章,主要研究了盲数的定义与运算、盲数的可信度及盲数模型(BM)等问题,并就基于盲数的电子侦察分队侦察能力模型、基于盲数的电子侦察装备配备数量模型、基于盲数的装备对抗态势分析模型等问题进行了实例分析。

（7）"基于联系数的试验数据分析方法"子模块的研究内容见第8章,主要研究了试验数据的联系数表达模型、基于联系数的试验数据方差分析模型、基于集对同势的试验数据分析模型等问题,并就电子系统可靠度的联系数表示模型、侦察能力的联系数表示与比较模型、基于联系数的试验时间不确定性分析模型、信噪比对接收机性能的影响程度分析模型、基于联系数的电子装备体系效能分析模型等问题进行了实例分析。

（8）"基于灰色理论的试验数据预测与聚类技术"子模块的研究内容见第9章和第10章,其中:第9章主要研究了基于灰色Verhulst优化模型的数据预测、基于GM(1,N)模型的装备工作状态估计、GM(1,N)优化模型、基于MGM(1,N)模型的数据预测、基于区间数的GM(1,1)与灰色Verhulst模型等问题,并就电子装备平均故障工作时间预测、电子装备试验配试设备的研制费用预测、电子装备的数据传输误码率建模、信号侦察概率的影响因素建模分析、无人机飞行轨迹预测、运动目标距离的区间GM(1,1)模型、电子装备训练效果的区间灰色Verhulst模型等问题进行了实例分析;第10章研究了灰色关联聚类原理及其可靠性,提出了灰色面积变权聚类和灰色关联熵权聚类新方法,并就基于灰关联的通信侦察装备归类、作战对象模拟程度的灰色聚类、作战对象模拟程度的灰色关联熵权聚类等问题进行了实例分析。

(9)"基于模糊理论的试验数据聚类技术"子模块、"基于未确知有理数的试验数据预测与聚类技术"子模块、"基于云模型的试验数据预测技术"子模块、"基于联系数的试验数据预测与聚类技术"子模块的研究内容见第11~13章,研究了模糊聚类分析法、基于模糊模式识别的试验数据聚类、基于未确知有理数的聚类模型、未确知均值聚类的基本思想与基本步骤、基于云模型的试验数据分类方法、基于均值与极值的联系数预测原理以及基于距离矩阵的联系数聚类原理等问题,并就基于侦察能力的电子装备分类、基于未确知有理数的通信接收机信干比预测计算与装备作战能力预测、基于未确知均值聚类的侦察装备性能分析、基于云模型的时序试验数据预测方法、基于距离矩阵的侦察装备聚类等问题进行了实例分析。

第 2 章　试验数据的非统计预处理模型与方法

本书的非统计分析理论主要指不确定性理论中除去概率统计理论之外的灰色系统理论、模糊数学理论、未确知数学理论和集对分析理论等，应用这些非统计分析理论进行电子装备试验数据的分析和建模，首先必须确定试验数据的非统计特征，因此，试验数据的不确定性识别是本章的主要研究工作之一。另外，电子装备试验中的非统计信息包括定性信息和定量信息，定性信息有多种描述方式、描述等级和不同的极性，定量信息具有不同的量纲和极性，因此，定性信息的定量化、定量信息的无量纲化与等极性化是进行非统计分析的前提，这些内容是本章的主要研究工作之二。

2.1　试验数据的不确定性特征与识别

2.1.1　试验数据的不确定性内涵与外延

电子装备试验中的不确定性遍历试验数据的获取、表达、传输、分析等数据处理全过程。电子装备及其试验活动本身的复杂性、试验活动管理者认知的局限性、数据分析处理方法与模型表达的多样性以及数据处理技术与方法的局限性等许多因素造成了不确定性的产生，同时试验数据的表达、分析与处理的局限性也会使不确定性进一步传播和累积。

2.1.1.1　试验数据的不确定性内涵

电子装备试验数据处理系统是既包含行为因素又包含状态因素的复杂系统，行为因素和状态因素必然导致不确定性，不确定性的本质具有多种表现,不确定性的内因可能包括随机性、模糊性、灰色性、未确知性或兼而有之等。

另外,必须认识到电子装备试验数据处理中的不确定性与误差是两个不同的概念,二者不能等同。误差是试验数据与真值之间的差值,实际上真值是不知道的,误差也是不确定的。不确定性包含误差,误差是不确定性的一部分。如果把电子装备及其试验过程的本质看作真值,则试验信息的不确定性可以看作一种广义的误差,包含了可度量和不可度量的误差,也包含了数值和概念上的误差。

电子装备试验数据处理中的不确定性内涵主要体现在试验数据处理的不确定性特征、处理结果的不确定性、处理模型的不确定性和知识表达的不确定性等。

试验数据处理具有不确定性的特征。因为试验数据是对电子装备战术技术性能的描述,这些数据含有不完备性、噪声、模糊性和随机性等不确定性,也就是说,电子装备试验数据中的不确定性是不可避免的。由于试验数据是数据处理的目标,所以不确定性和试验数据处理是与生俱来的。

试验数据处理的结果是不确定的。试验数据处理是一个从具体到抽象、从特殊到一般的过程,它使用各种处理模型和算法发现知识。因此,同一个人面对同样的数据集使用不同的处理算法,可能得到不同的知识,而且同一个人面对同样的数据集,在不同的尺度、处理视角和不确定性参数下,数据处理也可能得到不同的知识。因此,试验数据处理的成果是不确定的。一般地讲:存在的试验数据处于最低的具体层次,是粗糙的;未知的知识处于逐渐增大的抽象层次,是精炼的。所以,层次越高,处理过程和知识结果将含有更多的不确定性。

试验数据处理的理论和方法要求能够处理、管理和利用不确定性的某些方面。例如,概率论和数理统计针对随机性,模糊集针对模糊性,灰色系统理论针对信息的不全面性等,但是上述各种数学模型在描述电子装备战术技术性能时可能会导致新的不确定性。

电子装备战术技术性能的知识表达存在不确定性。在电子装备试验中,对电子装备战术技术性能的描述很多利用定性概念、定量概念或定性定量概念共同使用,在进行定性与定量之间的转换时,这种转换是不确定的。同时,知识表达的不确定性也包括试验数据处理结果的表达不确定性。

2.1.1.2 试验数据的不确定性外延

电子装备试验数据处理中的不确定性本质的外在表现有多种,形式大体上可以分为属性不确定性、不一致性、关系不确定性、信息不完整性、时间不确定性等。

属性不确定性表示试验数据对电子装备战术技术性能的描绘与其真实战术技术性能的接近程度,战术技术性能的试验测量或分析值围绕其属性真值,表现为属性试验数据的误差、不精确性、不完整性、随机性和模糊性等,并且受到试验技术测量尺度、分辨率等因素的影响。不精确性的试验数据是指与电子装备战术技术性能不相符的数据、计算有误或分类有误的试验数据以及伪数据、定性或定量描述与实际的接近程度等。

不一致性存在于电子装备试验数据内部以及试验数据之间,比较复杂。

关系不确定性刻画该试验数据所描述的电子装备与其他装备相互作用的不确定关系。电子装备之间相互作用的边界常常是不确定的。

信息不完整性是指当前试验数据未能全面地反映电子装备战术技术性能或者指因数据挖掘所需要的信息不完全而引起的不确定性。需要进行试验数据的挖掘时必须补充有关的信息。

时间不确定性是指远数据或发现知识的日期或时间的不确定性,与给定试验数据挖掘的时间有效性相关,主要包括时间点、时间区间或时间层次的不确定性。

2.1.2 试验数据的不确定性识别

试验数据的误差是指观测值与其真值之间的差异,具有统计意义,而不确定性则为更广义的误差概念延拓,是被试验对象知识缺乏的程度,表现为试验数据所具有的误差、不精确性、随机性和模糊性等。电子装备本身以及其试验活动都是既包含行为因素又包含状态因素的非线性复杂大系统,这些行为因素、状态因素具有不确定性,必然会导致试验数据随机性、模糊性、灰色性等不确定性性质的出现,这种不确定性大概由三方面的因素所导致:①电子装备及其试验活动本身的不确定性;②试验活动管理者对电子装备及其试验活动过程认知的局限性;③试验数据录取、数据处理、决策与评估等技术水平及手段的局限性。目前已经认识到电子装备试验数据的不确定性具有随机性、模糊性、灰色性和未确知性等特征,根据数据信息的验前信息、内涵和外延表现,可以得到如图 2-1 所示的不确定性特征识别机理。

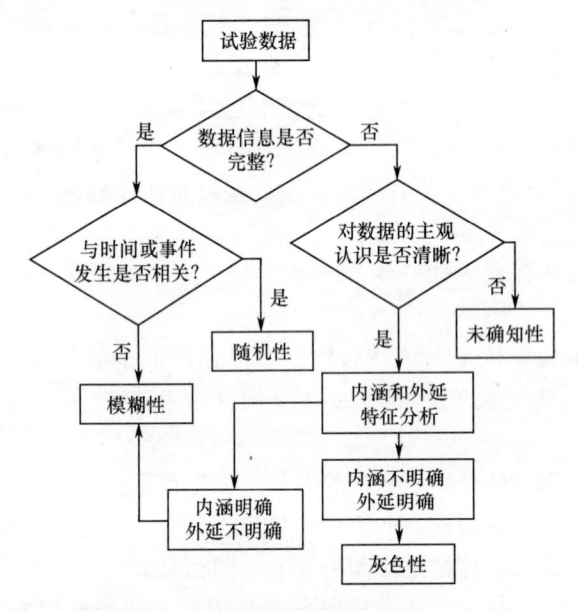

图 2-1 试验数据的不确定性特征识别

图 2-1 中,未确知信息和灰色信息都属于"不完整信息"的范畴,如果只能获得事物的部分信息或信息量的大致范围,则这种部分已知部分未知的信息称为灰色信息;而未确知信息是指那种纯主观上、认识上的不确定性信息,相比于灰色信息,除了获得事物信息的大致范围外,还可以获得该范围区间上的分布规律,因此未确知信息的已知部分要多于灰色信息的已知部分。如对某区域通信电台的侦察概率 x,若只获得 x 的大致范围 $[a,b]$,则可以把侦察概率 x 看作一个灰量,用灰色系统理论

和灰色数学方法表达和处理;若除了侦察概率 x 的大致范围 $[a,b]$ 外,还知道该范围区间上的分布 $\varphi(x)$,则把侦察概率 x 看作一个未确知数,表示为 $[[a,b],\varphi(x)]$,用未确知数学方法表达和处理。

随机性和模糊性都是事物本身所固有的特性,但随机性中概率的不确定性反映的是事件是否发生的不确定性以及与之相关的量的规律,但事件本身是确定的。随着时间的过去或事件的发生,这种不确定性就会变成确定的,随机不确定性由概率论和数理统计方法进行处理。而模糊性是事物本身所固有的不精确状态,反映了事物之间由于差异的中间过渡所引起的划分上的不确定,模糊的这种不确定性,即使时间过去或事件发生了,也仍然是不确定的,模糊性用模糊数学方法表达和处理。

灰色特征与模糊特征的主要差别在于表现研究对象的内涵和外延问题上。模糊特征着重反映"认知不确定"问题,表现出研究对象的"内涵明确、外延不明确"特点;灰色特征的特点是"小样本、贫信息不确定",着重反映研究对象的"内涵不明确、外延明确"问题。

电子装备试验数据表现出上述四种单式不确定性特征时,不确定性特征界限也并非泾渭分明,而且电子装备及其试验是一个既包含行为因素又包含状态因素的复杂系统,试验数据还会表现出上述两种或两种以上的不确定性特征,如"某系统在距离 10km 左右时干扰效果最强"就是一个灰色模糊概念,其内涵和外延均不十分明确。所以,对数据不确定性特征的识别机理研究永远是一个值得探讨的问题。

2.2 定性试验数据的量化处理模型

定性试验数据的量化处理是定性分析到非统计定量建模的关键环节。本节简要介绍基于模糊隶属函数的转换方法、基于灰色白化函数的转换方法以及基于云模型的转换方法。

2.2.1 基于灰色白化函数的转换方法

在进行试验数据的灰色处理之前,需要将定性指标进行定量化,这时确定白化函数是解决该问题的关键。白化函数的确定是灰色系统理论研究的数学基础之一,也是目前研究的难点所在,因为白化函数的确定往往基于实际问题背景,带有浓厚的主观色彩,没有统一客观的规律可循。需要指出的是,这里的白化函数与灰色聚类技术中的白化权函数不是一个概念,它们之间的相同点是将试验数据取值均划分为不同的若干个灰类,不同之处在于,白化函数是用来将定性描述的试验数据进行定量化,而白化权函数是用来求取基于灰数描述的试验数据在某灰类中所占的比例。

将试验数据的定性描述看作一个灰类,定性到定量的白化函数则用来定量描述该试验数据的灰类属于最佳极性的程度。白化函数一般可根据实际问题的背景确定,在解决实际问题时,可从试验数据刻画指标的极性角度来确定白化函数,也可从整个大环境着眼,根据所有同类指标对象来确定白化函数。因此,可以认为,白化函数是研究者根据已知信息设计的,对一个灰类对其极性"偏爱"程度的主观判断,并以定量描述的方式刻画各灰类反映最佳极性的程度。必须明确的是,这种主观判断必须是对已知信息的客观反映为基础。

在电子装备试验活动中,确定白化函数的常用方法有3种:一是累积百分频率法,由现有性能指标的实际灰类值绘出累积百分频率曲线,并将曲线上不同累积百分频率对应的数值作为灰类的白化值;二是梯形白化函数法,因为定量反映了各灰类属于最佳极性的程度,所以将试验数据的白化值看作区间[0,1]内的一个具体数值,该数值由实际装备性能特征、国家军用标准或定性分析得到;三是由定性分析或参照国家军用标准得到。在上述3种方法中,后2种方法确定白化函数往往以定性分析为主,能够充分反映试验者希望试验对象要达到的主观目标。

将描述电子装备性能指标的定性试验数据"极小"、"小"、"极大"或"极快"、"快"、"极慢"等定义为灰类$s_1, s_2, \cdots, s_k$,共k个灰类,假设该性能指标为极大值极性指标,并假设灰类s_1的白化值为0、灰类s_k的白化值为1,则其白化函数的形式如图2-2所示,其函数表达式为

$$f(i) = \begin{cases} 0 & i = s_1 \\ \dfrac{1}{k-1} & i = s_2 \\ \vdots & \vdots \\ \dfrac{j-1}{k-1} & i = s_j \\ \vdots & \vdots \\ \dfrac{k-2}{k-1} & i = s_{k-1} \\ 1 & i = s_k \end{cases} \quad (2-1)$$

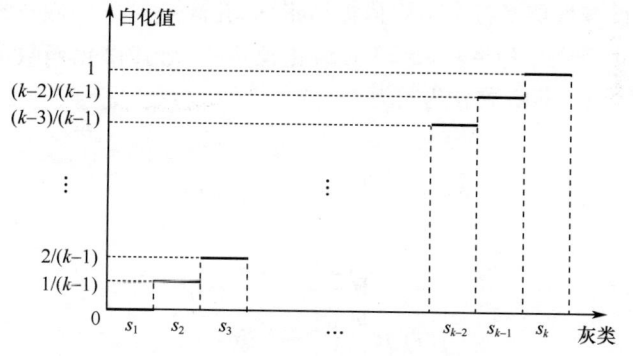

图 2-2 极大值极性指标白化函数

假设该性能指标为极小值极性指标,并假设灰类 s_1 的白化值为 1、灰类 s_k 的白化值为 0,则其白化函数的形式如图 2-3 所示,其函数表

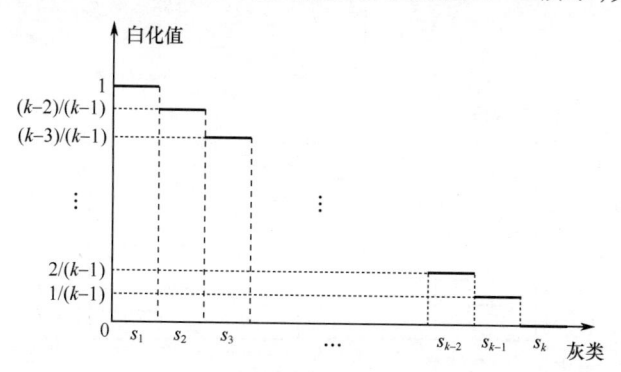

图 2-3 极小值极性指标白化函数

35

达式为

$$f(i) = \begin{cases} 1 & i = s_1 \\ \dfrac{k-2}{k-1} & i = s_2 \\ \vdots & \vdots \\ \dfrac{k-j}{k-1} & i = s_j \\ \vdots & \vdots \\ \dfrac{1}{k-1} & i = s_{k-1} \\ 0 & i = s_k \end{cases} \quad (2-2)$$

假设该性能指标为适中值极性指标,并假设灰类 s_1 和灰类 s_k 的白化值为 0、灰类 $s_j(j \neq 1, j \neq k)$ 的白化值为 1,则其白化函数的形式如图 2-4 所示,其函数表达式为

$$f(i) = \begin{cases} 0 & i = s_1 \\ \dfrac{1}{j-1} & i = s_2 \\ \vdots & \vdots \\ \dfrac{j-2}{j-1} & i = s_{j-1} \\ 1 & i = s_j \\ \dfrac{k-j-1}{k-j} & i = s_{j+1} \\ \vdots & \vdots \\ \dfrac{1}{k-j} & i = s_{k-1} \\ 0 & i = s_k \end{cases} \quad (2-3)$$

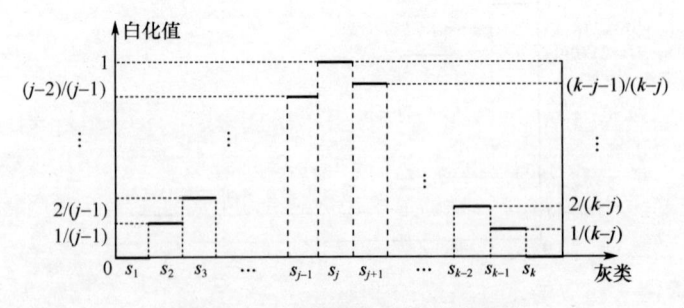

图 2-4 适中值极性指标白化函数

2.2.2 基于模糊数学的转换方法

电子装备试验中的很多试验数据是以语言形式表现出来的,如对通信专向的干扰效果为"良好",对该形式的试验数据变量赋值,不能采用一般数值,可以采用模糊数或模糊子集。

基于模糊数学的白化方法的关键是确定性能指标的极性参考标准和构造试验数据语言标度的二元对比矩阵,其实质就是求取试验数据相对于极性参考标准的隶属程度,实现对定性试验数据的量化。在二元对比矩阵的构造过程中,按照电子装备试验工程问题背景,选择 11 个语气算子,构成 10 个语气算子级差,将性能指标的极性参考标准作为基准,制成与其他数据之间比较的模糊语气算子和模糊标度,如表 2 - 1 所列。

表 2 - 1 模糊语气算子和模糊标度对照表

语气算子	同样	稍稍	略微	较明显	明显	显著
模糊标度	0.5125	0.5625	0.6125	0.6625	0.7125	0.7625
语气算子	十分	非常	极其	极端	无法比	—
模糊标度	0.8125	0.8625	0.9125	0.9625	1.0000	—

根据表 2 - 1 中的标度值,依据算法

$$\mu_i = \frac{1-\eta_i}{\eta_i} \qquad (2-4)$$

式中:$0.5 \leqslant \eta_i \leqslant 1$,即可求取定性试验数据的白化值。上述 11 个语气算子定性试验数据的白化值如图 2 - 5 所示。

2.2.3 基于云模型的转换方法

李德毅等在模糊集理论的基础上提出云模型。云是用语言值表示的某个定性概念与其定量表示之间的不确定性转换模型,云的数字特征是用期望值 E_x、熵 E_n、超熵 H 3 个数值表征,它把模糊性和随机性完全集成到一起,构成定性和定量相互间的映射。其中:E_x 是云的重心位置,标定了相应的定性概念的中心值;E_n 是概念不确定性的度量,它的大小反映了在论域中可被定性概念接受的元素,即亦此亦彼性的裕

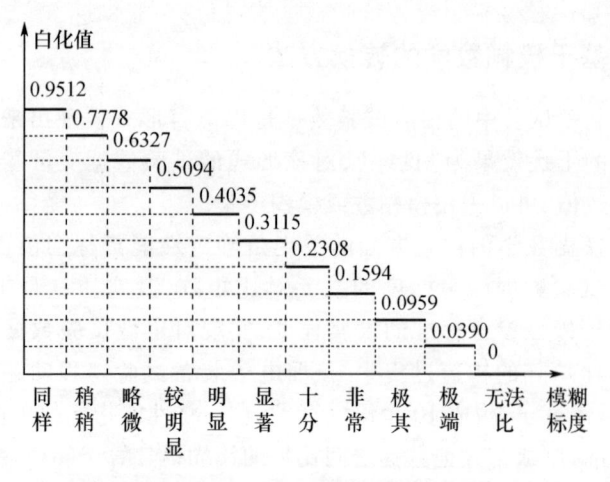

图 2-5　11 个语气算子定性试验数据的白化值

度;H 是熵的不确定性的度量,即熵的熵,它反映了云的离散程度。

正向正态云发生器是从定性到定量的映射,它根据云的期望值 E_x、熵 E_n、超熵 H 3 个数字特征产生云滴。正向正态云的定义如下:

定义 2-1　设 U 是一个用精确数值表示的定量论域,C 是 U 上的定性概念,定量值 $x \in U$,且 x 是定性概念 C 的一次随机实现,若 x 满足 $x \sim N(E_x, E_n'^2)$,其中 $E_n' \sim N(E_n, H^2)$,且 x 对 C 的确定度满足

$$\mu = e^{-\frac{(x-E_x)^2}{2(E_n')^2}} \tag{2-5}$$

则 x 在论域 U 上的分布称为正态云。

基于该定义,正向正态云发生器如图 2-6 所示。

图 2-6　正向正态云发生器

这里基于正态云研究定性试验数据的转换问题。由于电子装备定性试验数据的极性特征,云模型分为 3 种类型:一是正态云模型;二是用于极小极性极值定性试验数据量化的上边带正态半云模型;三是用于极大极性极值定性试验数据量化的下边带正态半云模型。

针对极大极性极值定性试验数据的量化,例如,通信干扰装备的干扰效果表现为极大值极性特征,用云的概念来描述对通信专向的干扰效果"优秀"这一定性语言值,通常以报文抄收正确率为考察标准。试验中一般认为报文抄收正确率在95%~100%时干扰效果才可以判定为"优秀",假设报文抄收正确率服从正态分布,则此时应该认为报文抄收正确率100%是云的中心,设定 $E_x = 1.0$ 和 $E_n = 0.02$,令 $H = 0.001$,则有干扰效果的下边带正态半云模型示意图如图2-7所示。

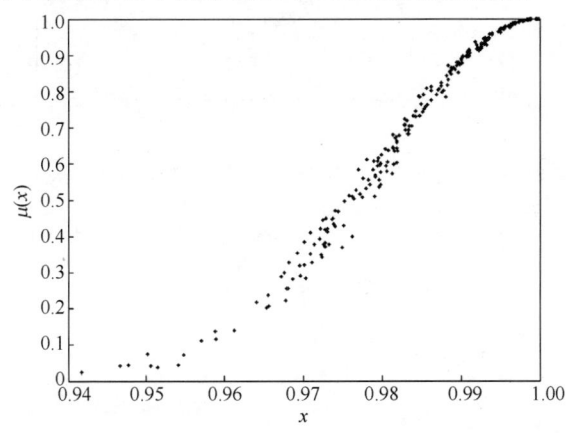

图2-7 干扰效果"优秀"的下边带正态半云模型示意图

针对极小极性极值定性试验数据的量化,如指挥控制系统的信息传输反应时间,表现为极小值极性特征,用云的概念来描述信息传输反应时间"极快"这一定性语言值,通常以传输时间为考察标准。试验中针对某类型的指挥控制系统,若传输时间在12~16s时判定为"极快",假设信息传输反应时间服从正态分布,则此时应该认为传输时间12s是云的中心,设定 $E_x = 12$ 和 $E_n = 1.2$,令 $H = 0.05$,则有信息传输反应时间的上边带正态半云模型示意图如图2-8所示。

对上述指挥控制系统,用云的概念来描述信息传输反应时间"快"这一定性语言值。若传输时间在15~21s时判定为"快",假设信息传输反应时间服从正态分布,则此时应该认为传输时间18s是云的中心,设定 $E_x = 18$ 和 $E_n = 1$,令 $H = 0.05$,则有信息传输反应时间"快"的正态云模型示意图如图2-9所示。

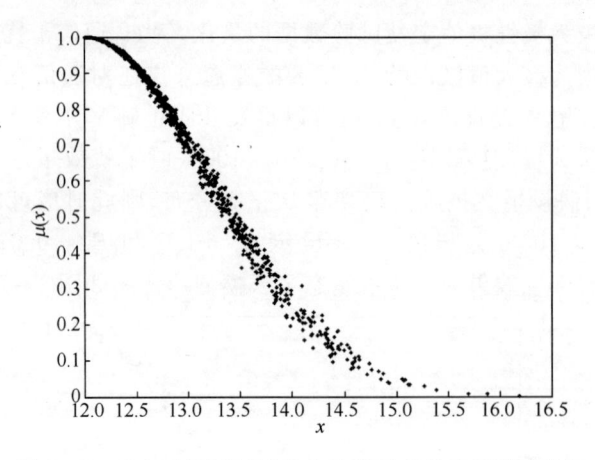

图 2-8 反应时间"极快"的上边带正态半云模型示意图

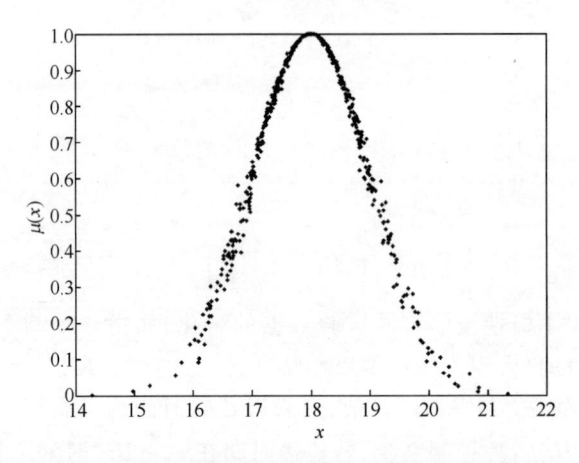

图 2-9 反应时间"快"的正态云模型示意图

2.3 试验数据的规范化处理模型

针对电子装备的试验数据处理,当得到一组原始数据后,在诸如进行计算灰色关联系数等不确定性分析之前,要求序列的数据之间保持"等权"、"等极性"等性质,因此必须对数列进行无量纲化或归一化等规范化处理。

设原始数据列为 $X^0 = \{x_1^0, x_2^0, \cdots, x_n^0\}$，变换后的数据列为 $X^1 = \{x_1^1, x_2^1, \cdots, x_n^1\}$。

2.3.1 无量纲化处理

无量纲化即对于各个数列，当其不是同一量纲时化作无量纲，常用的处理方法有初值化和均值化等。

初值化处理是指所有数据均用第一个数据去除，然后得到一个新的数列，这个新的数列就是不同序号的值相对于第一个数据值的百分比。初值化变换公式为

$$x_k^1 = x_k^0 / x_1^0 \tag{2-6}$$

初值化处理的意义是以初始值为基点，从初态出发，对事物的发展态势进行分析。

均值化处理是指用平均值去除所有的数据，得到一个占平均值百分比值的新数列，有时也可以用数据列中的某一数据或数据分布区间中的某一数据去除所有的数据。均值化变换公式为

$$x_k^1 = x_k^0 / \bar{x}^0 \tag{2-7}$$

式中

$$\bar{x}^0 = \frac{1}{n} \sum_{k=1}^{n} x_k^0$$

均值化处理的意义是从平均的观念对事物发展进行分析。

2.3.2 归一化处理

在非时间序列中，数据列中不同指标的数在大小上相差较大，这时在同一指标下可人为设置一个数据进行处理，使同一指标下的数量级相同。

常用区间值化生成方法进行归一化处理，即在数据列最大值和最小值所制约的区间内进行分析。区间值化变换公式为

$$x_k^1 = \frac{x_k^0 - x_{\min}^0}{x_{\max}^0 - x_{\min}^0} \tag{2-8}$$

式中

$$x^0_{\max} = \max_k(x^0_k), \quad x^0_{\min} = \min_k(x^0_k)$$

很显然,对于任意的 k,有 $x^1_k \in [0,1]$。

2.3.3 等极性化处理

等极性化就是在因子集中去掉负极性因子,保留正极性因子。不同极性的数据主要通过上限效果测度变换、下限效果测度变换和适中效果测度变换来统一极性。

定义 2-2 令 T 为效果测度变换,p 为目标,则:

① 当 p 为极大值目标时,称 $T(u^p_{ij}) = r^p_{ij}$ 为上限效果测度变换。

② 当 p 为极小值目标时,称 $T(u^p_{ij}) = r^p_{ij}$ 为下限效果测度变换。

③ 当 p 为适中值目标时,称 $T(u^p_{ij}) = r^p_{ij}$ 为适中效果测度变换。

命题 2-1 令 T 为效果测度变换,u^p_{ij} 为 p 目标下局势 s_{ij} 的样本,又令 p 为极大值目标,r^p_{ij} 为 u^p_{ij} 在 T 下的变换值,则上限效果测度变换算式为

$$r^p_{ij} = \frac{u^p_{ij}}{\max\limits_i \max\limits_j u^p_{ij}} \qquad (2-9)$$

上限效果测度变换着眼于衡量效果偏离最大值的程度,由于有 $u^p_{ij} \leq \max\limits_i \max\limits_j u^p_{ij}$,故有 $0 \leq r^p_{ij} \leq 1$。

命题 2-2 令 T 为效果测度变换,u^p_{ij} 为 p 目标下局势 s_{ij} 的样本,又令 p 为极小值目标,r^p_{ij} 为 u^p_{ij} 在 T 下的变换值,则下限效果测度变换算式为

$$r^p_{ij} = \frac{\min\limits_i \min\limits_j u^p_{ij}}{u^p_{ij}} \qquad (2-10)$$

下限效果测度变换着眼于衡量效果偏离最小值的程度,同样由于有 $u^p_{ij} \geq \min\limits_i \min\limits_j u^p_{ij}$,所以 $0 \leq r^p_{ij} \leq 1$。

命题 2-3 令 T 为效果测度变换,u^p_{ij} 为 p 目标下局势 s_{ij} 的样本,又令 p 为适中值目标,$u(0)$ 为适中值,r^p_{ij} 为 u^p_{ij} 在 T 下的变换值,则适中效果测度变换算式为

$$r_{ij}^p = \frac{\min\{u_{ij}^p, u(0)\}}{\max\{u_{ij}^p, u(0)\}} \quad (2-11)$$

适中效果测度变换衡量效果值偏离适中值的程度。由于 $\min\{u_{ij}^p, u(0)\} \leq \max\{u_{ij}^p, u(0)\}$，同样有 $0 \leq r_{ij}^p \leq 1$，只有当 $u_{ij}^p = u(0)$ 时，才会有 $r_{ij}^p = 1$。

数据列通过无量纲化或归一化等规范化处理后，强化了各因素间的接近性，增加了可比性。

2.4 试验数据的非统计不确定性评定模型

电子装备试验数据包含随机性、模糊性、灰色性和未确知性等不确定性信息，而试验数据大都是经过推导和整理的定量信息，或者是定性和定量相结合的信息，本节提出不确定性测度的概念，用同一方法来表示这些不确定性信息，即用 $\langle X, \delta(X) \rangle$ 来表示试验数据，其中 $\delta(X)$ 表示数据 X 的不确定性测度。

2.4.1 模糊性不确定性测度

对于模糊性不确定性试验数据，通过一个与试验数据相关联的可能性分布函数或隶属函数来导出其不确定性测度。假设数据 X 是取值于论域 $\mathbf{X}$ 上的一个模糊变量，而且 $\widetilde{B} \in F(\mathbf{X})$，$\pi_X(\cdot)$ 是与数据 X 相关联的可能性分布函数，Π_X 是相应的可能性分布，则定义

$$\Pi_X(\widetilde{B}) = \bigvee_{y \in \mathbf{X}}(\widetilde{B}(y) \wedge \pi_X(y)) \quad (2-12)$$

是 $\widetilde{B}$ 的可能性测度，并定义

$$\delta(X) = -\Pi_X(\widetilde{B}) \log \Pi_X(\widetilde{B}) \quad (2-13)$$

是 $\widetilde{B}$ 的不确定性测度。

另外，假设模糊性不确定性试验数据集合表示为

$$A = \sum_{i=1}^{n} \mu_A(X_i)/X_i \quad (2-14)$$

式中：$\mu_A(X_i)$ 为数据 X_i 的隶属度。则定义由

$$\delta(X_i) = -\mu_A(X_i)\log\mu_A(X_i) - (1-\mu_A(X_i))\log(1-\mu_A(X_i)) \quad (2-15)$$

得到的 $\delta(X_i)$ 为数据 X_i 的不确定性测度，数据集合 A 的不确定性测度为

$$\delta(A) = \frac{1}{n}\sum_{i=1}^{n}\delta(X_i) \quad (2-16)$$

2.4.2 灰色性不确定性测度

在灰色系统理论中，灰数的灰度是灰数信息未知程度的度量，反映了利用灰数来表达所研究事物的不确定性认知。表征电子装备试验数据的灰数一般是有限的离散灰数，本书将离散灰数基于信息熵的灰数的灰度定义为灰色性信息的不确定性测度。

令 $\otimes$ 为有限的离散灰数，$\otimes = \{\widetilde{\otimes}_i | i \in I\}$，其中 I 是自然数 N 的一个截断，其白化函数为 $f(\widetilde{\otimes})$，白化函数值序列 $a = (f(\widetilde{\otimes}_i) | i \in I)$ 的信息熵为 $I(a)$，a 的最大熵为 I_m，则

$$\delta(\otimes) = I(a)/I_m \quad (2-17)$$

称为灰数 $\otimes$ 的不确定性测度。

2.4.3 未确知性不确定性测度

电子装备试验数据通常是离散有理数，对于表征某一种性能的试验数据 $X_i(i=1,2,\cdots,n)$，存在一个闭区间 $[a,b]$，使得 $a = X_1 < X_2 < \cdots < X_n = b$，从而有试验数据的未确知有理数表达式为

$$\varphi(X) = \begin{cases} \alpha_i & X = X_i(i=1,2,\cdots,n) \\ 0 & \text{其他} \end{cases} \quad (2-18)$$

式中：α_i 为试验数据取值 X_i 的可信度，并有 $\sum_{i=1}^{n}\alpha_i = \alpha, 0 < \alpha \leq 1$；$\varphi(X)$ 为可信度分布密度函数。

从概率论的观点来看,试验数据取值 X_i 的可信度与取值 X_i 的概率在本质上是一致的,则可定义未确知性数据 X 的不确定性测度为

$$\delta(X) = -\sum_{i=1}^{n} \alpha_i \log \alpha_i \qquad (2-19)$$

2.4.4 联系度不确定性测度

对于 $n(n \geq 2)$ 个联系度:

$$u_1 = a_1 + b_1 i_1 + c_1 j_1$$
$$u_2 = a_2 + b_2 i_2 + c_2 j_2$$
$$\vdots$$
$$u_n = a_n + b_n i_n + c_n j_n$$

有下列不确定性测度:

同一度不确定性测度,表达式为

$$S_s = \sum_{k=1}^{n} a_k \ln a_k \qquad (2-20)$$

差异度不确定性测度,表达式为

$$S_f = i \sum_{k=1}^{n} b_k \ln b_k \qquad (2-21)$$

对立度不确定性测度,表达式为

$$S_p = j \sum_{k=1}^{n} c_k \ln c_k \qquad (2-22)$$

联系度不确定性测度,表达式为

$$S = S_s + S_f + S_p$$
$$= \sum_{k=1}^{n} a_k \ln a_k + i \sum_{k=1}^{n} b_k \ln b_k + j \sum_{k=1}^{n} c_k \ln c_k \qquad (2-23)$$

第❷部分
处理与分析

第3章　试验数据的灰色误差分析理论与应用
第4章　试验数据的灰色估计理论与应用
第5章　试验数据的模糊分析理论与应用
第6章　基于未确知有理数的试验数据分析理论与应用
第7章　基于盲数的试验数据分析理论与应用
第8章　基于联系数的试验数据分析理论与应用

第3章 试验数据的灰色误差分析理论与应用

  电子装备试验与评价的本质是尽可能多地利用试验数据、消息、资料等,来构成原始试验数据的全集合,完整、准确地把握试验数据的实质,以减少或消除对电子装备战术技术性能和作战使用性能的认识不确定程度。随着高新电子装备的大量涌现以及试验条件的限制,通过外场试验获取的数据样本量越来越小,而且由于试验过程中电波传播、电磁环境的快速变化等不稳定因素的影响,试验数据带来较大的误差。由于事物的复杂性,和信道上各种噪声的干扰以及接收系统能力的限制,使得人类只能获得事物的部分信息或信息量的大致范围,而不能获得全部信息或确切信息,这种部分已知部分未知的宿信息称为灰色信息。信息不完全是"灰"的基本含义,灰色信息的基本内涵即是"部分信息已知,部分信息未知"。灰色信息由灰色理论和灰色数学方法表达和处理。本章将电子装备试验数据视为"贫信息",基于灰色系统的相关理论来探讨试验数据的处理,提出过失误差的判别、系统误差的判别等灰色处理方法。

3.1 试验数据的灰数表达与灰色分析

  灰色系统理论把系统中部分信息已知,但不知道其准确数字的元素或参数,即一个信息不完全的数称为灰数,记为 $\otimes$。如描述"这部电子装备的干扰功率为 100kW 左右",干扰功率为 100kW 左右就是灰数。可知灰数是只知大概范围而不知道其确切值的数。实际上灰数不是一个具体的数,而是在一个数集内取值或一个数值区间内取值的不确定数。

3.1.1 电子装备试验数据的灰数与数据列表示

3.1.1.1 电子装备试验数据的灰数表示

定义 3-1 设论域 $A \subseteq \mathbf{R}^1$ 为一个非空数集，$W \subseteq \mathbf{R}^1$ 为确定数构成的非空数集，并设 $a = \inf A$ 和 $b = \sup A$，对任意 $A \ni \widehat{\otimes} \in \otimes$ 时有 $\widehat{\otimes} \in A$，则：

① 当 $a \to \infty$，$b \to \infty$ 时，称 $\otimes$ 为黑数；

② 当 $a = b \in W$ 时，有 $\otimes \in W$，称 $\otimes$ 为白数；

③ 当 $\{a\} \cup \{b\} \in W$ 时，称 A 为灰域，称 $\otimes$ 为 A 上的灰数，称 $\widehat{\otimes}$ 为 $\otimes$ 的白化值。

灰数的白化值是指若 c 为区间，c_i 为 c 中的数，若 $\otimes$ 在 c 中取值，则称 c_i 为 $\otimes$ 的一个可能的白化值。一般来说，在区间内灰数的取值机会不一定均等，取值机会的多少是用白化权函数表示的。通过补充信息，可以使灰数转化为白数。

参照上述定义，电子装备试验数据的灰数表达有以下几类：

1）仅有下界的灰数

有下界而无上界的灰数记为 $\otimes \in [a, +\infty)$，称 $[a, +\infty)$ 为 $\otimes$ 的取数域，简称灰域。

电子装备试验中的背景信号个数就是一个仅有下界的灰数，因为其个数必然大于零，但是又不可能知道其准确的个数，可以用 $\otimes \in [0, +\infty)$ 来表示背景信号个数。

2）仅有上界的灰数

有上界而无下界的灰数记为 $\otimes \in (-\infty, b]$。

对于电子装备的干扰反应时间有最长时间限制，电子装备的电源有承受电压临界值，整个试验的消耗有个限额，干扰反应时间、承受电压和消耗值都是有上界的灰数。

3）区间灰数

既有上界又有下界的灰数称为区间灰数，记为 $\otimes \in [a, b]$。

4）连续灰数与离散灰数

在某个区间内取有限个值或可数个值的灰数称为离散灰数，取值连续地充满某一区间的灰数称为连续灰数。

电子装备的干扰功率一般是区间灰数,同时又是连续灰数;多目标干扰专向个数是区间灰数,同时又是离散灰数。

3.1.1.2 电子装备试验数据的数据列表示

定义 3-2 令 X 为某测试的数据命题,**N** 为自然数集,在 $k \in \mathbf{N}$ 时,X 有试验数据 $x(k)$ 且 $x(k) \geq 0$,则通常称 k 为数据序号,$(k,x(k))$ 为第 k 个数据点,$x(k)$ 为 k 点的数据,$x(k)$ 的顺序排列称为某次试验测试的试验数据列,记为

$$X = \{x(1), x(2), \cdots, x(k), \cdots, x(n)\}$$

定义 3-3 令 $X = \{x(1), x(2), \cdots, x(k), \cdots, x(n)\}$ 为数据序列,若 k 为时间序号,则称序列 X 为时间序列;若 k 为空间分布序号,则称序列 X 为空间分布序列;若 k 为指标序号,则称序列 X 为指标序列。

根据定义,基于电子装备试验数据所构成的数据列大多数为空间分布序列和指标序列。

令 $X = \{x(1), x(2), \cdots, x(k), \cdots, x(n)\}$ 为试验数据序列,根据测试指标的性质,X 可以分为极大值极性数据序列、极小值极性数据序列或适中值极性数据序列。

极大值极性:当指标的数据值越大越好时,该指标称为极大值极性指标,其测试数据值具有极大值极性。如某电子装备的干扰功率,很显然干扰功率越大越能取得好的干扰效果,干扰功率就是一个极大值极性指标,干扰功率数据列具有极大值极性。通常将该类指标也称为效益型指标。

极小值极性:当指标的数据值越小越好时,该指标称为极小值极性指标,其数据值具有极小值极性。如完成某次电子装备设计定型试验任务的消耗费用,很显然消耗费用越小越好,消耗费用就是一个极小值极性指标,其数据列具有极小值极性。通常将该类指标也称为成本型指标。

适中值极性:当指标的数据值为 u_0 时最好,偏大或者偏小均不合适,则该指标称为适中值极性指标,其数据值具有适中值极性。如完成某电子装备试验的飞机飞行高度就是一个适中值极性指标,很显然,针对

该次试验任务战术技术指标要求,飞行高度偏高或者偏低都是不合适的。

3.1.2 试验数据的累加(减)生成

灰色系统的一个基本观点是把一切随机量都看作在一定范围内变化的灰色量。对灰色量的处理不是找概率分布、求统计规律,而是用数据处理的方法来找数据间的规律。将原始数据列中的数据,按某种要求做数据处理,称为数据生成。称某种数据处理方式为一种生成方式,数据生成就是数据处理,是一种就数据找数据规律的途径。

从要求来看,数据生成可分为"整体生成"和"局部生成"。将整个数据列进行某种变换,称整体生成。整体生成包括累加生成和累减生成,其目的是建立模型提供中间信息,或者对原始数据列的随机性加以淡化,以提高模型的拟合精度。将数据列中的部分数据做某种处理,称为局部生成。局部生成包括均值生成、级比生成等,其目的是对数据列中的空穴进行插值填补。

3.1.2.1 试验数据的累加生成

累加生成是通过对原始数据列中各时刻数据做依次累加以得到新数据列的过程,是灰色系统建模时常用的一种生成方法。累加生成简称为 AGO(Accumulated Generating Operation),累加后的数据列称为生成数列。通过累加生成可以看出某灰量累积过程的发展态势,可以对原始数据离乱但积分特性蕴含某种规律的情况加以显化。累加生成能使任意非负数据列、摆动与非摆动的,转化为非减的、递增的数据列。

设 $x^{(0)}$ 为原始的数据列,$x^{(r)}$ 为原始数据列做 r 次累加生成(记为 r - AGO)得到的数据列,即

$$x^{(0)} = \{x^{(0)}(1), x^{(0)}(2), \cdots, x^{(0)}(n)\} \quad (3-1)$$

$$x^{(r)} = \{x^{(r)}(1), x^{(r)}(2), \cdots, x^{(r)}(n)\} \quad (3-2)$$

则有 AGO 算法:

对 1 - AGO,有

$$\begin{aligned} x^{(1)}(k) &= x^{(0)}(1) + x^{(0)}(2) + \cdots + x^{(0)}(k) \\ &= \sum_{i=1}^{k} x^{(0)}(i) \end{aligned} \quad (3-3)$$

对 $r-\text{AGO}$,有
$$x^{(r)}(k) = x^{(r-1)}(1) + x^{(r-1)}(2) + \cdots + x^{(r-1)}(k)$$
$$= \sum_{i=1}^{k} x^{(r-1)}(i) \qquad (3-4)$$

很显然,x^r 为 $x^{(r-1)}$ 的 $1-\text{AGO}$。

例如,设有原始试验数据列 $x^{(0)} = \{x^{(0)}(1), x^{(0)}(2), \cdots, x^{(0)}(5)\} = \{3.5, 3.9, 3.2, 4.1, 3.6\}$,求 $x^{(1)}(k)(k=1,2,\cdots,5)$。

根据上述 $1-\text{AGO}$ 算法,得到
$$x^{(1)}(1) = x^{(0)}(1) = 3.5$$
$$x^{(1)}(2) = x^{(0)}(1) + x^{(0)}(2) = 7.4$$
$$x^{(1)}(3) = x^{(0)}(1) + x^{(0)}(2) + x^{(0)}(3) = 10.6$$
$$x^{(1)}(4) = x^{(0)}(1) + x^{(0)}(2) + x^{(0)}(3) + x^{(0)}(4) = 14.7$$
$$x^{(1)}(5) = x^{(0)}(1) + x^{(0)}(2) + x^{(0)}(3) + x^{(0)}(4) + x^{(0)}(5) = 18.3$$

由图 3-1 可以看到,原始没有规律且有摆动的试验数据经过累加生成后,得到了具有较强递增规律的数据列。

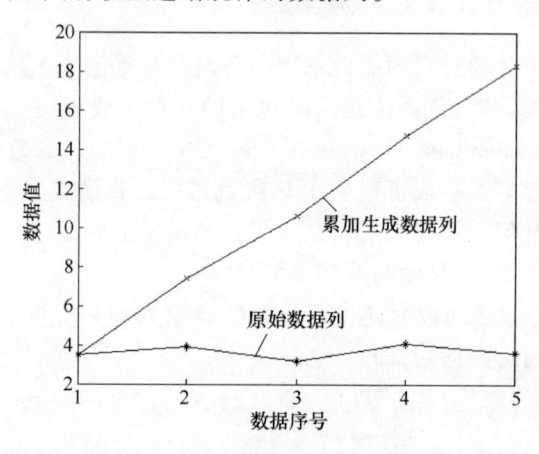

图 3-1 数列累加生成效果示意图

3.1.2.2 试验数据的累减生成

累减生成是对数据列中前后相邻两数据求差值的处理过程。累减生成是累加生成的逆运算,记作 IAGO(Inverse Accumulated Generating

Operation),两者之间的关系可表示为

$$x^{(0)} \xrightarrow{r-\text{AGO}} x^{(r)}, \quad x^{(r)} \xrightarrow{r-\text{IAGO}} x^{(0)} \qquad (3-5)$$

在预测建模中,累减生成可以将累加生成数据列还原为非生成数据列,用以获得增量信息。

根据上一节的原始试验数据列及其 r 次累加生成数据列,可以得到下列关系式,即

$$x^{(r-1)}(k) = x^{(r)}(k) - x^{(r)}(k-1) \quad k=1,2,\cdots,n \qquad (3-6)$$

$$x^{(r-2)}(k) = x^{(r-1)}(k) - x^{(r-1)}(k-1) \quad k=1,2,\cdots,n \qquad (3-7)$$

$$\vdots$$

$$x^{(1)}(k) = x^{(2)}(k) - x^{(2)}(k-1) \quad k=1,2,\cdots,n \qquad (3-8)$$

$$x^{(0)}(k) = x^{(1)}(k) - x^{(1)}(k-1) \quad k=1,2,\cdots,n \qquad (3-9)$$

从上面的式子可以看出,对原始试验数据列的 r 次累加生成数据做 r 次累减,即还原为非生成数据列。

3.1.3 灰色关联分析

灰色关联是灰色系统的基本概念。灰色关联是指事物之间的不确定关联,或系统因子之间、因子对主行为之间的不确定关联。灰色关联简称灰关联。利用灰关联的概念和方法,从不完全的信息中,对所要分析研究的各因素,通过一定的数据处理,在随机的因素序列间找出它们的关联性,发现主要矛盾,找到主要影响因素。

关联分析主要是态势变化的比较分析,也就是对系统动态发展过程的量化分析。它根据因素之间发展态势的相似或相异程度来衡量因素间接近的程度。这种因素的比较,实质上是几种几何曲线间几何形状的分析比较,即认为几何形状越接近,则发展态势越接近,关联程度越大。关联度系数的计算,就是因素间关联程度大小的一种定量分析。由于关联度分析法是按发展趋势进行分析的,因此对样本的多少没有太高要求,分析时也不需要找典型的分布规律。

对各种系统进行关联分析时,首先要确定数据列。数据列包括时间序列和非时间序列(或指标序列)。时间序列研究的是随时间变化

的系统,其分析是通过历史的发展变化,对因素进行关联分析。而非时间序列或指标序列是研究指标变化的系统,其分析是通过各因素随指标的变化对系统的影响,来分析各因素的关联情况。

在指定了参考数列和获取了系统各有关因素作为比较数据列之后,在灰关联空间里将比较数据列与参考数列进行关联计算,得到系统各因素的关联度。

根据灰色系统理论,令参考序列为

$$x_0 = \{x_0(1), x_0(2), \cdots, x_0(n)\}$$

比较序列为 $x_i(i=1,2,\cdots,m)$,其中

$$x_1 = \{x_1(1), x_1(2), \cdots, x_1(n)\}$$
$$x_2 = \{x_2(1), x_2(2), \cdots, x_2(n)\}$$
$$\vdots$$
$$x_m = \{x_m(1), x_m(2), \cdots, x_m(n)\}$$

给定实数 $\gamma(x_0(k), x_i(k))$,若实数

$$\gamma(X_0, X_i) = \frac{1}{n}\sum_{k=1}^{n} \gamma(x_0(k), x_i(k))$$

满足:

① 规范性,即

$$0 < \gamma(X_0, X_i) \leq 1, \quad \gamma(X_0, X_i) = 1 \Leftrightarrow X_0 = X_i$$

② 整体性,即对于 $X_i, X_j \in X = \{X_s | s=0,1,2,\cdots,m; m \geq 2\}$,有

$$\gamma(X_i, X_j) \neq \gamma(X_j, X_i) \quad i \neq j$$

③ 偶对对称性,即对于 $X_i, X_j \in X$,有

$$\gamma(X_i, X_j) = \gamma(X_j, X_i) \Leftrightarrow X = \{X_i, X_j\}$$

④ 接近性,即 $|x_0(k) - x_i(k)|$ 越小,$\gamma(x_0(k), x_i(k))$ 越大。

则称 $\gamma(X_0, X_i)$ 为 X_i 与 X_0 的灰色关联度,$\gamma(x_0(k), x_i(k))$ 为 X_i 与 X_0 在 k 点的关联系数,并称条件①、②、③、④为灰色关联四公理。

在灰色关联公理中,$\gamma(X_0, X_i) \in (0,1]$ 表明系统中任何两个行为序列都不可能是严格无关联的。

整体性体现了环境对灰色关联比较的影响,环境不同,灰色关联度亦随之变化,因此对称原理不一定满足。

偶对对称性表明,当灰色关联因子集中只有两个序列时,两两比较满足对称性。

接近性是对关联度量化的约束。

定义 3-4 设试验数据序列

$$X_0 = \{x_0(1), x_0(2), \cdots, x_0(n)\}$$

$$X_1 = \{x_1(1), x_1(2), \cdots, x_1(n)\}$$

$$\vdots$$

$$X_i = \{x_i(1), x_i(2), \cdots, x_i(n)\}$$

$$\vdots$$

$$X_m = \{x_m(1), x_m(2), \cdots, x_m(n)\}$$

对于 $\xi \in (0,1)$,令

$$\gamma(x_0(k), x_i(k)) = \frac{\min\limits_{i}\min\limits_{k}|x_0(k) - x_i(k)| + \xi \max\limits_{i}\max\limits_{k}|x_0(k) - x_i(k)|}{|x_0(k) - x_i(k)| + \xi \max\limits_{i}\max\limits_{k}|x_0(k) - x_i(k)|} \quad (3-10)$$

$$\gamma(X_0, X_i) = \frac{1}{n}\sum_{k=1}^{n}\gamma(x_0(k), x_i(k)) \quad (3-11)$$

则 $\gamma(X_0, X_i)$ 满足灰色关联四公理,其中 ξ 称为分辨系数。$\gamma(X_0, X_i)$ 称为 X_0 与 X_i 的灰色关联度。

按照上述定义的算式可得如下灰色关联度的计算步骤。

(1) 求各序列的初值像(或均值像):

$$X_i' = X_i/x_i(1) = \{x_i'(1), x_i'(2), \cdots, x_i'(n)\}$$

式中:$i = 0, 1, 2, \cdots, m$。

(2) 求差序列:

$$\Delta_i(k) = |x_0'(k) - x_i'(k)|$$

$$\Delta_i = \{\Delta_i(1), \Delta_i(2), \cdots, \Delta_i(n)\}$$

式中:$i = 1, 2, \cdots, m$。

（3）求两极最大差与最小差：
$$M = \max_i \max_k \Delta_i(k), \quad m = \min_i \min_k \Delta_i(k)$$

（4）求关联系数：
$$\gamma_{0i}(k) = \frac{m + \xi M}{\Delta_i(k) + \xi M}$$

式中：$\xi \in (0,1)$；$k = 1,2,\cdots,n$；$i = 1,2,\cdots,m$。

（5）计算关联度：
$$\gamma_{0i} = \frac{1}{n}\sum_{k=1}^{n}\gamma_{0i}(k) \quad i = 1,2,\cdots,m$$

3.1.4 GM(1,1)模型

3.1.4.1 GM(1,1)模型及其参数辨识

定义 3-5 设原始数列为 $X^{(0)} = \{x^{(0)}(1), x^{(0)}(2), \cdots, x^{(0)}(n)\}$，$X^{(0)}$ 的 1-AGO 序列为 $X^{(1)} = \{x^{(1)}(1), x^{(1)}(2), \cdots, x^{(1)}(n)\}$，其中 $x^{(1)}(k) = \sum_{i=1}^{k}x^{(0)}(i)(k=1,2,\cdots,n)$，则称

$$x^{(0)}(k) + ax^{(1)}(k) = b \tag{3-12}$$

为 GM(1,1)模型的原始形式。

符号 GM(1,1)参数的含义如图 3-2 所示。

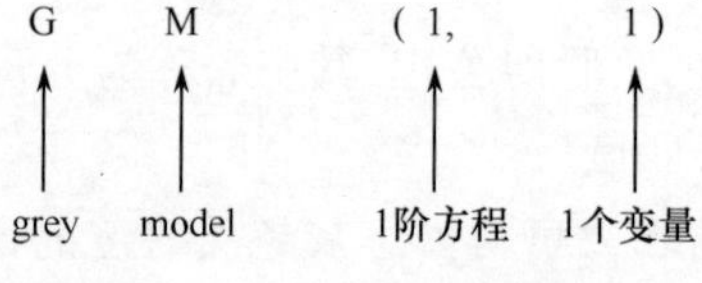

G　　M　　(1,　　1)
↑　　↑　　↑　　↑
grey　model　1阶方程　1个变量

图 3-2　GM(1,1)的参数含义

定义 3-6 设 $X^{(0)}$、$X^{(1)}$ 的含义如上述定义，$X^{(1)}$ 的紧邻均值生成序列为 $Z^{(1)} = \{z^{(1)}(1), z^{(1)}(2), \cdots, z^{(1)}(n)\}$，其中 $z^{(1)}(k) = \frac{1}{2}(x^{(1)}(k) + x^{(1)}(k-1))(k=2,3,\cdots,n)$，则称

$$x^{(0)}(k) + az^{(1)}(k) = b \tag{3-13}$$

为 GM(1,1)模型的基本形式。

命题 3-1 设 $x^{(0)} = \{x^{(0)}(1), x^{(0)}(2), \cdots, x^{(0)}(n)\}$ 为 GM(1,1) 建模序列,则可以得到 GM(1,1) 模型为

$$x^{(0)}(k) + az^{(1)}(k) = b \tag{3-14}$$

式中:待估计参数 a 为 GM(1,1) 的发展系数;待估计参数 b 为 GM(1,1) 的灰作用量;$z^{(1)}(k)$ 可通过下式求得,其中 $z^{(1)}$ 为 $x^{(1)}$ 的紧邻均值生成序列, $x^{(1)}$ 为 $x^{(0)}$ 的 1-AGO 生成序列。

$$\begin{cases} X^{(1)} = \{x^{(1)}(1), x^{(1)}(2), \cdots, x^{(1)}(n)\} \\ x^{(1)}(k) = \sum_{i=1}^{k} x^{(0)}(i) \\ z^{(1)}(k) = \frac{1}{2}(x^{(1)}(k) + x^{(1)}(k-1)) \\ Z^{(1)} = \{z^{(1)}(1), z^{(1)}(2), \cdots, z^{(1)}(n)\} \end{cases} \tag{3-15}$$

另设 $\hat{\boldsymbol{a}} = (a, b)^T$ 为参数列,且

$$\boldsymbol{Y} = \begin{bmatrix} x^{(0)}(2) \\ x^{(0)}(3) \\ \vdots \\ x^{(0)}(n) \end{bmatrix}, \quad \boldsymbol{B} = \begin{bmatrix} -z^{(1)}(2) & 1 \\ -z^{(1)}(3) & 1 \\ \vdots & \vdots \\ -z^{(1)}(n) & 1 \end{bmatrix} \tag{3-16}$$

则灰色微分基本模型的最小二乘估计参数列为

$$\hat{\boldsymbol{a}} = (\boldsymbol{B}^T \boldsymbol{B})^{-1} \boldsymbol{B}^T \boldsymbol{Y} \tag{3-17}$$

命题 3-2 设 $\boldsymbol{B}$、$\boldsymbol{Y}$、$\hat{\boldsymbol{a}}$ 的含义如命题 3-1 所述,$\hat{\boldsymbol{a}} = [a, b]^T = (\boldsymbol{B}^T \boldsymbol{B})^{-1} \boldsymbol{B}^T \boldsymbol{Y}$,则有 GM(1,1) 模型 $x^{(0)}(k) + az^{(1)}(k) = b$ 的时间响应序列为

$$\hat{x}^{(1)}(k+1) = \left(x^{(0)}(1) - \frac{b}{a}\right) \cdot e^{-ak} + \frac{b}{a} \quad k = 1, 2, \cdots, n \tag{3-18}$$

还原值为

$$x^{(0)}(k+1) = \hat{x}^{(1)}(k+1) - \hat{x}^{(1)}(k)$$
$$= (1 - e^a)\left(x^{(0)}(1) - \frac{b}{a}\right) \cdot e^{-ak} \quad k = 1, 2, \cdots, n \tag{3-19}$$

3.1.4.2 GM(1,1)模型建模精度

定义 3-7 设原始数据列为 $X^{(0)} = \{x^{(0)}(1), x^{(0)}(2), \cdots, x^{(0)}(n)\}$ 和相应的预测模型模拟序列为 $\hat{X}^{(0)} = \{\hat{x}^{(0)}(1), \hat{x}^{(0)}(2), \cdots, \hat{x}^{(0)}(n)\}$,其残差序列

$$\begin{aligned}\varepsilon^{(0)} &= \{\varepsilon^{(0)}(1), \varepsilon^{(0)}(2), \cdots, \varepsilon^{(0)}(n)\} \\ &= \{x^{(0)}(1) - \hat{x}^{(0)}(1), x^{(0)}(2) - \hat{x}^{(0)}(2), \cdots, x^{(0)}(n) - \hat{x}^{(0)}(n)\}\end{aligned} \quad (3-20)$$

相对误差序列

$$\Delta = \{\Delta_1, \Delta_2, \cdots, \Delta_n\} = \left\{ \left|\frac{\varepsilon(1)}{x^{(0)}(1)}\right|, \left|\frac{\varepsilon(2)}{x^{(0)}(2)}\right|, \cdots, \left|\frac{\varepsilon(n)}{x^{(0)}(n)}\right| \right\} \quad (3-21)$$

则有:

① 对于 $k \leqslant n$,称

$$\Delta_k = \left|\frac{\varepsilon(k)}{x^{(0)}(k)}\right| \quad (3-22)$$

为 k 点模拟相对误差,称

$$\bar{\Delta} = \frac{1}{n}\sum_{k=1}^{n}\Delta_k \quad (3-23)$$

为平均相对误差。

② 称 $1 - \bar{\Delta}$ 为平均相对精度或建模精度,$1 - \Delta_k (k=1,2,\cdots,n)$ 为 k 点模拟精度。

③ 给定相对误差 α,当 $\bar{\Delta} < \alpha$ 且 $\Delta_k (k=1,2,\cdots,n)$ 成立时,称模型为残差合格模型。

上述定义给出了预测模型的检验方法,通过对残差的考察来判断模型的精度。很显然,平均相对误差 $\bar{\Delta}$ 和模拟误差都要求越小越好。

当通过 GM(1,1)模型对系统行为进行预测时,通过预测值的相对残差来评定预测精度。令

$$Q = [B^T B]^{-1} = \begin{bmatrix} Q_{11} & Q_{12} \\ Q_{21} & Q_{22} \end{bmatrix}, \sigma_0 = \pm\sqrt{\frac{EE^T}{n-1}}$$

式中

$$E = (\varepsilon^{(0)}(1), \varepsilon^{(0)}(2), \cdots, \varepsilon^{(0)}(n))$$

可得预测值的均方差估算公式为

$$\sigma\hat{x}^{(0)}(k+1) = [(akx^{(1)}(1) - x^{(1)}(1) - kb)^2 \cdot Q_{11} + Q_{22} + \\ 2(akx^{(1)}(1) - x^{(1)}(1) - kb) \cdot Q_{12}]^{\frac{1}{2}} \cdot \sigma_0 \cdot e^{-ak}$$

(3-24)

预测值的精度 $\hat{p}$ 可以表示为

$$\hat{p} = \left(1 - \frac{\sigma\hat{x}^{(0)}(k+1)}{\hat{x}^{(0)}(k+1)}\right) \times 100\%$$

(3-25)

3.2 粗大误差判别的灰色包络方法

过失误差又称为粗大误差。过失误差是指由于测量人员的主观原因或客观外界条件的原因而引起的歪曲测量结果的数据,是由某些突发性的异常因素造成的,冲击、振动等干扰以及设备故障、读数、记录等过程的明显过错等,都可以造成过失误差。过失误差的数值一般比系统误差和随机误差都大。

过失误差严重歪曲测量值,为了通过测量数据而获得被测量真值的正确估计,在对测量数据进行数据处理前,应该按照一定的准则进行识别,将含有过失误差的数据剔除。

目前,判别粗大误差的准则主要是基于统计方法的格拉布斯检验准则和"3σ"准则等,但需要测量数据的概率分布特征,而且在实际电子装备试验中,由于试验条件的限制,获得的试验数据个数往往较少,不能保证其满足某种概率分布,若此时仍采用统计方法来判别其是否含有过失误差,则不一定会获得可靠的判别结果。本节介绍试验数据过失误差的灰色包络判别方法。

3.2.1 灰色包络判别准则

过失误差的灰色包络判别方法的基本思路是利用灰色系统理论中

累加生成的方法,研究测量不确定度的评定问题。通过累加生成后,使非负数列或摆动数列转化为非减数列,从而削弱数据的随机性,突出趋势项,易于寻求数据中的内在规律。

假设试验数据有 n 个,记为 $x_i(i=1,2,\cdots,n)$。为了检验是否存在过失误差,将其从小到大排序,即

$$x^0 = \{x_1^0, x_2^0, \cdots, x_n^0\} \tag{3-26}$$

对 x^0 作累加生成,得到累加数列 $y = x^1$ 为

$$\begin{aligned} y &= \{y_1, y_2, \cdots, y_n\} \\ &= \{x_1^1, x_2^1, \cdots, x_n^1\} \\ &= \{x_1^0, x_1^0 + x_2^0, \cdots, x_1^0 + x_2^0 \cdots + x_n^0\} \end{aligned} \tag{3-27}$$

数据累加曲线如图3-3的曲线1所示,比较图中的直线3和曲线1可知,由于存在测量误差,累加生成后的测量数列由理想过程的线性规律,成为实际过程的指数规律,两条曲线间的距离从一定意义上反映了测量的误差大小。

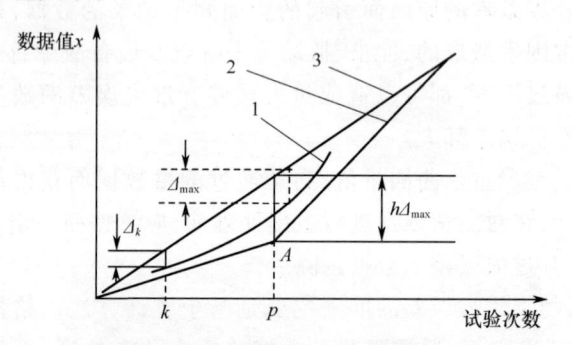

图3-3 过失误差的判断包络线

如图3-3所示,数据累加曲线用一个折线2来包络,试验次数的中值 p(当 n 为偶数时,p 取 $n/2$,当 n 为奇数时,p 取 $(n+1)/2$)为折线的转折点,$\Delta_k = y_k - (y_n/n) \cdot k$,过试验次数 p 的测点,将其距离(两条曲线沿垂直坐标轴的距离 Δ_k)值增加到 $h\Delta_{\max}$(h 通常取 3.75,$\Delta_{\max} = \max\{\Delta_1, \Delta_2, \cdots, \Delta_n\}$)后得到 A 点,连接点 A、原点和终点,组成一条折线。图3-3中,包络折线的上界为参考直线,二者组成一个灰色域,构

成累加数据上、下界的区间。如果试验数据值超出这个灰色域,就认为此数据含有过失误差,应予以剔除。

图 3-3 中曲线 3 的方程为

$$y_k^3 = \frac{y_n}{n} \times k \quad k = 1, 2, \cdots, n \tag{3-28}$$

折线 2 的方程为

$$y_k^2 = \begin{cases} \left(\dfrac{y_n}{n} - \dfrac{h\Delta_{\max}}{p}\right) \times k & 1 \leqslant k \leqslant p \\ \dfrac{y_n}{n} \times k - \dfrac{h\Delta_{\max}}{n-p} \times (n-k) & p < k \leqslant n \end{cases} \tag{3-29}$$

于是,当 $y_k^2 \leqslant y_k^1 \leqslant y_k^3$ 时,则认为该数据不含过失误差。实际上,因为原始试验数据已经按从小到大的原则进行排列,所以总有 $y_k^1 \leqslant y_k^3$ 成立。故可以认为当 $y_k^1 < y_k^2$ 时,判断该数据含有过失误差。

依靠这种方法判别过失误差时,每次只能判断第 1 个或第 n 个数据。若为过失误差则予以剔除。余下的数据重新计算累加线的包络折线,依上述步骤重复判断,直到所有的值不含有过失误差为止。

3.2.2 灰色包络判别实例

以某短波超大功率通信干扰系统演示验证试验中获得的一组数据 ｛26.6,19.8,20.3,21.2,20.0,19.1,19.8,19.0,19.2,19.6｝为例,说明基于灰色包络判断方法的误差判别处理过程。

按照上述判别模型,编制 MATLAB 程序,数据从小到大排序为 ｛19.0,19.1,19.2,19.6,19.8,19.8,20.0,20.3,21.2,26.6｝,将数据累加进行处理后得到其过失误差的判断包络线如图 3-4 所示。图 3-4 中的第 9 个数据累加点超出灰色域,则第 10 个数据值含有过失误差,予以剔除。余下的 9 个数据点按相同方法得到其过失误差的判断包络线如图 3-5 所示,所有数据累加点均未超出灰色域,余下的 9 个数据点不含有过失误差。

如果假设原始数据列服从正态分布,对原始数据使用文献[5]中靶场常用的"3σ"准则,则认为该数据列不含有过失误差。

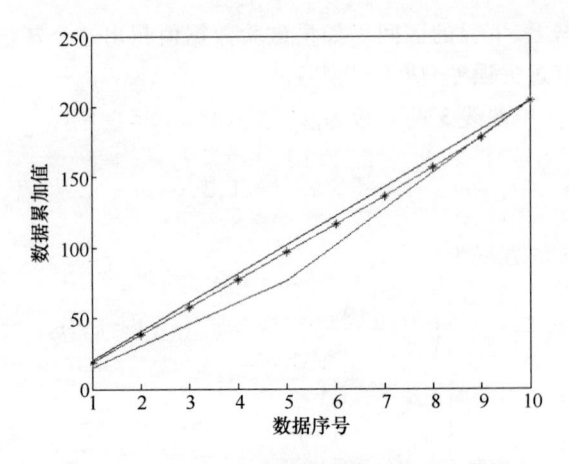

图 3-4 含有粗大误差的灰色包络判别曲线

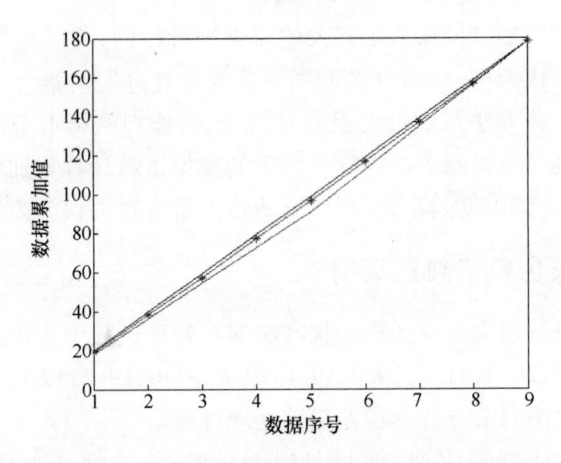

图 3-5 不含粗大误差的灰色误差包络判别曲线

如果假设原始数据列服从 t 分布,则按照 t 检验准则,首先剔除数据 26.6,计算得 $\bar{x} = 19.78, \sigma^2 = 0.687$。选取显著性水平 $\alpha = 0.05$,查表得检验系数 $k = 2.43$,继而可得到 $|26.6 - \bar{x}^2| > k\sigma^2$,从而认为数据 26.6 含有过失误差,剔除是正确的。

反过来,如果原始数据列服从正态分布的假设是正确的,这时用本节介绍的灰色处理方法,得到处理结果为 $\bar{x} = 19.75$,标准差为 $\sigma^1 = 0.617$。根据概率论知识,误差在 $-t\sigma^1 \sim +t\sigma^1$ 范围内的概率为

$$p = \frac{1}{\sqrt{2\pi}\sigma^1}\int_{-t\sigma^1}^{+t\sigma^1} e^{-\frac{(t\sigma^1)^2}{2\sigma^{1\,2}}} dt\sigma^1 = \frac{1}{\sqrt{2\pi}}\int_0^t e^{-\frac{t^2}{2}} dt \qquad (3-30)$$

例子中 $t = \max|x_i^1 - \bar{x}|/\sigma^1 = 2.35$，留一定裕量后取 $t = 2.5$，则得数据置信区间为 [18.2, 21.3]，$p = 98.76\%$。即试验数据经过灰色方法处理后，其结果 $[\bar{x} - 2.5\sigma^1, \bar{x} + 2.5\sigma^1]$ 具有 $p = 98.76\%$ 概率的置信区间，也即置信水平达到 98.76%。

3.3 基于 GM(1,1) 模型的粗大误差直接判别法

3.3.1 基于 GM(1,1) 模型的直接判别法

设有一组测量数据序列 $x(i)(i=1,2,\cdots,n)$，为了进行粗大误差的判别，将原始测量序列的测量数据按从小到大或从大到小进行排序，形成一个新的序列 $x^{(0)}(i)(i=1,2,\cdots,n)$。很显然，重新排列后的数据列最可能含有粗大误差的数据首先就是 $x^{(0)}(1)$ 和 $x^{(0)}(n)$。

假设序列 $x^{(0)}(i)(i=1,2,\cdots,n)$ 为升序序列，$x^{(0)}(n)$ 是否含有粗大误差的 GM(1,1) 模型直接判别步骤如下：

(1) 计算级比 $\sigma(k) = x^{(0)}(k-1)/x^{(0)}(k)$，检查级比序列 $\sigma = (\sigma(2), \sigma(3), \cdots, \sigma(n))$ 是否满足 $\sigma(k) \in (e^{-2/(n+1)}, e^{2/(n+1)})$ 的要求。

(2) 针对数据列 $x^{(0)}(i)(i=1,2,\cdots,n)$，利用 GM(1,1) 模型进行拟合，其外推值模型为

$$\begin{cases} \hat{x}^{(1)}(k+1) = \left(x^{(0)}(1) - \frac{b}{a}\right) \cdot e^{-ak} + \frac{b}{a} \\ \hat{x}^{(0)}(k+1) = \hat{x}^{(1)}(k+1) - \hat{x}^{(1)}(k) \end{cases} \quad k=1,2,\cdots,n-1$$

(3-31)

根据该式可以得到每个数据的模拟值，从而得到其残差序列 $e(n)$。

(3) 考察残差序列 $e(n)$，计算得到残差平方和 $E^2(n)$。

(4) 假设 $x^{(0)}(n)$ 含有粗大误差，将原始序列中的 $x^{(0)}(n)$ 予以剔

除,得到一个新的数据列 $x^{(1)} = x^{(1)}(i)(i=1,2,\cdots,n-1)$。

(5) 同样利用 GM(1,1)模型进行拟合,得到其残差平方和 $E^2(n-1)$。

(6) 继续假设 $x^{(0)}(n-1)$ 含有粗大误差,将原始序列中的 $x^{(0)}(n-1)$ 予以剔除,得到一个新的数据列,利用 GM(1,1)模型进行拟合,得到其残差平方和 $E^2(n-2)$。

(7) 重复上述过程,得到其残差平方和 $E^2(n-3),E^2(n-4),\cdots$,做出残差平方和与试验数据个数的坐标图。

(8) 根据残差平方和的变化趋势,可以定性判别 $x^{(0)}(j)$ 是否含有粗大误差。若在数据点 $j-1$ 以前的残差平方和变化比较平缓,但是数据点 $j-1$ 以后的残差平方和突然增大,则判定试验数据 $x^{(0)}(j)$ 含有粗大误差。

针对降序数据列 $x^{(0)} = x^{(0)}(i)(i=n,n-1,\cdots,2,1)$,同样根据上述步骤可以判别序列是否含有粗大误差。对于整个原始数据列的粗大误差判别流程如图 3-6 所示。

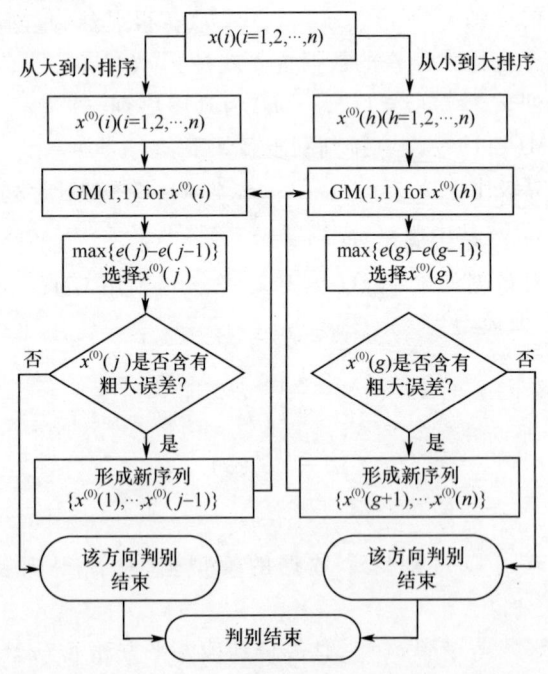

图 3-6 基于 GM(1,1)模型的粗大误差直接判别流程

3.3.2 基于 GM(1,1) 模型的直接判别法实例

继续以 3.2.2 节中某短波超大功率通信干扰系统演示验证试验中获得的一组数据 {26.6,19.8,20.3,21.2,20.0,19.1,19.8,19.0,19.2,19.6} 为例,说明基于 GM(1,1) 模型直接判别法的可行性。

针对该组数据,假设其服从正态分布,根据"3σ"判别准则,该组数据不含粗大误差;假设其服从 t 分布,根据"3σ"判别准则,该组数据中数据 26.6 含粗大误差。

其步骤如下:

(1) 将原始数据列从小到大排序得到新的数列 $x^{(0)}(i) = \{19.0, 19.1, 19.2, 19.6, 19.8, 19.8, 20.0, 20.3, 21.2, 26.6\}$,并进行 GM(1,1) 建模的级比条件检查。

(2) 利用数据列 $x^{(0)}(i)$ 建立 GM(1,1) 模型,其白化响应表达式为

$$\hat{x}^{(1)}(k+1) = (19.0 + 540.64) \cdot e^{0.0318k} - 540.64$$

然后得到该模型的残差平方和 $E_1^2 = 18.6204$。

(3) 假设数据 26.6 含有粗大误差并从数据列 $x^{(0)}$ 中剔除。得到新的数列 $x^{(1)}(i) = \{19.0, 19.1, 19.2, 19.6, 19.8, 19.8, 20.0, 20.3, 21.2\}$,建立 GM(1,1) 模型,其白化响应表达式为

$$\hat{x}^{(1)}(k+1) = (19.0 + 1444.7) \cdot e^{0.0129 \cdot k} - 1444.7$$

同样地,得到该模型的残差平方和 $E_2^2 = 0.3536$。

(4) 类似地,假设 21.2 等数据含有粗大误差并分别从数据列 $x^{(0)}$ 中剔除,分别得到该模型的残差平方和为 $E_3^2 = 0.0480$、$E_4^2 = 0.0461$、$E_5^2 = 0.0408$。

(5) 将这些模型的残差平方和变化趋势作图,其变化趋势如图 3-7 所示,数据点 21.2 后的残差平方和突然增大,故认为数据 26.6 含有粗大误差。

剔除数据 26.6 前后,两种 GM(1,1) 模型的拟合数据残差、拟合精度如表 3-1 所列。

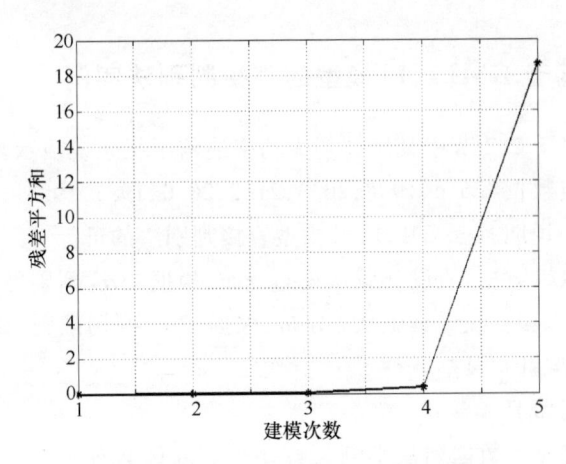

图 3-7 升序方向的直接判别法仿真实例

表 3-1 粗大误差剔除前后 GM(1,1)模型的比较数据表

数据项目	19.0	19.1	19.2	19.6	19.8	19.8	20.0	20.3	21.2	26.6
残差 $e(k)$	0	-1.011	-0.526	-0.323	0.101	0.744	1.208	1.593	1.401	-3.268
精度 p_1	0.9969									
残差 $\tilde{e}(k)$	0	-0.110	0.036	-0.115	-0.062	0.194	0.254	0.217	-0.417	
精度 p_1	0.9999									

表中:$e(k)$表示粗大误差数据未剔除时拟合的数据点残差;$\tilde{e}(k)$表示粗大误差数据剔除后拟合的数据点残差;p_1表示拟合精度。每个数据点的残差和残差平方和相比较,粗大误差数据剔除后的模型残差平方和要小得多,模型拟合精度较高,而且从过失误差数据未剔除时的拟合数据也可以看出,只有数据点 26.6 的残差较大,其他较小,这方面也说明了剔除这个数据点的正确性。

(6) 针对下降方向的数据列 $x^{(1)}(i) = \{26.6, 21.2, 20.3, 20.0, 19.8, 19.8, 19.6, 19.2, 19.1, 19.0\}$,按照步骤(2)到步骤(5)的方法,得到模型的残差平方和变化趋势如图 3-8 所示,可以判断数据 19.0 不含粗大误差。

综上所述,可以得到结论,对于电子装备试验数据列 $x(i) = \{26.6, 19.8, 20.3, 21.2, 20.0, 19.1, 19.8, 19.0, 19.2, 19.6\}$,基

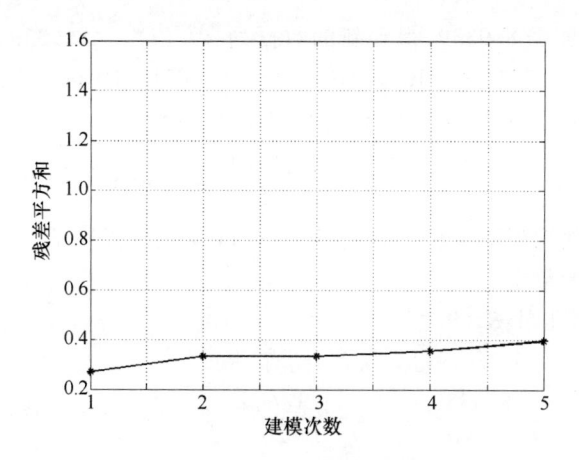

图 3-8　降序方向的直接判别法仿真实例

于 GM(1,1) 模型直接判别法,数据 26.6 含有粗大误差。

3.3.3 直接判别法可行性仿真实例

对于基于 GM(1,1) 模型的直接判别法,下面通过假设不同的数据分布得到试验数据列进行粗大误差的判别仿真。

3.3.3.1 正态分布数据

假设数据列服从正态分布,计算机仿真测量数据列 $x^{(0)}(i)$ = {9.3403, 10.4656, 10.0056, 9.6774, 10.4029, 10.1158, 9.5051, 10.6698},其均值 10.0228,数据标准差 0.4813,在检验水平 α = 0.05 时,利用 Grubbs 判别准则:$\lambda_8(0.05)$ = 2.03 及

$$g(\max) = \frac{|x_{\max} - \bar{x}|}{\sigma} = \frac{|-0.6825|}{0.4813} = 1.418 < \lambda_8(0.05)$$

t 判别准则:$K_7(0.05)$ = 2.78,假设 9.3403 含有粗大误差,剔除该数据后的数据均值为 10.1203,数据标准差 0.426,则有

$$k = \frac{|9.3403 - \bar{x}|}{\sigma} = \frac{|-0.778|}{0.426} = 1.831 < K_7(0.05)$$

该数据列不含粗大误差。

用值为 0.4064 的粗大误差干扰上述正态分布的测量数据,改数据

9.3403 为数据 8.9339,得到新的数据列 $x^{(0)}(i) = \{8.9339, 10.4656,$ $10.0056, 9.6774, 10.4029, 10.1158, 9.5051, 10.6698\}$,则有均值 9.972,数据标准差 0.5758,利用 Grubbs 判别准则:

$$g(\max) = \frac{|x_{\max} - \bar{x}|}{\sigma} = \frac{|-1.0381|}{0.5758} = 1.8029 < \lambda_8(0.05)$$

判别数据列不含粗大误差,使用 Grubbs 判别准则不能发现被埋入粗大误差的数据。

t 判别准则:$K_7(0.05) = 2.78$。

假设 8.9339 含有粗大误差,则有

$$k = \frac{|8.9339 - \bar{x}|}{\sigma} = \frac{|1.1864|}{0.426} = 2.785 > K_7(0.05)$$

因此判别数据 8.9339 含有粗大误差。

对于数据列 $x^{(0)}(i) = \{9.3403, 10.4656, 10.0056, 9.6774, 10.4029, 10.1158, 9.5051, 10.6698\}$,从大到小排列后得到数据列 $x^{(0)}(i) = \{10.6698, 10.4656, 10.4029, 10.1158, 10.0056, 9.6774, 9.5051, 9.3403\}$,利用 GM(1,1) 模型进行拟合,得到残差平方和 $E^2(8) = 0.0208, E^2(7) = 0.0208, E^2(6) = 0.0194, E^2(5) = 0.0088$。

对于数据列 $x^{(0)}(i) = \{8.9339, 10.4656, 10.0056, 9.6774, 10.4029, 10.1158, 9.5051, 10.6698\}$,从大到小排列后得到数据列 $x^{(0)}(i) = \{10.6698, 10.4656, 10.4029, 10.1158, 10.0056, 9.6774, 9.5051, 8.9339\}$,利用 GM(1,1) 模型进行拟合,得到残差平方和 $E^2(8) = 0.1135, E^2(7) = 0.0208, E^2(6) = 0.0194, E^2(5) = 0.0088$。

上述数据列的残差平方和如图 3-9 所示,数据 8.9339 残差平方和突然增大,故判定数据 8.9339 含有粗大误差。

3.3.3.2 t 分布数据

假设数据列服从 t 分布,计算机仿真测量数据列 $x^{(0)}(i) = \{9.8291, 10.7222, 11.5206, 5.7842, 9.4938, 8.7301, 8.1834, 9.8215\}$,其均值 9.2606,数据标准差 1.7510,在检验水平 $\alpha = 0.05$ 时,利用 Grubbs 判别准则:$\lambda_8(0.05) = 2.03$

$$g(\max) = \frac{|x_{\max} - \bar{x}|}{\sigma} = \frac{|-3.4764|}{1.7510} = 1.9854 < \lambda_8(0.05)$$

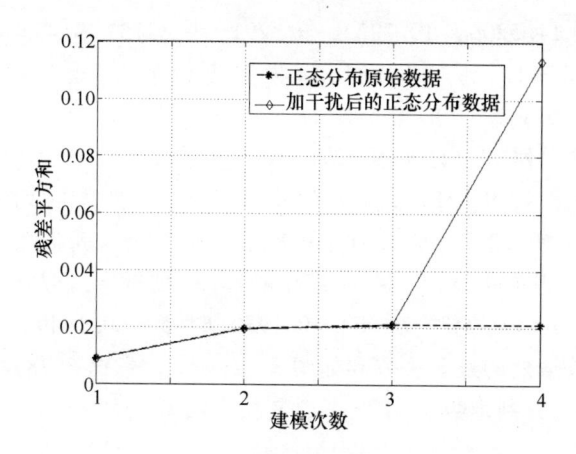

图 3-9　正态分布数据的直接判别法实例

该数据列不含粗大误差。

t 判别准则：假设 5.7842 含有粗大误差，根据 $K_7(0.05) = 2.78$，则有

$$k = \frac{|5.7842 - \bar{x}|}{\sigma} = \frac{|3.973|}{1.1293} = 3.5181 > K_7(0.05)$$

因此判别数据 5.7842 含有粗大误差。

用值为 0.8338 的粗大误差干扰上述 t 分布的测量数据，改数据 5.7842 为数据 6.6180，得到新的数据列 $x^{(0)}(i) = \{9.8291, 10.7222, 11.5206, 6.6180, 9.4938, 8.7301, 8.1834, 9.8215\}$，则有均值 9.3648，数据标准差 1.5248，利用 Grubbs 判别准则：

$$g(\max) = \frac{|x_{\max} - \bar{x}|}{\sigma} = \frac{|-2.7468|}{1.5248} = 1.8014 < \lambda_8(0.05)$$

因此判别该数据列不含粗大误差。

t 判别准则：假设 6.6180 含有粗大误差，剔除该数据后的数据均值为 9.7572，数据标准差 1.1293，根据 $K_7(0.05) = 2.78$，则有

$$k = \frac{|6.6180 - \bar{x}|}{\sigma} = \frac{|3.1392|}{1.1293} = 2.7798 < K_7(0.05)$$

因此判别该数据列不含粗大误差。

对于数据列 $x^{(0)}(i) = \{9.8291, 10.7222, 11.5206, 5.7842, 9.4938, 8.7301, 8.1834, 9.8215\}$，从大到小排列后得到数据列

$x^{(0)}(i) = \{11.5206, 10.7222, 9.8291, 9.8215, 9.4938, 8.7301, 8.1834, 5.7842\}$,利用 GM(1,1)模型进行拟合,得到残差平方和 $E^2(8) = 3.0611, E^2(7) = 0.2431, E^2(6) = 0.1939, E^2(5) = 0.1449$。

对于数据列 $x^{(0)}(i) = \{9.8291, 10.7222, 11.5206, 6.6180, 9.4938, 8.7301, 8.1834, 9.8215\}$,从大到小排列后得到数据列 $x^{(0)}(i) = \{11.5206, 10.7222, 9.8291, 9.8215, 9.4938, 8.7301, 8.1834, 6.6180\}$,利用 GM(1,1)模型进行拟合,得到残差平方和 $E^2(8) = 1.2971, E^2(7) = 0.2431, E^2(6) = 0.1939, E^2(5) = 0.1449$。

上述数据列的残差平方和如图 3-10 所示,数据 5.7842 残差平方和突然增大,故判定数据 5.7842 含有粗大误差。

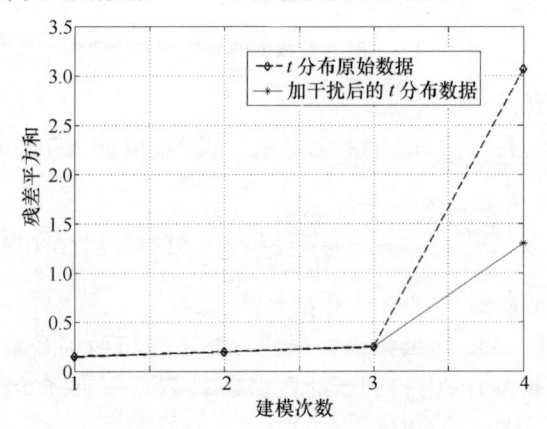

图 3-10 t 分布数据的直接判别法实例

3.3.3.3 均匀分布数据

假设数据列服从连续均匀分布,计算机仿真测量数据列 $x^{(0)}(i) = \{11.1356, 10.1517, 10.1079, 11.0616, 11.5583, 11.8680, 10.2598, 11.1376\}$,其均值 10.9101,数据标准差 0.666,在检验水平 $\alpha = 0.05$ 时,利用 Grubbs 判别准则: $\lambda_8(0.05) = 2.03$ 及

$$g(\max) = \frac{|x_{\max} - \bar{x}|}{\sigma} = \frac{|0.9579|}{0.666} = 1.4383 < \lambda_8(0.05)$$

t 判别准则:假设 11.8680 含有粗大误差,剔除该数据后的数据均值为 10.7732,数据标准差 0.5854,根据 $K_7(0.05) = 2.78$,则有

$$k = \frac{|11.8680 - \bar{x}|}{\sigma} = \frac{|1.0948|}{0.5854} = 1.8702 < K_7(0.05)$$

因此判别该数据列不含粗大误差。

用值为 1.6275 的粗大误差干扰上述连续均匀分布的测量数据,改数据 11.8680 为数据 12.4007,得到新的数据列 $x^{(0)}(i) = \{11.1356, 10.1517, 10.1079, 11.0616, 11.5583, 12.4007, 10.2598, 11.1376\}$,其均值 10.9767,数据标准差 0.7905,在检验水平 $\alpha = 0.05$ 时,利用 Grubbs 判别准则有

$$g(\max) = \frac{|x_{\max} - \bar{x}|}{\sigma} = \frac{|1.424|}{0.7905} = 1.8014 < \lambda_8(0.05)$$

因此判别该数据列不含粗大误差。

t 判别准则:假设 12.4007 含有粗大误差,剔除该数据后的数据均值为 10.7732,数据标准差 0.5854,根据 $K_7(0.05) = 2.78$,则有

$$k = \frac{|12.4007 - \bar{x}|}{\sigma} = \frac{|1.6275|}{0.5854} = 2.7802 > K_7(0.05)$$

因此判别该数据列中数据 12.4007 含有粗大误差。

对于数据列 $x^{(0)}(i) = \{11.1356, 10.1517, 10.1079, 11.0616, 11.5583, 11.8680, 10.2598, 11.1376\}$,从小到大排列后得到数据列 $x^{(0)}(i) = \{10.1079, 10.1517, 10.2598, 11.0616, 11.1356, 11.1376, 11.5583, 11.8680\}$,利用 GM(1,1)模型进行拟合,得到残差平方和 $E^2(8) = 0.1927, E^2(7) = 0.1925, E^2(6) = 0.1907, E^2(5) = 0.1020$。

对于数据列 $x^{(0)}(i) = \{11.1356, 10.1517, 10.1079, 11.0616, 11.5583, 12.4007, 10.2598, 11.1376\}$,从小到大排列后得到数据列 $x^{(0)}(i) = \{10.1079, 10.1517, 10.2598, 11.0616, 11.1356, 11.1376, 11.5583, 12.4007\}$,利用 GM(1,1)模型进行拟合,得到残差平方和 $E^2(8) = 0.3271, E^2(7) = 0.1925, E^2(6) = 0.1907, E^2(5) = 0.1020$。

上述数据列的残差平方和如图 3-11 所示,数据 12.4007 残差平方和突然增大,故判定数据 12.4007 含有粗大误差。

71

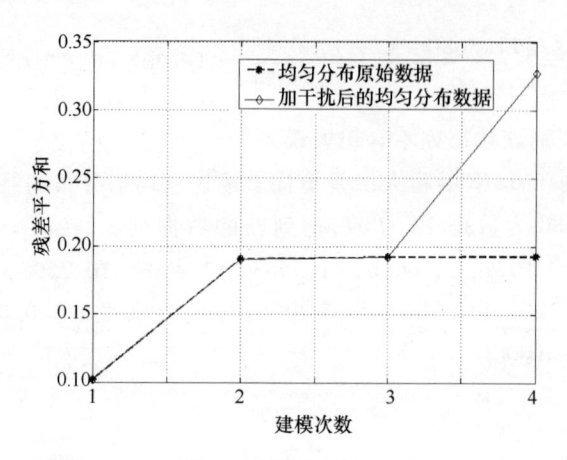

图 3 – 11 均匀分布数据的直接判别法实例

3.4 粗大误差的 GM(1,1)模型精度判别法

3.4.1 GM(1,1)模型精度判别法原理

3.4.1.1 $x^{(0)}(n)$ 中的粗大误差判别

假设序列 $x^{(0)}(i)(i=1,2,\cdots,n)$ 为升序序列，$x^{(0)}(n)$ 是否含有粗大误差的 GM(1,1)模型精度判别法的判别步骤如下：

(1) 类似于 GM(1,1)模型直接判别法，进行序列 $x^{(0)}(i)$ 的级比检查。

(2) 首先假设 $x^{(0)}(n)$ 含有粗大误差并予以剔除，余下数据重新写为新的数据列 $x^{(1)} = x^{(1)}(i)(i=1,2,\cdots,n-1)$，其中 $x^{(1)}(i) = x^{(0)}(i)$。

(3) 以数据 $x^{(1)}(i)$ 建立 GM(1,1)模型，从而得到 GM(1,1)的建模精度 p_1 和外推值精度 p_2。

(4) 计算 $x^{(0)}(n)$ 相对于 $\hat{x}^{(1)}(n-1)$ 的相对残差 $\hat{\varepsilon}$，即

$$\hat{\varepsilon} = \frac{|\hat{x}^{(1)}(n-1) - x^{(0)}(n)|}{\hat{x}^{(1)}(n-1)} \times 100\% \qquad (3-32)$$

(5) $x^{(0)}(n)$ 中粗大误差的判别算式。若

$$\hat{\varepsilon} \geq 1 - f(p_1, p_2) \qquad (3-33)$$

成立,则认为 $x^{(0)}(n)$ 中含有粗大误差,否则认为 $x^{(0)}(n)$ 中不含粗大误差。式(3-33)中:$f(p_1,p_2)$ 是 p_1、p_2 的函数,称为基于 GM(1,1)模型的粗大误差判别精度,也就是判别置信度;$1-f(p_1,p_2)$ 为判别阈值,置信度 $f(p_1,p_2)$ 可以通过式(3-34)计算得到,即

$$f(p_1,p_2) = p_1 \cdot p_2 \qquad (3-34)$$

假设 $x^{(0)}(n)$ 中含有粗大误差,根据步骤(2)到步骤(5)可以判别 $x^{(0)}(n-1)$ 中是否含有粗大误差,并依此类推。

3.4.1.2 $x^{(0)}(1)$ 中的粗大误差判别

假设序列 $x^{(0)}(i)(i=1,2,\cdots,n)$ 为降序序列,这时原来数据 $x^{(0)}(1)$ 变为目前数据列的 $x^{(0)}(n)$,依据上述方法步骤可以判别 $x^{(0)}(1)$ 中是否含有粗大误差,并依次类推。

综上所述,依靠 GM(1,1)模型精度判别法判别粗大误差时,每次只能判断第 1 个或第 n 个数据。若为粗大误差则予以剔除,余下的数据重新依上述步骤重复判断。也就是当 $x^{(0)}(1)$ 或 $x^{(0)}(n)$ 含有粗大误差时,才继续去判别 $x^{(0)}(2)$ 或 $x^{(0)}(n-1)$,关于 $x^{(0)}(2)$ 的判别方法与 $x^{(0)}(1)$ 的判别方法类似,$x^{(0)}(n-1)$ 的判别方法与 $x^{(0)}(n)$ 的判别方法类似,以此类推,直到所有的判别数据不含粗大误差为止。数据列的基于 GM(1,1)模型的粗大误差判别流程如图 3-12 所示。

3.4.2 GM(1,1)模型精度判别法实例

继续以 3.2.2 节中某短波超大功率通信干扰系统演示验证试验中获得的一组数据 {26.6,19.8,20.3,21.2,20.0,19.1,19.8,19.0,19.2,19.6} 为例,说明基于 GM(1,1)模型精度判别法的可行性。

其步骤如下:

(1) 将原始数据列从小到大排序得到新的数列 $x^{(0)}(i)$ = {19.0,19.1,19.2,19.6,19.8,19.8,20.0,20.3,21.2,26.6},并假设数据 19.0 和 26.6 含有粗大误差。

(2) 利用数据列 {19.0,19.1,19.2,19.6,19.8,19.8,20.0,20.3,21.2} 建立 GM(1,1)模型,从而判别数据 26.6 是否含有粗大误

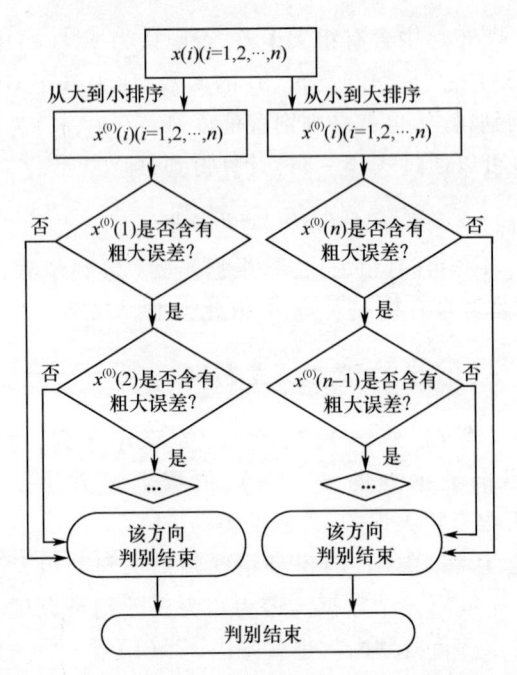

图 3-12 基于 GM(1,1)模型的粗大误差精度判别流程

差。其外推模型为

$$\hat{x}^{(1)}(k+1) = (19.0 + 1444.7) \cdot e^{0.0129k} - 1444.7$$

从而有外推值 $\hat{x}^{(1)}(n-1) = 21.1$，并有 $f(p_1,p_2) = 0.9918$。于是有

$$\frac{|21.1 - 26.6|}{21.1} = 0.2607 > 1 - f(p_1,p_2)$$

成立，所以数据 26.6 含有粗大误差。

（3）同步骤（2），利用数据列{20.3，20.0，19.8，19.8，19.6，19.2，19.1}建立 GM(1,1)模型，判别数据 21.2 不含粗大误差。

（4）利用数据列{21.2，20.3，20.0，19.8，19.8，19.6，19.2，19.1}建立 GM(1,1)模型，从而判别数据 19.0 是否含有粗大误差。其外推模型为

$$\hat{x}^{(1)}(k+1) = (21.2 - 2101.9) \cdot e^{-0.0098k} + 2101.9$$

从而有外推值 $\hat{x}^{(1)}(n-1) = 18.926$，并有 $f(p_1, p_2) = 0.9954$。于是有

$$\frac{|19.0 - 18.926|}{18.926} = 0.0039 < 1 - f(p_1, p_2)$$

成立，所以数据 19.0 不含粗大误差。

故原始数据列中数据 26.6 含有粗大误差，应予以剔除。

该方法中判别置信度 $f(p_1, p_2)$ 不仅与原始数据误差本身大小有关，而且与外推值的精度、模型精度有关。

3.5 系统误差判别的灰色系统方法

3.5.1 系统误差的灰色关联判别方法

系统误差是按固定不变的或某一类确定规律变化的误差。试验测量过程中通常存在系统误差，有时系统误差的值还比较大，但是系统误差不具有随机误差那样的补偿性，并且系统误差不像随机误差那样引起数据的跳动，潜伏性较大，不易发现。所以对被测对象和测量原理进行细致的分析，敏锐地查找系统误差或其变化规律是非常重要的。

灰色系统通过数据数列的相关程度考察是否存在明显的系统误差。假设对某一指标试验得到两组数据 x_k^1 和 x_k^2 ($k = 1, 2, \cdots, n$)，取第一组的第一个数据 x_1^1 作为参考数据，按式(3-35)求取差序列，即

$$\Delta_k^i = |x_k^i - x_1^1| \quad (3-35)$$

式中：i 为数据列的序列号，$i = 1, 2$；k 为每一数据列中数据的个数，$k = 1, 2, \cdots, n$。

从式(3-35)的序列中选取二级最大值 $\max_i \max_k \Delta_k^i$ 和最小值 $\min_i \min_k \Delta_k^i$，取分辨系数 ξ，通过式(3-36)计算每个数据列中每个数据对参考数据 x_1^1 的关联系数 $\gamma(x_k^i, x_1^1)$，即

$$\gamma(x_k^i, x_1^1) = \frac{\min_i \min_k |x_k^i - x_1^1| + \xi \max_i \max_k |x_k^i - x_1^1|}{|x_k^i - x_1^1| + \xi \max_i \max_k |x_k^i - x_1^1|} \quad (3-36)$$

继而可求得各数据列的关联度为

$$\gamma_i = \frac{1}{n}\sum_{k=1}^{n}\gamma(x_k^i, x_1^1) \qquad (3-37)$$

如关联度 γ_1 与 γ_2 比较接近,则可以认为数据列中不含有显著的系统误差。

3.5.2 系统误差的 GM(1,1)模型判别

假设两组试验数据 x_k^1 和 x_k^2($k=1,2,\cdots,n$),根据这两组数据考察是否存在明显的系统误差。其基本思想是假设这两组数据属于同一样本总体,并将两组数据混合为一组数据,其中相同的数据保留一个,对这三组数据升序排列后进行 GM(1,1)模型拟合,灰色系统通过 GM(1,1)模型拟合得到的残差平方和与平均偏差的接近程度考察是否存在明显的系统误差。

假设试验数据 x_k^1 升序排列后进行 GM(1,1)模型拟合得到残差平方和 r_e^1 与平均偏差 e_1,试验数据 x_k^2 升序排列后进行 GM(1,1)模型拟合得到残差平方和 r_e^2 与平均偏差 e_2,试验数据 x_k^1 和 x_k^2 混合(相同数据保留一个)后得到 x_j^3,升序排列后进行 GM(1,1)模型拟合得到残差平方和 r_e^3 与平均偏差 e_3。如残差平方和 r_e^1、r_e^2 与 r_e^3 比较接近,同时平均偏差 e_1、e_2 和 e_3 也比较接近,则可以认为所给数据列中不含有显著的系统误差。上述判别流程如图 3-13 所示。

3.5.3 系统误差的灰色判别实例

某短波通信干扰系统演示验证试验中针对某技术指标获得的两组数据分别为

$$x_1 = \{x_1(1), x_1(2), \cdots, x_1(6)\}$$
$$= \{19.8, 20.2, 19.5, 19.8, 19.5, 19.6\}$$
$$x_2 = \{x_2(1), x_2(2), \cdots, x_2(6)\}$$
$$= \{20.8, 20.3, 20.0, 19.8, 19.0, 19.5\}$$

以 $x_1(1) = 19.8$ 作为参考数据,求得差序列

$$\Delta_1 = \{\Delta_1(1), \Delta_1(2), \cdots, \Delta_1(6)\}$$
$$= \{0, 0.4, 0.3, 0, 0.3, 0.2\}$$

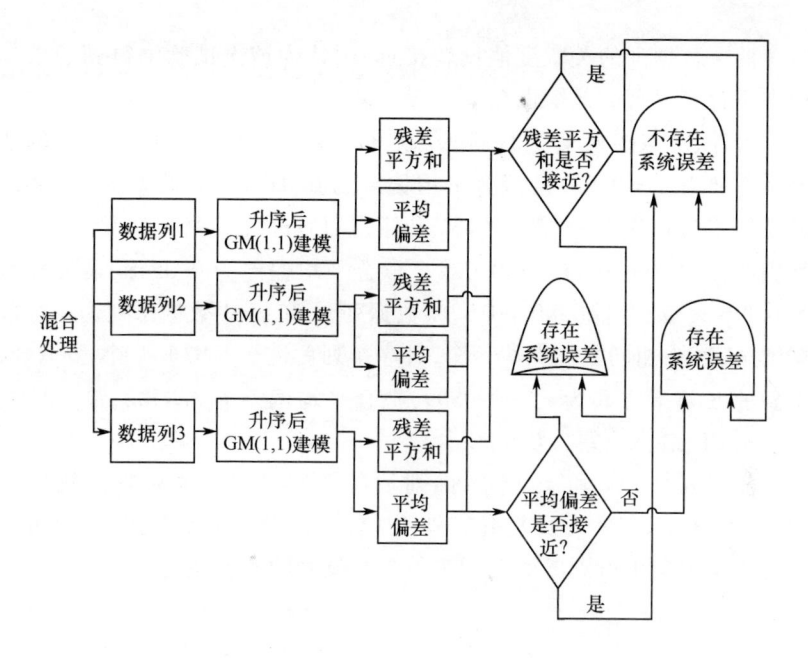

图 3-13 系统误差的 GM(1,1)模型判别流程

$$\Delta_2 = \{\Delta_2(1), \Delta_2(2), \cdots, \Delta_2(6)\}$$
$$= \{1.0, 0.5, 0.2, 0, 0.8, 0.3\}$$

则有

$$\max_i \max_k \Delta_i(k) = 1.0, \ \min_i \min_k \Delta_i(k) = 0$$

于是数据列 x_1 和 x_2 中每个数据对参考数据 $x_1(1)$ 的关联系数分别为

$$\gamma(x_1(k), x_1(1)) = \{1.0000, 0.5556, 0.6250, 1.0000,$$
$$0.6250, 0.7143\}$$
$$\gamma(x_2(k), x_1(1)) = \{0.3333, 0.5000, 0.7143, 1.0000,$$
$$0.3846, 0.6250\}$$

则有数据列 x_1 和 x_2 的关联度为

$$\gamma_1 = \frac{1}{6} \sum_{k=1}^{6} \gamma(x_1(k), x_1(1)) = 0.7533$$

$$\gamma_2 = \frac{1}{6} \sum_{k=1}^{6} \gamma(x_2(k), x_1(1)) = 0.5929$$

77

两个数据列的关联度值比较接近,则认为该次试验中得到的数据列中不含有显著的系统误差。

另外,对数据列 x_1 升序排列后进行 GM(1,1)模型拟合,得到的残差平方和为 $r_e^1 = 0.0315$,拟合平均偏差为 0.053,最大偏差为 0.1396,最小偏差为 0.0005;对数据列 x_2 升序排列后进行 GM(1,1)模型拟合,得到的残差平方和为 $r_e^2 = 0.0247$,拟合平均偏差为 0.0548,最大偏差为 0.0942,最小偏差为 0.0016;将数据列 x_1 和 x_2 中数据排列为一个数据列 x_3,其中相同数据保留一个,升序排列后进行 GM(1,1)模型拟合,得到的残差平方和为 $r_e^3 = 0.0509$,拟合平均偏差为 0.0582,最大偏差为 0.1541,最小偏差为 0.0015。

数据列 x_1、x_2 和 x_3 升序排列后的 GM(1,1)模型拟合效果如图 3-14 所示,三者的残差平方和与拟合平均偏差都比较接近,故可以认为该次试验中得到的数据列中不含有显著的系统误差。

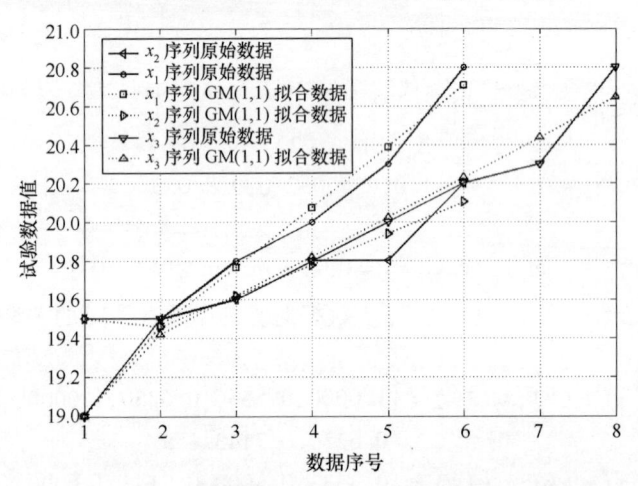

图 3-14 三个数据列的 GM(1,1)模型拟合效果

实际上,从定性分析方面来看,对于数据列 x_1 和 x_2,它们的相关系数为

$$r = \frac{\sum (x_1 - \bar{x}_1)(x_2 - \bar{x}_2)}{\sqrt{\sum (x_1 - \bar{x}_1)^2} \sqrt{\sum (x_2 - \bar{x}_2)^2}} \qquad (3-38)$$

式中:r 为相关系数;$\bar{x}_1$、$\bar{x}_2$ 分别为数据列 x_1 和 x_2 的算术平均值。

数据列 x_1 和 x_2 的相关系数 $r \approx 1$,极接近于 1,两数据列的相关程度十分紧密,故认为该次试验中得到的数据列中不含有显著的系统误差。

基于 t 检验法进行定量分析。假设数据列 x_1 和 x_2 中的数据均服从同一正态分布,则

$$t = (\bar{x}_1 - \bar{x}_2)\sqrt{\frac{mn(m+n-2)}{(m+n)(ms_1^2 + ns_2^2)}} \qquad (3-39)$$

为服从自由度为 $\nu = m + n - 2$ 的 t 分布变量。

式中:m 为数据列 x_1 中数据的个数;n 为数据列 x_2 中数据的个数,有

$$s_1^2 = \frac{1}{m}\sum_{k=1}^{m}(x_1(k) - \bar{x}_1)^2 \qquad (3-40)$$

$$s_2^2 = \frac{1}{n}\sum_{k=1}^{n}(x_2(k) - \bar{x}_2)^2 \qquad (3-41)$$

取显著性水平 α,由 t 分布临界值表可以查 $P(|t| > t_\alpha) = \alpha$ 中的 t_α,若满足 $|t| \leq t_\alpha$,则可以认为两组数据列中不含有显著的系统误差。

对于实例中的数据列 x_1 和 x_2,有

$$\bar{x}_1 = \frac{1}{6}\sum_{k=1}^{6}x_1(k) = 19.7333$$

$$\bar{x}_2 = \frac{1}{6}\sum_{k=1}^{6}x_2(k) = 19.9000$$

$$s_1^2 = \frac{1}{6}\sum_{k=1}^{6}(x_1(k) - \bar{x}_1)^2 = 0.0706$$

$$s_2^2 = \frac{1}{6}\sum_{k=1}^{6}(x_2(k) - \bar{x}_2)^2 = 0.3920$$

$$t = (\bar{x}_1 - \bar{x}_2)\sqrt{\frac{6 \times 6(6+6-2)}{(6+6)(6 \times 0.0706 + 6 \times 0.3920)}} = 0.5480$$

由自由度 $\nu = m + n - 2 = 10$、$\alpha = 0.05$,查 t 分布临界值表可得 $t_\alpha = 2.23$,则有 $|t| = 0.548 < t_\alpha = 2.23$,故可以认为数据列 x_1 和 x_2 中不含有显著的系统误差。

第4章 试验数据的灰色估计理论与应用

参数估计是电子装备试验数据处理的一个重要方面。在电子装备试验过程中出现的数据资料常常是杂乱无章的,传统的处理方法是研究数据的统计规律,但概率方法需要大的样本量并利用样本的概率分布规律。由于大多数装备试验次数较少,获得的数据样本量较小,而且由于试验过程中不稳定因素的影响,数据在统计上就可能不属于同一总体,关于独立、同分布的前提就未必满足,分布规律根本无法确定,在对样本分布模型进行假设后,会引进新的误差,使得基于概率理论的数据处理置信度降低,做统计处理时将出现较大的风险。灰色系统的相关理论对未知分布的小样本、贫信息数据处理获得了满意的结果。本章进一步结合泛函的范数理论和灰色系统的灰色关联原理,提出灰色距离信息方法来进行电子装备试验数据的参数估计处理。定义了数据点的灰色距离信息量和数据样本空间的平均灰色距离信息量,并研究了它们的算法和性质;研究了小样本数据估计值的求取算法和权值算法、数据处理结果不确定度的评定方法和样本数据及处理结果的接受和拒绝标准;定义了信息白化率并用来对权值算法进行选择和对数据样本空间进行比较;给出了估计区间的确定方法,并与概率参数估计方法进行了比较。

4.1 试验数据列的灰色距离信息模型

4.1.1 基于灰色系统理论与范数的灰色距离定义

灰色系统理论就是针对既无经验数据又少的不确定性问题的。而试验中获得的数据样本量较小,只能对事件进行默认性的认知,可以利用灰色系统的相关理论对电子装备试验数据样本进行处理。

定义 4-1 从信息论的高度看待电子装备试验数据样本,由于试验数据样本提供了所要认识对象的某些知识或信息,所以凡是有意义的数据样本概称为知识样本。知识样本的集合称为知识样本空间。

电子装备试验过程中的观测值就是一个知识样本空间中的一个知识样本点。某次试验获得的知识样本空间可记为

$$X = \{x_1, x_2, \cdots, x_n\} \quad (4-1)$$

式中:$x_i(i=1,2,\cdots,n)$ 为知识样本空间 X 中的样本点,是试验的一个观测值。

知识样本点越多,提供的知识信息越丰富,但是实际试验中的 n 有限,X 常常不足以对对象的认识提供充分的信息。而灰色系统理论正是利用这些少量的已知信息来确定系统的未知信息,使系统由"灰"变为"白",形成对系统的总体认识。

命题 4-1 基于灰色理论,电子装备试验数据所含信息包括白色信息和灰色信息两部分。

注:本章所研究的知识样本中样本点假设已经经过粗大误差和系统误差的剔除。

电子装备数据的灰色信息被认为是不确定信息,数据的白色信息和灰色信息可以通过灰关联分析得到。

定义 4-2 对于线性空间 X 中的每一个元素 x,存在一个实数 $\|x\|$,如果对于任意的 $x,y \in X$ 下述三条公理被满足:

(1) $\|x\| \geq 0$, $\|x\| = 0 \Leftrightarrow x = 0$;
(2) $\|\alpha x\| = |\alpha| \cdot \|x\|$;
(3) $\|x+y\| \leq \|x\| + \|y\|$。

则 $\|x\|$ 称为元素 x 的范数。

则对于 $\forall x_i \in X(i=1,2,\cdots,n)$,可以得到常用的范数 ∞-norm

$$\|x\|_\infty = \max_k \{|x(k)|\} \quad (4-2)$$

选取反映电子装备试验项目性能的数据要求值或数据列的均值作为参考数据 x_0,对于试验数据 $x = \{x_1, x_2, \cdots, x_n\}$,得到范数 ∞-norm

$$\|d(x, x_0)\|_\infty = \max_k \{|x(k) - x_0| | k = 1, 2, \cdots, n\} \quad (4-3)$$

受到灰色关联系数定义和范数定义的启发,可以利用灰色距离测度来分析试验数据。电子装备试验项目性能的数据要求值作为参考数据,试验数据作为比较数据,有下面的定义。

定义 4-3 对于数据 $x=\{x_1,x_2,\cdots,x_n\}$ 和参考数据 x_0,数据 x_i 与数据 x_0 的灰色距离通过式(4-4)计算得到,即

$$dr(x_0,x_i) = \frac{\xi \|d(x,x_0)\|_\infty}{|x_0-x_i|+\xi\|d(x,x_0)\|_\infty} \quad (4-4)$$

式中:ξ 为分辨系数,$\xi\in(0,1]$,本书取 $\xi=0.5$。

该式定义的灰色距离又称为灰色距离测度,容易证明它们具有下列几个性质:

性质 4-1 $\frac{\xi}{1+\xi}\leqslant dr(x_0,x_i)\leqslant 1$,当 $\xi=0.5$ 时 $\frac{1}{3}\leqslant dr(x_0,x_i)\leqslant 1$。

当数据样本集 $x=\{x_1,x_2,\cdots,x_n\}$ 确定时,$dr(x_0,x_i)$ 可以看作一个关于 x_0 的泛函。

性质 4-2 连续性,即 $dr(x_0,x_i)$ 是关于 x_0 的一个连续泛函。

性质 4-3 极值性,即 $dr(x_0,x_i)$ 具有最大值 1,当且仅当 $x_0=x_i$ 时。

性质 4-4 单调性,设在满足物理有意义的条件下 x_0 可在 $\lfloor x_{\inf},x_{\sup}\rfloor$ 内取值,显然 $x=\{x_1,x_2,\cdots,x_n\}$ 包含于 $\lfloor x_{\inf},x_{\sup}\rfloor$,则有当 $x_{\inf}\leqslant x_0\leqslant x_i$ 时 $dr(x_0,x_i)$ 随 x_0 单调递增,当 $x_i\leqslant x_0\leqslant x_{\sup}$ 时 $dr(x_0,x_i)$ 随 x_0 单调递减。

性质 4-5 收敛性,假设 x_0 可在 $(-\infty,+\infty)$ 上取值,则当 $|x_0|\to\infty$ 时,$dr(x_0,x_i)\to\xi/(1+\xi)$,当 $\xi=0.5$ 时,$dr(x_0,x_i)\to 1/3$。

4.1.2 灰色距离信息量的定义与性质

对于给定的电子装备试验数据空间 $X=\{x_1,x_2,\cdots,x_n\}$,通过上一节灰色距离计算式得到灰色距离测度集 $J_i(i=1,2,\cdots,n)$,根据灰色系统理论,灰色距离测度反映了样本空间中的数据点与数据真值之间相互关系的紧密程度。

定义 4-4(灰色距离信息量) 对于给定的数据空间 $X=\{x_1,x_2,\cdots,x_n\}$ 及其灰色距离测度集 $X_J=\{J_1,J_2,\cdots,J_n\}$,$X$ 中数据 $x_i(i=1,2,\cdots,n)$ 的

灰色距离信息量定义为

$$GI(x_i) = -\log_r J_i \quad (4-5)$$

式中：$GI(x_i)$ 为 x_i 的灰色距离信息量。

类似信息论中信息量的单位定义，灰色距离信息量计算式中，当对数的底 r 取为 2 时，$GI(x_i)$ 的单位为比特（bit）；当对数的底 r 取为 e 时，$GI(x_i)$ 的单位为奈特（nat）；当对数的底 r 取为 10 时，$GI(x_i)$ 的单位为哈特（hart）。

基于数据点与数据真值之间的灰色距离，灰色距离信息量用来反映数据空间各数据的不确定性，$GI(x_i)$ 与 J_i 的关系如图 4-1 所示。可以看出，数据 x_i 的灰色距离信息量按照定义具有下面四个性质。

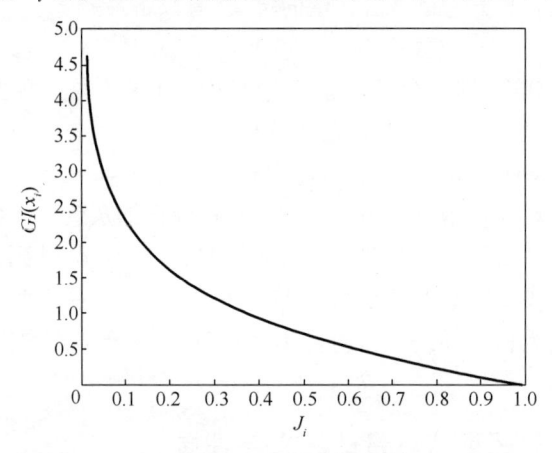

图 4-1 灰色距离信息量和距离测度的数学关系

性质 4-6 $GI(x_i) \geq 0$。

很显然由于 $0 < J_i < 1$，$\log J_i < 0$，故有 $GI(x_i) > 0$，只有当数据 x_i 为数据真值，即 $J_i = 1$ 时等号才成立。

性质 4-7 $GI(x_i)$ 是 J_i 的单调递减函数。

由灰色距离信息量计算式可以看出，J_i 越大，$GI(x_i)$ 越小；J_i 越小，$GI(x_i)$ 越大。

性质 4-8 数据 x_i 的灰色距离测度 $J_i \to 1$ 时，有 $GI(x_i) \to 0$。

性质 4-9 数据 x_i 的灰色距离测度 $J_i \to 0$ 时，有 $GI(x_i) \to \infty$。

实际上电子装备试验数据经过误差剔除后,样本覆盖区间 $[x_0 - \max|x_0 - x_i|, x_0 + \max|x_0 - x_i|]$ 中各数据 $x_i \notin \phi$,这时有 $J_i \to 0$,根据灰色距离信息量计算式有

$$J_{\min} = \frac{\xi}{1+\xi} \qquad (4-6)$$

$$GI(x_i)_{\max} = \log(1+\xi) - \log\xi \qquad (4-7)$$

当 $\xi = 0.5$ 时有最大灰色距离信息量 $GI(x_i)_{\max} = 1.0986$。

当样本点数据 x_i 等于数据真值 x_0 时有 $J_i = 1$,这时 $GI(x_i) = 0$,说明数据 x_i 的灰色距离信息量为零,不确定性为零,完全反映了数据真值的大小。根据灰色距离信息量的定义,有以下命题:

命题 4-2 对于数据样本空间 $X = \{x_1, x_2, \cdots, x_n\}$,若样本点数据 x_i 的 $GI(x_i)$ 越小,即灰色距离信息量越少,则该样本点数据值越接近于数据真值,即该数据的不确定性越小。

证明 设样本真值为 x_0,对数据样本空间 $X = \{x_1, x_2, \cdots, x_n\}$ 中的样本点数据 x_i 和 x_j,若有 $GI(x_i) < GI(x_j)$,则根据灰色距离信息量定义式就有 $J_i > J_j$,从而根据灰色距离信息量计算式得到 $|x_0 - x_i| < |x_0 - x_j|$,此式表明样本点数据 x_i 与样本真值 x_0 的距离小于样本点数据 x_j 与样本真值 x_0 的距离,即样本点数据 x_i 比样本点数据 x_j 接近样本真值 x_0。

4.1.3 平均距离信息量的定义与性质

除了确知每个样本点数据的灰色距离信息量外,实际上还需要知道这个试验数据样本空间的平均灰色距离信息量,通过对试验数据样本空间所有数据的灰色距离信息量进行统计平均计算,得到

$$GH(X) = -\sum_{i=1}^{n} \frac{J_i}{\sum_{j=1}^{n} J_j} \cdot \log J_i \qquad (4-8)$$

定义 4-5(平均灰色距离信息量) 对于给定的试验数据样本空间 $X = \{x_1, x_2, \cdots, x_n\}$,式(4-8)所表示的 $GH(X)$ 称为试验数据空间 X 的平均灰色距离信息量。

平均灰色距离信息量表达式与信息论中的信息熵及统计物理学中热熵表达式有某种相似,但是在本质上是没有类似的。因为信息论中的信息熵及统计物理学中热熵是对大样本事件经过统计处理得到的,利用的是各数据的出现概率;而平均灰色距离信息量是针对小样本试验数据的,利用的是试验数据与其真值的灰色距离测度。

平均灰色距离信息量表示了数据样本空间中每个数据的平均不确定性。根据其定义,可以知道平均灰色距离信息量具有以下性质。

性质 4-10 非负性

$$GH(X) \geqslant 0 \tag{4-9}$$

根据平均灰色距离信息量计算式和灰色距离信息量的性质4-6,显然有 $GH(X) > 0$ 成立,当样本空间 X 中的样本点 $x_i(i=1,2,\cdots,n)$ 与数据真值的灰色距离测度都为1时等号成立。

性质 4-11 对称性

$$GH(x_1, x_2, \cdots, x_n) = GH(x_{s1}, x_{s2}, \cdots, x_{sn}) \tag{4-10}$$

式中:$s1,s2,\cdots,sn$ 为 $\{1,2,\cdots,n\}$ 的一个任意排列。

式(4-10)就是将样本空间中的样本点顺序互换时,样本空间的平均灰色距离信息量大小不变。根据平均灰色距离信息量计算式,此结论显然成立。此性质说明知识样本中的样本点没有时序性,这与项目性能试验所获得的数据性质是一致的。

性质 4-12 极值性

$$GH(X) = GH(x_1, x_2, \cdots, x_n) \leqslant \log\left(\frac{1+\xi}{\xi}\right) \tag{4-11}$$

由上文可知 $\xi/(1+\xi) \leqslant J_i \leqslant 1 (\forall i)$ 及 $J_i(i=1,2,\cdots,n)$ 之间相互独立,平均灰色距离信息量计算式对 J_i 求导,得

$$\begin{aligned} GH'(J_i) &= -\left(\left(J_i \Big/ \sum_{i=1}^n J_i\right)' \cdot \log J_i + \left(1 \Big/ \sum_{i=1}^n J_i\right)\right) \\ &= -\left(\left(\sum_{i=1}^n J_i - J_i\right) \Big/ \left(\sum_{i=1}^n J_i\right)^2 \cdot \log J_i + \left(1 \Big/ \sum_{i=1}^n J_i\right)\right) \end{aligned}$$

$$= -\left[\left(\sum_{j=1,j\neq i}^{n} J_i\right) \cdot (1 + \log J_i) + j_i\right] \Big/ \left(\sum_{i=1}^{n} J_i\right)^2 < 0$$

这时 $GH(J_i)$ 在 $\xi/(1+\xi) \leq J_i \leq 1(\forall i)$ 范围内是单调下降的，所以有 $GH(1) \leq GH(J_i) \leq GH(\xi/1+\xi)$，于是当样本空间 X 中的样本点 $x_i(i=1,2,\cdots,n)$ 的灰色距离信息量都为 $J_{\min} = \xi/(1+\xi)$ 时，有

$$\begin{aligned}GH(X) &= -\sum_{i=1}^{n}\left(J_i\Big/\sum_{i=1}^{n} J_i\right) \cdot \log J_i \\ &\leq -\sum_{i=1}^{n}\left((\xi/(1+\xi))\Big/\sum_{i=1}^{n}(\xi/(1+\xi))\right) \cdot \\ &\quad \log(\xi/(1+\xi)) \\ &= -\log(\xi/(1+\xi))\end{aligned}$$

这一性质说明样本空间中的所有样本点与数据真值的灰色距离信息量都为最小值时，样本空间的平均灰色距离信息量最大，即其平均不确定性最大。

性质 4 - 13 扩展性

对于给定的样本空间 $X = \{x_1, x_2, \cdots, x_n\}$，若其中某个样本点的灰色距离信息量 $J_i(i=1,2,\cdots,n) \to 1$，有 $\log J_i \to 0$，使得 $GH(X)$ 降低；同样若增加样本点 x_{n+1}，当 $J_{n+1} \to 1$，有 $\log J_{n+1} \to 0$，使得 $GH(X)$ 降低。这个性质说明样本空间的平均灰色距离信息量反映的是样本空间的总体不确定性。若样本点的确定性很大，则样本空间的平均灰色距离信息量就会减小。

命题 4 - 3 所有数据样本空间中平均灰色距离信息量越小的样本空间越好地反映了试验数据真值的大小。

4.2 试验数据列的灰色点估计模型

因为电子装备试验中电波传播等各种实际环境条件的快速变化以及装备对抗的复杂性，试验结果可认为就是在不同的试验条件下得到的，也就可以看成是通过不同的试验系统或试验方法得到的。对这些值的处理，显然不能简单地求算术平均值作为试验数据处理估计值，而是应考虑到各个试验数据值精度的高低，使其在计算中具有不同的比

例。为此,本节提出基于灰色系统理论的点估计模型,引入权值的概念确定处理估计值及其相应的精度。权值可以理解为各个数据值可以信赖的相对比值,数据值越可靠,其权值越大。

4.2.1 参数的点估计模型

对于给定的电子装备试验数据空间 $X = \{x_1, x_2, \cdots, x_n\}$,考虑各个试验数据值精度的高低,使其在计算中具有不同的比例,利用权值表示各个数据值可以信赖的相对比值,数据值越可靠,其权值越大。可以得到灰色点估计值 $\check{x}$ 的计算式为

$$\check{x} = \sum_{i=1}^{n} \omega_i \cdot x_i \quad (4-12)$$

式中:ω_i 为权重系数。

ω_i 表示样本点 x_i 在估计值 $\check{x}$ 中所占的比例,ω_i 的计算有下列 3 种算法,即

$$\omega_i = \frac{J_i}{\sum_{j=1}^{n} J_j} \quad (4-13)$$

$$\omega_i = \frac{1.0986 - GI(x_i)}{1.0986 \cdot n - \sum_{j=1}^{n} GI(x_j)} \quad (4-14)$$

$$\omega_i = \frac{1}{n}, \quad \forall i \quad (4-15)$$

继而可以分别求得估计值 $\check{x}$ 的灰色距离测度 $J_{\check{x}}$ 和灰色距离信息量 $GI(\check{x})$。在实际估计算法中权值算法可以按照下面信息白化率的大小进行选择。

灰色系统理论的作用机理就是通过灰色处理,使系统的"灰信息"最大程度地变为"白信息",从而利用少量的已知信息来确定系统的未知信息。所以在实际估计算法中权值应该选择使得"灰信息"最大程度地变为"白信息"的算法,即使得信息白化率最大。

定义 4 -6(白化信息量) 对于给定的电子装备试验数据样本空

间 $X = \{x_1, x_2, \cdots, x_n\}$，经过某种权值算法后得到灰色点估计值 $\check{x}$，则定义

$$WI(X) = GH(X) - GI(\check{x}) \qquad (4-16)$$

为某种权值算法的白化信息量。

定义 4-7（信息白化率） 对于给定的电子装备试验数据样本空间 $X = \{x_1, x_2, \cdots, x_n\}$，经过某种权值算法后得到估计值 $\check{x}$，则某种权值算法的信息白化率 G_α 定义为白化信息量与样本空间 X 的平均灰色距离信息量的比值。对于信息白化率 G_α 的计算，有

$$G_\alpha(\omega) = \frac{WI(X)}{GH(X)} \times 100\% \qquad (4-17)$$

命题 4-4 信息白化率越大的权值算法是最优的。

命题 4-5 所有样本空间中信息白化率最大的试验数据样本空间是最优的。

4.2.2 不确定度评定

因为试验数据存在测量误差，测量值不能认为是被测物理量的真值。当试验者提供电子装备试验数据时，不仅需要提供测量值，还需要给出测量值的一个邻域。这个邻域应该以很大概率包含被测物理量的真值，称为测量的不确定度。所以电子装备试验中试验数据在提供试验值的同时，应当提供不确定度，以表明该测量结果的可信赖程度。

不要把误差与不确定度混为一谈，两者的定义既有联系又有截然的不同之处。联系是指两者都与测量结果有关，而且是从不同角度反映了测量结果的质量指标。测量不确定度与试验者对被测量的认识程度有关，是由试验者经过分析和评定得到的。而误差是客观存在的测量结果与真值的差，但试验者无法准确得到。有可能测量结果是非常接近真值的（即误差很小），但由于认识不足，认为赋予的值是落在一个较大区间内（即测量不确定度较大）。也有可能实际上测量误差较大，但由于分析不足而给出的不确定度偏小。因此，在进行不确定度分析时应尽量充分考虑各种影响因素。

测量不确定度是测量结果带有的一个参数，用以表征合理地赋予

被测量的值的分散性。测量不确定度按其数值评定方法的不同,分为统计不确定度与非统计不确定度两种。关于统计不确定度的评定,主要是通过一定的实验,对测量列进行统计分析,以标准差表征其量值,其可靠性不仅与重复测量的次数有关,而且还与概率分布的类型有关。但是并非所有不确定度都能够用统计的方法来评定,所以研究非统计不确定度的评定是一个很重要的课题。本节介绍了测量不确定度的灰色评定模型,用来解决小测量数据样本量、未知分布下测量不确定度评定问题。

由于目前的评定方法基于常规的统计方法,其隐含的适用条件要求较多的测量数据样本、各次测量的独立性及测量数据服从同一典型的概率分布。当测量数据较少及测量数据分布不明确时,这些评定方法往往不能取得可靠的评定结果。但在实际的电子装备试验测量过程中,由于试验成本及试验条件的限制,既不可能保证试验条件的一致性,也不可能获得大量的试验数据及明确其分布,在这种情况下,就必须进行基于非统计方法的测量不确定度评定方法的研究。

对于给定的试验数据样本空间 $X = \{x_1, x_2, \cdots, x_n\}$,将其样本点从小到大排序后得到

$$x' = \{x'_1, x'_2, \cdots, x'_n\} \qquad (4-18)$$

对 x' 作累加生成,得到累加数列 x^1 为

$$x^1 = \{x^1_1, x^1_2, \cdots, x^1_n\} \qquad (4-19)$$

式中

$$x^1_k = \sum_{i=1}^{k} x^0_i \quad k = 1, 2, \cdots, n \qquad (4-20)$$

设数据真值为 x^0,则可得到真值累加数列 x^1_0 为

$$x^1_0 = \{x_0, 2 \cdot x_0, \cdots, n \cdot x_0\} \qquad (4-21)$$

累加数列 x^1 曲线和真值累加数列 x^1_0 曲线如图 4-2 所示,真值累加数列 x^1_0 曲线为一直线(1),累加数列 x^1 曲线与直线在第 k 个样本点的距离为 Δ_k,这个距离在一定意义上反映了各个数据与真值之间的偏离程度。样本值与真值的偏离程度越大,其累加曲线在某一数据点越

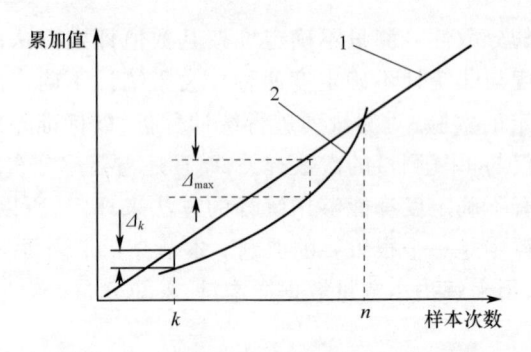

图 4-2 数据列和真值的一阶 AGO 曲线

远离真值累加曲线(2),曲线变陡。因此利用这个偏离值来作为估计值不确定度的一个评价指标,数据值累加曲线越弯曲,其变化程度加剧,围绕着真值的分散程度也就越大,其标准差也就越大。

根据最大距离值 $\Delta_{\max}$ 和试验次数 n 来评定数据估计值的不确定度,定义估计值的标准差为

$$\sigma = c \frac{\Delta_{\max}}{n} \tag{4-22}$$

式中:c 为常数,通常取 $c = 2.5$。

4.2.3 灰色点估计结果的接受与拒绝标准

对电子装备战术技术性能指标进行试验测量的目的就是检验试验测量值是否符合指标的要求,而电子装备性能指标的要求一般是以 $x_0 \pm \Delta x_0$ 的形式给定的。经过上面的分析后,问题就是要确定一个灰色距离信息量阈值 $GI_{\alpha\text{lmt}}$;当试验数据样本估计值的灰色距离信息量小于 $GI_{\alpha\text{lmt}}$ 时,试验数据样本可以接受;否则试验数据样本被拒绝。这里试验数据样本被接受的含义就是该试验项目的测量值符合指标的要求,也就是本部分给出了测量项目是否合格的灰色距离信息量判据。

由 4.1.1 节灰色距离计算式得到 $J_\Delta = \dfrac{\xi \max\limits_{i}|x_0 - x_i|}{\Delta x_0 + \xi \max\limits_{i}|x_0 - x_i|}$,取 $\max\limits_{i}|x_0 - x_i| = c \cdot \Delta x_0$,则通过下列算法可求得灰色距离信息量阈值 $GI_{\alpha\text{lmt}}$,即

$$GI_{\alpha\mathrm{lmt}} = -\log\frac{\xi \cdot c}{1 + \xi \cdot c} \qquad (4-23)$$

式中：c 为常数；ξ 为分辨系数。

通常取 $c = 2.5, \xi = 0.5$，这时有 $GI_{\alpha\mathrm{lmt}} = 0.5878$。

4.3 试验数据列的灰色区间估计模型

本节给出了灰色置信度的概念，依据灰色距离测度的性质和点估计的结果给出了满足一定灰色置信度下的置信区间的求法。通过与概率参数估计方法的对比，得到在一定条件下灰色置信度与概率置信度一一对应的关系。

4.3.1 试验数据灰色估计区间的确定

可以把灰色估计值 $\check{x}$ 作为试验数据空间 $X = \{x_1, x_2, \cdots, x_n\}$ 中的一个新样本，可以计算灰色估计值 $\check{x}$ 与参考数据 x_0 之间的灰色距离测度 $dr(x_0, \check{x})$。

定义 4-8（灰色置信度） 估计值 $\check{x}$ 与被估计参数 x_0 通过灰色距离测度算式得到的灰色距离测度 $dr(x_0, \check{x})$ 叫作灰色置信度。

当数据样本集 $X = \{x_1, x_2, \cdots, x_n\}$ 确定时，而 x_0 未知时，可把灰色置信度 $dr(x_0, \check{x})$ 看作一个关于试验项目性能指标 x_0 的一个泛函。而且 $dr(x_0, \check{x})$ 的取值范围为 $1/3 \leqslant dr(x_0, \check{x}) \leqslant 1$，具有连续性、极值性、单调性、收敛性等性质。则设定一个置信度 $\alpha(1/3 \leqslant \alpha \leqslant 1)$，根据式(4-24)，即

$$dr(x_0, \check{x}) \geqslant \alpha \qquad (4-24)$$

可以得到一个满足式(4-24)的 x_0 的取值区间 $[x_{01}, x_{02}]$，称之为满足灰色置信度 $\alpha(1/3 \leqslant \alpha \leqslant 1)$ 的参数估计灰色置信区间。

由于试验数据样本点个数有限，有时并不能完整地体现出整个参数测量系统的拓扑关系，这时得到的灰色置信度的有效性将要受到影响。

定义 4-9（灰色关联熵） 对于给定的试验数据空间 $X = \{x_1, x_2, \cdots, x_n\}$，估计值 $\check{x}$ 的灰色关联熵 Sh 计算方法为

$$Sh = \sum_{i=1}^{n} \omega_i \cdot dr(\check{x}, x_i) \qquad (4-25)$$

式中：$\omega_i \geq 0$ 为样本点 x_i 在灰色估计值 $\check{x}$ 中所占的比例，并有 $\sum_{i=1}^{n} \omega_i = 1$。

从灰色关联熵的定义可以看到，灰色关联熵是估计值 $\check{x}$ 与样本集灰色距离测度的加权求和。因此灰色关联熵可以看作估计值与样本集之间的灰色关联度的量度。也可以看作估计值与样本集在拓扑和距离上的关联量度的量度。

4.3.2 与传统概率参数估计的比较

对于参数估计这个问题，两种方法的切入点不同。传统的概率参数估计方法是从大样本的统计规律性方面考虑的，其中提出的概率置信度是表明估计的目标值出现在置信区间的可能性，是建立在大样本和对试验数据分布有一定先验经验的基础上的。传统的概率参数估计方法除了第一类错误外，还存在第二类错误。如果在保证一定概率置信度的情况下想要第二类错误很小，必须要有足够的样本数量为保证。灰色参数估计方法是从整个样本数据之间的拓扑关系和距离关系考虑问题。通过灰色距离测度给出了一个估计值与整个数据样本集在拓扑关系和距离关系上的灰色置信度，并根据灰色置信度确定估计值的灰色置信区间。由于灰色参数估计方法只要求样本集中每一个数据都是有效数据（去除粗大误差以后的数据），而不关心样本数量和样本的分布方式。但灰色参数估计方法也受数据样本集的拓扑空间有限的局限，如果样本集的拓扑空间有限不能有效反映整个参数测量系统的拓扑关系时，所得到的灰色置信区间的置信度的有效性也会降低。

在点估计问题上两种参数估计方法的估计准则各不相同，都有比较明确的物理意义，通过仿真实验可以证明在一定条件下两种准则是等价的。概率参数估计方法的点估计采用的估计准则为最大似然估计准则，根据已知样本集得到出现概率最大的估计值为点估计值。灰色

参数估计方法的点估计采用的估计准则为最大灰色关联熵准则,取与已知样本集灰色关联度最大的点为点估计值。当样本集的数目足够大,样本集能够很好地反映数据的统计规律和拓扑关系时,对于常见的数据分布模型两种估计准则是等价的。

下面给出几个例子,在确知样本集的前提下给出样本集的概率分布和灰色关联熵的分布。这里的样本集分别采用外场试验中经常出现的数据分布模型。

例如,假设试验数据服从正态分布,均值为 0,方差为 1,随机产生 100 个点作为样本集。图 4-3 所示为根据样本集得到的概率密度分布和灰色关联熵分布。

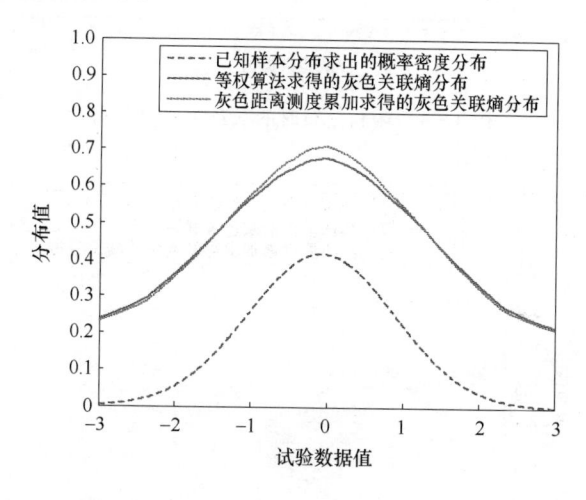

图 4-3 正态分布时的灰色关联熵分布

又例如,假设试验数据服从瑞利分布,参数为 1,随机产生 100 个点作为样本集。图 4-4 所示为根据样本集得到的概率密度分布和灰色关联熵分布。

若试验数据服从 t 分布,参数为 10,随机产生 100 个点为样本集。图 4-5 所示为根据样本集得到的概率密度分布和灰色关联熵分布。

由上面的例子可以看出,最大灰色关联熵出现的位置与概率密度函数的最大值出现的位置重合。也就是说,这个时候通过最大熵准则和最大似然估计准则得到点估计值重合,两种估计准则等价。

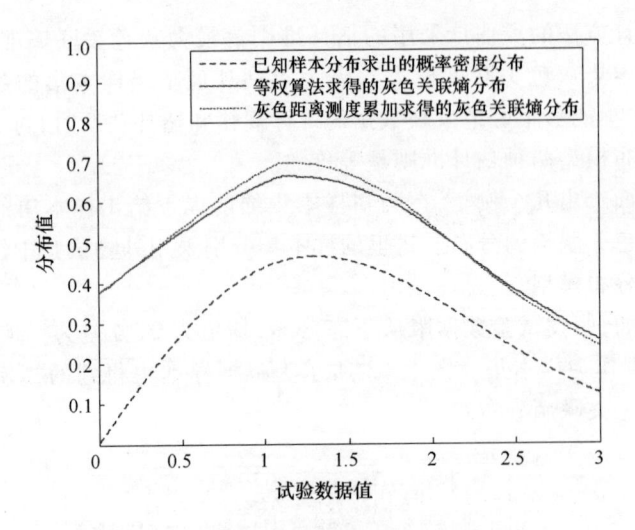

图 4-4 瑞利分布时的灰色关联熵分布

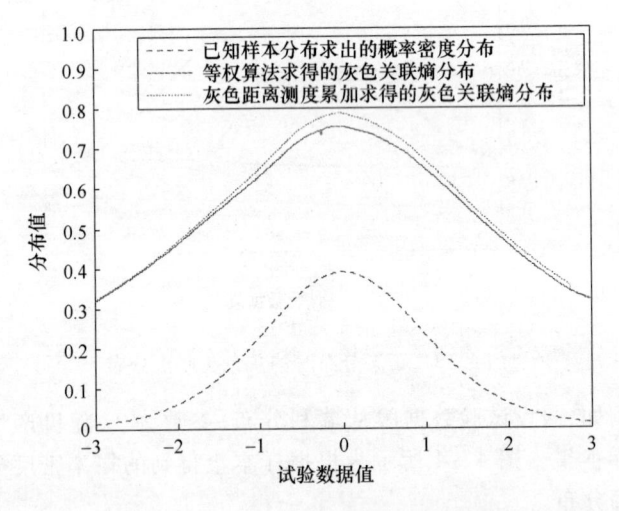

图 4-5 t 分布时的灰色关联熵分布

通过仿真实验可以证明,在样本集的样本数目足够大时,当数据概率密度函数 $f(x)$ 满足有且只有一个点 x_i,使得 $x = x_i$ 时 $f'(x) = 0$、$f''(x) < 0$,上述两种估计准则等价。

对于区间估计,两种估计方法给出置信度的意义各不相同。概率参数估计方法给出概率置信度表明被估计的目标值出现在置信区间的可能性,概率置信度越大表明被估计参数值在置信区间出现的可能性越大,置信区间的范围越大。灰色置信度表示被估计参数值与灰色估计值之间的灰色关联度大小,灰色置信度越大表明被估计参数值与灰色估计值在拓扑关系和距离关系上的相关性越大,因此置信区间范围就越小。

4.4 试验数据列的灰色估计步骤与算例

4.4.1 试验数据列的灰色估计步骤

本节以电子装备战术技术性能指标测量为例,简要说明试验数据灰色点估计和区间估计处理的基本步骤。设对一个真值为 x_0 的装备战术技术性能指标,进行 n 次独立试验,得到试验数据测量值 $X = \{x_1, x_2, \cdots, x_n\}$。对这批试验数据进行灰色点估计的步骤如下:

(1) 进行试验数据列粗大误差的识别与剔除,如有粗大误差数据存在,剔除后进行数据空穴填补处理。

(2) 利用该项目测试的另一数据组和上述数据列,按系统误差的判别方法判别测试系统得到的数据列中是否含有显著的系统误差。

(3) 计算数据点的灰色距离测度和数据列的平均距离信息量。

(4) 基于 4.2.1 节中灰色权值算法计算数据列的灰色点估计值 $\check{x}$ 和估计值的标准误差 σ。

(5) 根据 4.2.3 节的方法,检验装备战术技术性能指标测量值是否符合规定的要求。

对该试验数据列进行灰色区间估计。首先进行灰色点估计的步骤(1)至步骤(3)工作,然后给定一个灰色置信度 α,求取满足灰色置信度 α 的灰色估计区间。上述步骤流程如图 4-6 所示。

4.4.2 试验数据的灰色点估计算例与分析

例 4-1 取经过预处理后的数据 $X_1 = \{19.0, 19.1, 19.2, 19.6, 19.8, 19.8, 20.0, 20.3, 21.2\}$,指标要求值 $x_0 = 20.0 \pm 0.4$。根据

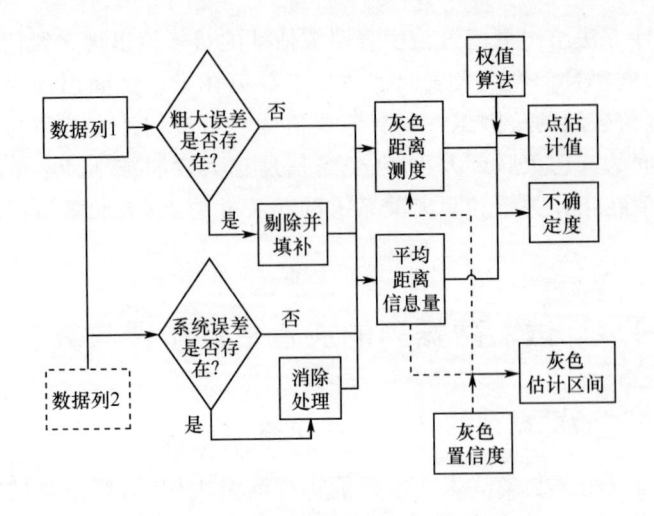

图 4-6 试验数据列的灰色估计流程

4.1.1 节灰色距离计算式求得各数据的灰色距离测度 $J_i(i=1,2,\cdots,9) = \{0.375, 0.4, 0.429, 0.6, 0.75, 0.75, 1, 0.667, 0.333\}$，各数据的灰色距离信息量 $GI(x_i)(i=1,2,\cdots,9) = \{0.9808, 0.9163, 0.8463, 0.5108, 0.2877, 0.2877, 0, 0.4055, 1.0986\}$，继而可得样本空间的平均灰色距离信息量为 $GH(X_1) = 0.466$。使用 4.2.1 节中第一种权值算法求得估计值 $\check{x}1 = 19.808$、$J_{\check{x}1} = 0.7576$ 及其灰色距离信息量 $GI(\check{x}1) = 0.2776$；则得信息白化率 $G_\alpha(\omega_1) = 40.43\%$；使用 4.2.1 节中第二种权值算法求得估计值 $\check{x}1 = 19.8166$、$J_{\check{x}1} = 0.7659$ 及其灰色距离信息量 $GI(\check{x}1) = 0.2667$；则得信息白化率 $G_\alpha(\omega_2) = 42.77\%$；使用 4.2.1 节中第三种权值算法求得估计值 $\check{x}1 = 19.7778$、$J_{\check{x}1} = 0.7297$ 及其灰色距离信息量 $GI(\check{x}1) = 0.3151$；则得信息白化率 $G_\alpha(\omega_3) = 32.38\%$。

可以看出，使用第一种权值算法和第二种权值算法得到的信息白化率要好于使用第三种权值算法，实际上第一种和第二种权值算法是基于灰色距离测度的灰色算法，第三种权值算法是默认了数据服从正态分布而求的算术平均值，可见在未知数据分布时使用本书的灰色距离信息量算法能得到更满意的结果。使用第二种权值算法得到的结果是最优的。

估计值的灰色距离信息量小于灰色距离信息量阈值 $GI_{\alpha lmt}$，则试验数据样本空间 X_1 及其处理结果是可以被接受的。

例 4 – 2 设针对例 4 – 1 的同一被测量，用两种测试方法得到的试验数据样本空间集 $X = \{X_1, X_2\}$，X_1 如例 4 – 1 所示，已求得 X_2 样本点与数据真值的灰色距离测度为

$$\begin{bmatrix} X_2 \\ \gamma(x_0, x_i) \end{bmatrix} = [A \vdots B]$$

式中

$$A = \begin{bmatrix} x_1 & x_2 & x_3 \\ 0.6 & 0.75 & 0.8571 \end{bmatrix}$$

$$B = \begin{bmatrix} x_4 & x_5 & x_6 & x_7 & x_8 & x_9 \\ 0.6667 & 1 & 0.8571 & 0.75 & 0.6667 & 0.6667 \end{bmatrix}$$

则平均灰色距离信息量 $GH(X_2) = 0.2661$，并使用 4.2.1 节中第二种权值算法求得估计值 $\check{x}2 = 20.0059$ 及其灰色距离测度 $J_{\check{x}2} = 0.9903$，估计值 $\check{x}2$ 的灰色距离信息量 $GI(\check{x}2) = 0.0097$，则得信息白化率 $G'_\alpha(\omega_1) = 96.35\%$。

可以看到有

$$GH(X_2) < GH(X_1)$$

样本空间 X_2 反映指标实际真值的平均灰色距离信息量要小于 X_1 的平均灰色距离信息量；对两个样本空间直观的分析也可以看到，样本空间 X_2 中的样本点与数据真值的灰色距离测度更大，相应地可以得到样本空间 X_2 的测试方法要优一些。显然，样本空间 X_2 及其处理结果是可以被接受的。

例 4 – 3 如例 4 – 1 中指标要求值 $x_0 = 21.0 \pm 0.4$，使用 4.2.1 节中第二种权值算法可求得估计值 $\check{x}1 = 19.9763$、$J_{\check{x}1} = 0.4941$ 及其灰色距离信息量 $GI(\check{x}1) = 0.705$，大于灰色距离信息量阈值 $GI_{\alpha lmt}$，则试验数据样本空间 X_1 及其处理结果是不能被接受的。

4.4.3 试验数据的灰色区间估计算例与分析

例 4 – 4 取试验中经过预处理后的数据 $X = \{50.6, 50.8, 49.9,$

50.3,50.4,51.0,49.7,51.2,51.4,50.5,49.3,49.6,50.6,50.2,50.9,49.6}，共 16 个数据。

1）传统的数理统计处理方法

假设试验数据服从正态分布，取置信度为 0.95，对指标的区间估计可以看成对总体样本均值 μ 的置信度为 0.95 的置信区间的求解。

可以算得样本均值 $\check{x}$ = 50.375，样本标准差为 s = 0.62002，则均值 μ 的置信度为 0.95 的置信区间为（50 - 0.62002 × 2.1315/$\sqrt{16}$, 50 + 0.62002 × 2.1315/$\sqrt{16}$），即（50.042, 50.711）。

2）基于灰色距离测度的数据区间估计方法

应用灰色估计方法，无须知道样本的分布情况，直接根据数据样本之间的灰色距离测度，就可得出满足一定灰色置信度下的灰色置信区间。

根据灰色点估计计算式可以求得 $\check{x}$ = 50.50。

取灰色置信度 α = 0.7，则根据灰色区间估计式可以确定满足灰色置信度为 0.7 的灰色置信区间为（50.050, 50.950）。图 4-7 表明了在试验样本集确定的情况下，灰色置信度随 x_0 变化而变化的规律。可以看出 $dr(x_0,\check{x})$ 作为以 x_0 为变量的泛函，具有连续性、极值性、单调性。

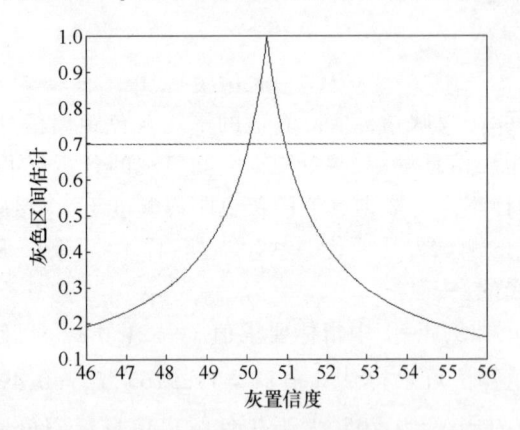

图 4-7 灰色区间估计与灰置信度的关系（示例一）

可以看出，在样本数较多的情况下，灰色关联参数估计可以给出与传统概率统计近似的区间估计。只不过传统的概率统计用真值在估计区间出现的可能性（即出现概率），来评价估计区间的置信度，而灰色关联参数估计是用真值与灰色估计值之间的灰色距离测度来评估估计区间的置信度。

例 4 – 5 取试验中经过预处理后的数据 $X = \{35.8, 38.4, 39.6, 41.5, 42.9\}$，共 5 个数据。

由于样本数太少而且样本数据分布无明显特点，无法断定其分布状况，因此无法采用传统的概率数理统计方法进行参数估计。

按灰色点估计计算式可以求得 $\check{x} = 39.600$。

取灰色置信度 $\alpha = 0.7$，则根据灰色区间估计式可以确定满足灰色置信度为 0.7 的灰色置信区间为 $(38.08, 41.12)$。灰色置信度随参数估计值 x_0 变化而变化的规律如图 4 – 8 所示，曲线的形状、收敛快慢是由数据之间的拓扑关系和距离关系决定的。

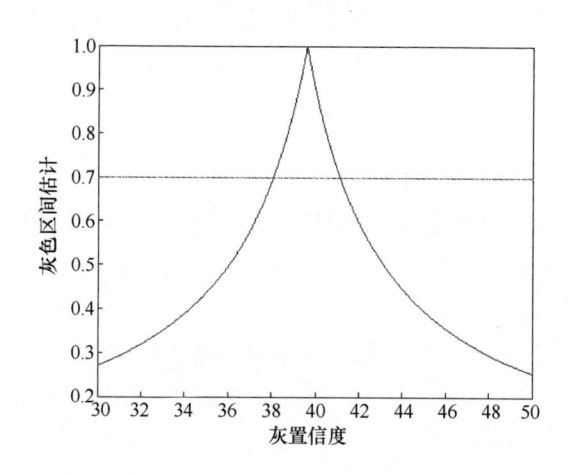

图 4 – 8 灰色区间估计与灰置信度的关系（示例二）

该例说明，传统的概率参数估计方法受样本数目、分布的影响，在小样本、分布未知的情况下无法进行参数估计。而灰色参数估计法，却不受这些限制，它根据样本数据之间的灰色距离进行参数估计，给出满足相应灰色置信度的置信区间。

例 4 – 6 假设试验数据样本 $X = \{x_1, x_2, \cdots, x_n\}$ 服从正态分布，样本的数目 n 足够大。

在传统的概率参数估计中，均值 μ 和方差 σ^2 的算法为

$$\mu = \bar{x} = \frac{1}{n}\sum_{i=1}^{n} x_i \qquad (4-26)$$

$$\sigma^2 = \frac{1}{n-1}\sum_{i=1}^{n}(x_i - \bar{x})^2 \qquad (4-27)$$

则得概率置信度为 α 的置信区间为 $[\mu - A_\alpha\sigma, \mu + A_\alpha\sigma]$,其中 $A_\alpha > 0$,根据正态分布函数依据概率置信度 α 求出。

在灰色参数估计中,当样本数据足够大时灰色估计值 $\hat{x}$ 都近似等于概率统计平均值 μ。按照莱依达准则确定样本的有效性,就是当 $|x_i - \bar{x}| > 3\sigma$ 时认为样本 x_i 为粗大误差。这时如果置信区间为 $[\mu - A_\alpha\sigma, \mu + A_\alpha\sigma]$,则可求出灰色置信度为

$$dr(x_0, x_i) = \frac{\xi|\max_j(x_j) - \min_j(x_j)|}{|x_0 - x_i| + \xi|\max_j(x_j) - \min_j(x_j)|}$$

$$= \frac{0.5 \times 6\sigma}{|\mu + A_\alpha\sigma - \bar{x}| + 0.5 \times 6\sigma}$$

$$= \frac{3}{2A_\alpha\sigma + 3}$$

通过该例可以看出,在样本服从正态分布、样本数目足够大、样本有效性方法确定的前提下,通过两种参数估计方法可以得到相同的置信区间,灰色置信度可以根据概率置信度确定。图 4-9 给出了大样本条件下,灰色置信度与概率置信度之间的对应关系。

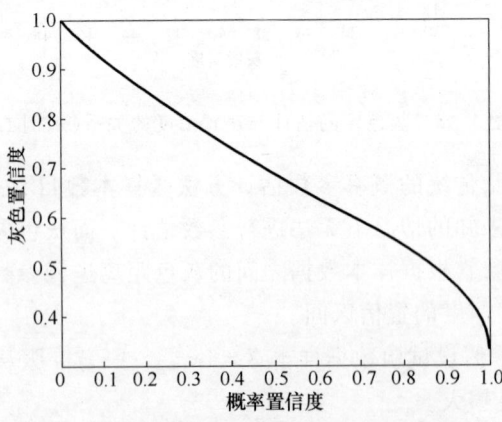

图 4-9 灰色置信度与概率置信度对应曲线

第5章 试验数据的模糊分析理论与应用

由于模糊现象的大量存在,模糊数学方法,特别是模糊综合评判方法、模糊模式识别方法在电子装备试验领域取得了很多的研究成果,如魏保华等介绍了雷达干扰效果的模糊综合评估方法。基于模糊集合的电子装备试验数据表示、基于模糊概率的电子装备试验数据表示、基于模糊熵和模糊聚类的试验数据粗大误差判别以及模糊信息扩散原理的参数估计等是电子装备试验数据的模糊分析理论的基础内容,这些内容是本章的主要研究工作。

5.1 基于模糊集的试验数据表达

5.1.1 模糊集合的概念

"模糊"一词来源于英语词汇"fuzzy",其含义是"边界不清晰",是指在质上没有确切的含义,在量上又没有明确的界限。这种边界不清的模糊概念在电子装备试验中大量存在,是试验过程中的一种客观属性,是事物的差异之间存在着中间过程的结果。

对模糊现象利用模糊集来进行描述,有下述定义。

定义 5 – 1 设 $\tilde{A}$ 是论域 X 到 $[0,1]$ 的一个映射,即

$$\tilde{A}:X\rightarrow[0,1], x\rightarrow \tilde{A}(x)$$

则称 $\tilde{A}$ 是论域 X 上的模糊集,而函数 $\tilde{A}(\cdot)$ 称为模糊集 $\tilde{A}$ 的隶属函数,$\tilde{A}(x)$ 称为 x 在模糊集 $\tilde{A}$ 上的隶属度。

在电子装备试验中,对模糊集 $\tilde{A}$ 常用向量表示法进行表述,即

$$\tilde{A} = \sum \frac{\tilde{A}(x_i)}{x_i} \qquad (5-1)$$

或

$$\widetilde{A} = (\widetilde{A}(x_1), \widetilde{A}(x_2), \cdots, \widetilde{A}(x_n)) \tag{5-2}$$

电子装备试验中经常运用下列三种隶属函数：

1) 偏大型隶属函数

指标属性值越大越好时，一般使用偏大型隶属函数，其函数表达式为

$$\mu_{\widetilde{A}}(x) = \begin{cases} 0 & x \leqslant a \\ \dfrac{x-a}{b-a} & a < x \leqslant b \\ 1 & x > b \end{cases} \tag{5-3}$$

其曲线如图 5-1 所示。

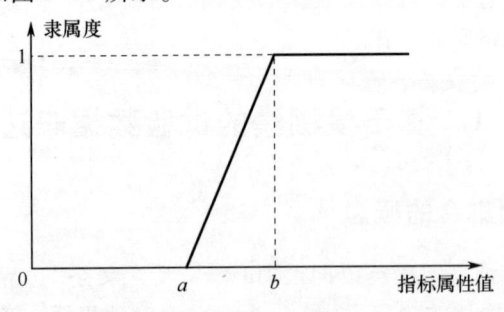

图 5-1 偏大型隶属函数示意图

2) 偏小型隶属函数

指标属性值越小越好时，一般使用偏小型隶属函数，其函数表达式为

$$\mu_{\widetilde{A}}(x) = \begin{cases} 1 & 0 \leqslant x \leqslant a \\ \dfrac{b-x}{b-a} & a < x \leqslant b \\ 0 & x > b \end{cases} \tag{5-4}$$

其曲线如图 5-2 所示。

3) 中间型隶属函数

指标属性值适中时较好时，一般使用中间型隶属函数，其函数表达

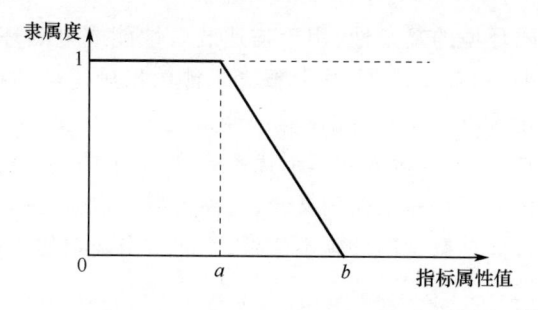

图 5-2 偏小型隶属函数示意图

式为

$$\mu_{\tilde{A}}(x) = \begin{cases} 0 & x < a \\ \dfrac{x-a}{b-a} & a \leqslant x \leqslant b \\ 1 & b < x \leqslant c \\ \dfrac{d-x}{d-c} & c < x \leqslant d \\ 0 & x > d \end{cases} \qquad (5-5)$$

其曲线如图 5-3 所示。

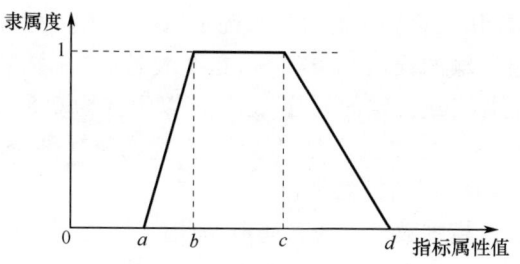

图 5-3 中间型隶属函数示意图

上述隶属函数中的 a、b、c、d 一般需要结合试验数据实际背景利用模糊统计法等方法确定。

5.1.2 试验数据与模糊信息

电子装备试验与训练活动中伴随大量的模糊性现象,由于电子装备本身及电磁环境的复杂性,用于描述装备性能或电磁环境的元素特征界限不分明,边界不清晰,使其概念不能给出确定性的描述,不能给出确定的评定标准。例如,在试验中经常说×××装备对某频段信号的干扰效果真好、×××大功率干扰系统等,其中的"真好"、"大功率"等向人们提供的都是一个模糊概念,这种类型的宿信息称为模糊信息。模糊信息的特征是概念的外延不清晰,不能给出确定的评定标准,而表现为不确定性。

一个明确的概念必然有确定的外延。例如,"跳频电台"这个概念的外延是所有基于跳频工作方式电台的集合,其外延是确定的,因为属于"基于跳频工作方式"的电台称为跳频电台,不能基于跳频工作方式进行通信,不能称为跳频电台。反之,没有外延的概念就是模糊概念,这种概念的外延就是模糊集合。如上述"干扰效果真好"的外延是一个模糊集合。假设以"×××装备对某频段信号的干扰效果"为论域,它可以分为三部分:第一部分,肯定属于"干扰效果真好"的那部分,如能使干扰目标通信系统信息传输的误码率在95%以上的装备;第二部分,肯定不属于"干扰效果真好"的那部分,如使干扰目标通信系统信息传输的误码率在25%以下的装备;第三部分,就是余下的部分,只能用"多大的可信度"来描述隶属"干扰效果真好"的程度,为一个不清晰的边界,而不能用是否属于的关系来确定地描述了。例如,使干扰目标通信系统信息传输的误码率为75%,这个装备的"干扰效果真好"吗?不能做简单的肯定或否定的回答,通常可以说约为0.8的可信度隶属于"干扰效果真好"的集合。可以看出,上述的第一部分、第三部分构成了"干扰效果真好"的模糊集合。

模糊信息由模糊数学表达和处理,即用模糊集合来描述。例如,上述模糊概念"干扰效果真好",对于每一个研究对象"干扰效果 x",用 $[0,1]$ 闭区间上的一个数值 $\mu(x)$ 来表示其隶属"干扰效果真好"的程度。"干扰效果 x"描述干扰目标通信系统信息传输的误码率为100%,毫无疑问,认为其隶属"干扰效果真好"的程度最高,可记为 $\mu(x)=1$;如果"干扰效果 x"描述干扰目标通信系统信息传输的误码率为10%,毫无疑问,认为其没有隶属"干扰效果真好"的可能,可记为 $\mu(x)=0$;如果"干扰效果 x"描述干扰目标通信系统信息传输的误码率为80%,认为其隶属"干扰效果真好"的程度有0.8的可信度,可记为$\mu(x)=0.8$。此处的$\mu(x)$就称为模糊集"干扰效果真好"的隶属函数,该隶属函数合理地刻画了模糊集合"干扰效果真好"所表现的对于"干扰效果"划分的不确定性。

而经典集合描述的是"非此即彼"的现象,对于一个对象,要么属于某个给定的集合,要么不属于这个集合,二者必居其一,绝不能模棱两可;用隶属函数描述的模糊集合,就是将上述"非此即彼"的现象转化为用"有多大的隶属程度"的模糊集合。

5.1.3 基于历史试验数据的隶属度确定方法

模糊数学在电子装备试验中应用的难点是模糊隶属函数的确定,隶属函数的确定方法有模糊统计方法、指派方法、二元对比排序方法等。电子装备的试验数据很丰富,通过历史试验数据的模糊统计方法可以用来确定隶属函数,得到的隶属函数比较客观,适用性很强。

例如,通信对抗试验中刻画通信干扰装备的干扰效果,常用模糊概念"优秀"、"良好"、"一般"、"差"等来表示,而干扰效果又通过通信专向的报文抄收错误率来反映。但是由于通信干扰装备的类型不同、试验电磁环境不同以及试验人员的理解认知不同,对干扰效果模糊概念的理解也不相同。现在从历次试验中选取100次通信干扰装备干扰试验的试验数据进行统计,统计认为干扰效果"良好"的报文抄收错误率范围,其历史数据如表5-1所列。

表5-1 干扰效果历史数据

100次数据统计数值					
74%~95%	73%~92%	82%~91%	74%~92%	79%~92%	72%~91%
78%~91%	75%~90%	78%~95%	80%~90%	82%~91%	78%~92%
76%~95%	83%~92%	81%~91%	78%~91%	79%~90%	80%~92%
81%~93%	77%~91%	81%~95%	75%~90%	80%~91%	78%~91%
77%~92%	83%~92%	73%~93%	82%~91%	77%~91%	82%~91%
70%~93%	81%~91%	83%~92%	78%~92%	75%~88%	71%~90%
82%~92%	81%~92%	76%~93%	72%~90%	79%~91%	80%~92%

（续）

100 次数据统计数值					
79%~93%	82%~91%	81%~91%	82%~92%	80%~90%	82%~91%
81%~91%	80%~91%	80%~94%	75%~93%	72%~90%	77%~91%
79%~92%	81%~91%	82%~95%	83%~92%	78%~95%	82%~92%
81%~91%	73%~91%	79%~92%	78%~91%	75%~92%	81%~93%
82%~91%	80%~95%	73%~95%	82%~91%	76%~91%	77%~92%
76%~93%	79%~91%	76%~92%	76%~95%	80%~93%	79%~91%
81%~91%	83%~92%	78%~93%	80%~91%	75~91%	72%~92%
79%~93%	80%~92%	75%~91%	78%~92%	81%~91%	77%~91%
80%~92%	76%~91%	82%~92%	77%~91%	79%~91%	82%~94%
77%~92%	80%~95%	74%~91%	74%~92%	—	—

由表 5-1 可以看出，针对干扰效果"良好"模糊概念，报文抄收错误率范围在 70%~95% 之间，以 1% 为步进，每个报文抄收错误率的频数如表 5-2 所列。其中隶属频率的计算公式为

$$f(x_i) = \frac{m}{n} \tag{5-6}$$

式中：n 为样本总数；m 为样本 x_i 出现的次数。

表 5-2 干扰效果历史数据的模糊统计

错误率	70%	71%	72%	73%	74%	75%	76%	77%
频数	1	2	6	10	14	21	28	36
隶属频率	0.01	0.02	0.06	0.10	0.14	0.21	0.28	0.36
错误率	78%	79%	80%	81%	82%	83%	84%	85%
频数	46	56	69	82	95	100	100	100
隶属频率	0.46	0.56	0.69	0.82	0.95	1.00	1.00	1.00
错误率	86%	87%	88%	89%	90%	91%	92%	93%
频数	100	100	100	100	100	91	53	23
隶属频率	1.00	1.00	1.00	1.00	1.00	0.91	0.53	0.23
错误率	94%	95%	—	—	—	—	—	—
频数	12	10	—	—	—	—	—	—
隶属频率	0.12	0.10	—	—	—	—	—	—

以报文抄收错误率为横坐标,隶属频率为纵坐标,绘制图形如图 5-4 所示,即为所求干扰效果"良好"的隶属函数。

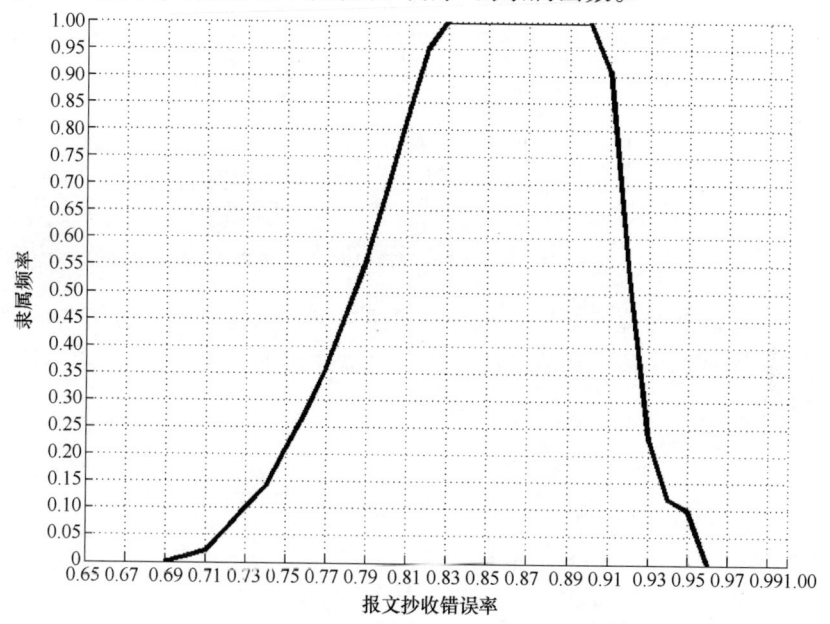

图 5-4 干扰效果"良好"的隶属函数

5.1.4 基于模糊隶属度的试验数据表达模型

在电子装备试验中,很多战术技术指标试验结果会存在"亦此亦彼"的模棱两可的情况。例如,某电子装备的试验周期为 60 天左右,若采用模糊集表示该试验周期,则可写成

$$\widetilde{A} = \frac{0.05}{54} + \frac{0.1}{56} + \frac{0.2}{58} + \frac{1.0}{60} + \frac{0.4}{62} + \frac{0.2}{64} + \frac{0.1}{66}$$

又如,电子干扰装备的干扰距离常用"很远"、"远"、"近"来表达,其两两相邻等级之间界限很难量化。对于某装备干扰距离"很远"可以用图 5-5 所示的隶属函数表示。

再如,在电子装备试验与训练过程中,对装备干扰时机的评价,通常使用"时机把握很好"、"时机把握较好"、"时机把握一般"、"时机把握较差"、"时机把握差"等模糊语言来描述,这时可以结合实际

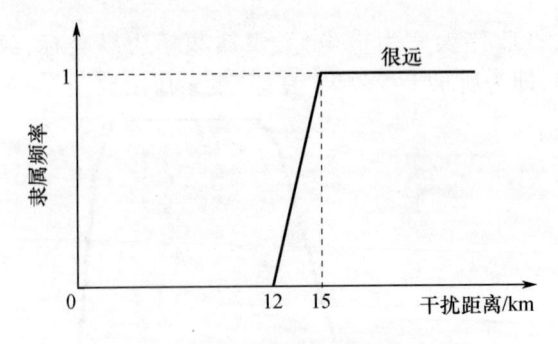

图 5-5 干扰距离"很远"的隶属函数

干扰发出时间与理论最佳时间的时间差来确定干扰时机的隶属函数，如对某次训练中某干扰装备的干扰时机描述用图 5-6 所示的隶属函数表示。

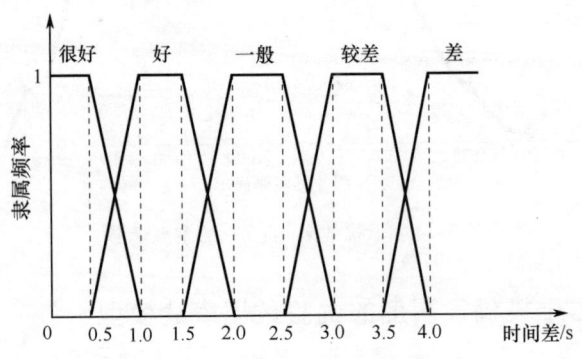

图 5-6 某装备干扰时机的隶属函数

5.2 基于模糊概率的试验数据表达

5.2.1 模糊事件与模糊概率

事件的模糊性与随机性是反映事件属性的两个不同的概念，在电子装备试验中的许多现象往往同时具有这两种属性。例如，随机搜索的雷达不几次就发现目标，某类型的侦察装备在某复杂电磁环境下对某体制信号的侦察概率可能会很低，这些事件中同时含有模糊性与随机性。本节主要介绍研究这类现象的基本方法,包括模糊事件及用于其度量的模糊概率。

定义 5-2 设试验数据样本空间 $X = \{x_1, x_2, \cdots, x_n\}$ 是有限集,$\widetilde{A}$ 为 X 的模糊子集,若其隶属函数 $\mu_{\widetilde{A}}(x_i)$ 是一个随机变量,则称 $\widetilde{A}$ 为模糊事件。

定义 5-3 假设试验数据样本空间 X 中基本事件 x_i 的概率 $P(x_i) = p_i (i = 1, 2, \cdots, n)$,$\widetilde{A}$ 为模糊事件,其隶属函数为 $\mu_{\widetilde{A}}(x_i)$,则有模糊事件 $\widetilde{A}$ 的概率为

$$P(\widetilde{A}) = \sum_{i=1}^{n} \mu_{\widetilde{A}}(x_i) \cdot p_i \qquad (5-7)$$

模糊事件 $\widetilde{A}$ 的熵为

$$H(\widetilde{A}) = -\sum_{i=1}^{n} \mu_{\widetilde{A}}(x_i) p_i \cdot \log p_i \qquad (5-8)$$

5.2.2 基于模糊事件的雷达发现目标概率

设某雷达在给定的探测空域内随机地搜索来袭敌机,且每次搜索是相互独立的,直到发现该目标为止。又假设雷达每搜索一次发现目标的概率为 $p = 0.4$,则可以用模糊概率来表达雷达"搜索不了几次"就能发现目标的概率。

"搜索不了几次"为模糊事件,令 $\widetilde{A}$ = "搜索不了几次",以发现目标所需的搜索次数作为论域,易见 $\widetilde{A}$ 的论域为 $\{1, 2, 3, \cdots\}$,若令

$$\widetilde{A} = \frac{1}{1} + \frac{0.9}{2} + \frac{0.7}{3} + \frac{0.5}{4}$$

则有

$$\mu_{\widetilde{A}}(1) = 1, \ \mu_{\widetilde{A}}(2) = 0.9, \ \mu_{\widetilde{A}}(3) = 0.7, \ \mu_{\widetilde{A}}(4) = 0.5$$

记 p_i 为雷达搜索 i 次的概率,则有

$$p_i = (1 - p)^{i-1} p$$

本例中有

$$p_1 = 0.4, \ p_2 = 0.24, \ p_3 = 0.144, \ p_4 = 0.0864$$

于是模糊事件 $\widetilde{A}$ 发生的概率为

$$P(\widetilde{A}) = \sum_{i=1}^{4} \mu_{\widetilde{A}}(x_i) \cdot p_i$$
$$= 1 \times 0.4 + 0.9 \times 0.24 + 0.7 \times 0.144 + 0.5 \times 0.0864$$
$$= 0.76$$

模糊事件 $\widetilde{A}$ 的熵为

$$H(\widetilde{A}) = -\sum_{i=1}^{4} \mu_{\widetilde{A}}(x_i) p_i \cdot \log p_i$$
$$= -(1 \times 0.4 \times \log 0.4 + 0.9 \times 0.24 \times \log 0.24 + 0.7 \times 0.144 \times \log 0.144 + 0.5 \times 0.0864 \times \log 0.0864)$$
$$= 0.4238$$

$H(\widetilde{A})$ 反映了模糊事件 $\widetilde{A}$ 发生概率的不确定性程度。

5.2.3 抽检中不合格装备的模糊概率表达

对某批电子装备进行抽样试验,检验这批电子装备的战术技术性能、质量是否符合验收技术条件。若已知这批电子装备的不合格率为 0.01,从中任意抽取 100 部进行试验,模糊事件 $\widetilde{A}$ 表示"抽样装备几乎没有不合格的",模糊事件 $\widetilde{B}$ 表示"抽样装备大约有两部不合格",并有

$$\widetilde{A} = \frac{1}{0} + \frac{0.5}{1} + \frac{0.3}{2}$$

$$\widetilde{B} = \frac{0.7}{1} + \frac{1}{2} + \frac{0.6}{3}$$

则有

$$\mu_{\widetilde{A}}(0) = 1, \mu_{\widetilde{A}}(1) = 0.5, \mu_{\widetilde{A}}(2) = 0.3$$
$$\mu_{\widetilde{B}}(1) = 0.7, \mu_{\widetilde{B}}(2) = 1, \mu_{\widetilde{B}}(3) = 0.6$$

记 p_i 为这批电子装备 i 部装备不合格的概率,则有

$$p_1 = 0.01, p_2 = 0.0099, p_3 = 0.0098$$

于是模糊事件 $\widetilde{A}$ 发生的概率为

$$P(\widetilde{A}) = \sum_{i=1}^{3} \mu_{\widetilde{A}}(x_i) \cdot p_i$$

$$= 1 \times 0.99 + 0.5 \times 0.01 + 0.3 \times 0.0099$$
$$= 0.998$$

模糊事件 $\widetilde{A}$ 的熵为

$$H(\widetilde{A}) = -\sum_{i=1}^{3} \mu_{\widetilde{A}}(x_i) p_i \cdot \log p_i$$
$$= -(1 \times 0.99 \times \log 0.99 + 0.5 \times 0.01 \times \log 0.01 + 0.3 \times 0.0099 \times \log 0.0099)$$
$$= 0.0203$$

模糊事件 $\widetilde{B}$ 发生的概率为

$$P(\widetilde{B}) = \sum_{i=1}^{3} \mu_{\widetilde{B}}(x_i) \cdot p_i$$
$$= 0.7 \times 0.01 + 1 \times 0.0099 + 0.6 \times 0.0098$$
$$= 0.0228$$

模糊事件 $\widetilde{B}$ 的熵为

$$H(\widetilde{B}) = -\sum_{i=1}^{3} \mu_{\widetilde{B}}(x_i) p_i \cdot \log p_i$$
$$= -(0.7 \times 0.01 \times \log 0.01 + 1 \times 0.0099 \times \log 0.0099 + 0.6 \times 0.0098 \times \log 0.0098)$$
$$= 0.0457$$

5.3 粗大误差的模糊判别方法

5.3.1 模糊信息扩散原理及信息扩散估计

电子装备试验条件千差万别,电磁环境瞬息万变,所得到的试验数据很可能会服从不同的分布;特别是对于小样本的试验数据,难以通过概率统计方法得到其分布函数。黄崇福提出了基于模糊理论的信息扩散原理,王新洲提出了基于信息扩散原理的参数估计模型,本节介绍该方法的基本原理,对基于该方法得到电子装备试验数据的粗大误差判别方法进行探讨。

5.3.1.1 模糊信息扩散原理

设母体 Ω 的概率密度函数为 $f(x)$，W 为给定的来自母体 Ω 的样本。当由 W 不能完全精确地认识 $f(x)$ 时，称 W 对 Ω 来说是非完备的。根据非完备的样本 W 对母体 Ω 的认识，必然不确切，对有关物理规律的解释也含糊不清。但当增加样本点，使 W 趋于或达到完备时，则根据样本 W 对母体 Ω 的认识就会趋于或达到清晰。由此可见，样本 W 从非完备到完备，具有一种过渡趋势。当样本 W 非完备时，这种趋势表现在 W 的样本点上，就是每一个样本点都有发展成多个样本点的趋势，使每一个样本点都充当"是周围未出现样本点的代表"的角色。因为"周围"的边界是不清楚、模糊和富有弹性的，所以每一个样本点所提供的包括周围影响在内的信息总体是一个模糊信息。由此可知，当样本 W 非完备时，其过渡性导致它具有模糊不确定性。这一模糊不确定性体现在每个样本点都具有一定的影响域，以显示它们来自非完备样本。显然，样本 W 的样本点可以是一些精确的观测值，本身并不模糊，其模糊性来自于 W 的非完备性。

由于非完备样本 W 的每个样本点 w_i 均可作为其"周围"的代表，这就意味着样本 W 的出现不再仅仅是提供它的观测值那一点上的信息，它同时还提供了关于"周围"情况的信息。当然，它对样本点上所提供的信息量大于它对"周围"点上所提供的信息量。设它对样本点上所提供的信息量为1，则它对"周围"点上所提供的信息量小于1。

当 W 非完备时，样本点 w_i 只是"周围"的代表，设 w_i 的观测值为 l_i，W 在 l_i 点提供的信息应被周围点所分享。而周围各点所分享到的信息与其属于"l_i 点周围"的程度有关。显然：越靠近 l_i 的点，属于"l_i 点周围"的程度越高，从 l_i 分享到的信息就越多；反之，越远离 l_i 的点，属于"l_i 点周围"的程度就越低，从 l_i 分享的信息也就越少。称从 l_i 所分享到的这种信息为从 l_i 扩散来的信息，而将 l_i 点的信息被周围点分享的过程称为信息扩散过程，简称信息扩散。

设 $W=\{w_1,w_2,\cdots,w_n\}$ 是知识样本，V 是基础论域，记点 w_i 的观测值为 v_i，设 $x=\varphi(v-v_j)$，则样本 W 非完备时，存在函数 $\mu(x)$，使 v_i 点获得的量值为1的信息可按 $\mu(x)$ 的量值扩散到 l，且扩散所得的原始

信息分布

$$Q(x) = \sum_{j=1}^{n} \mu(x) = \sum_{j=1}^{n} \mu(\varphi(v - v_j)) \qquad (5-9)$$

能更好地反映样本 W 所在总体的规律,这一原理称为信息扩散原理。

5.3.1.2 信息扩散估计

根据信息扩散原理对母体概率密度函数的估计,称为扩散估计。信息扩散是依据隶属函数进行的,但是扩散的量值并不等于隶属度值。

定义 5-4 设 $\mu(x)$ 是定义在 $(-\infty, +\infty)$ 上的一个波雷尔可测函数,$\Delta_m > 0$ 为常数,m 为样本容量,则称

$$\tilde{f}_m(v) = \frac{1}{m\Delta_m} \sum_{j=1}^{m} \mu\left(\frac{v - v_i}{\Delta_m}\right) \qquad (5-10)$$

为母体 Ω 概率密度函数为 $f(x)$ 的一个扩散估计。式中:$\mu(x)$ 为扩散函数;Δ_m 称为窗宽。

基于信息扩散原理的扩散估计的关键是扩散函数 $\mu(x)$ 的具体形式,对于不同的 $\mu(x)$,可得到不同的扩散估计 $\tilde{f}(x)$。式(5-10)中 $\mu\left(\frac{v-v_i}{\Delta_m}\right)$ 是 $\mu(x)$ 的具体形式,它必须满足下述3个条件:

① $\forall w_i \in W$,如 v_i 是 w_i 的观测值,则有

$$\mu(w_i, v_i) = \sup_{v \in V} \mu(w_i, v) \qquad (5-11)$$

② $\forall w_i \in W, \mu(w_i, v)$ 随 $\|v_i - v\|$ 数值的增加而减小。

③ $\forall w \in W$,有 $\sum_{V} \mu(w, v) = 1$。

对于某一个电子装备战术技术性能试验数据列,可以假设其母体 Ω 服从正态分布,于是可以有正态扩散函数为

$$\mu(x) = \frac{1}{\sqrt{2\pi}\sigma} e^{-\frac{x^2}{2\sigma^2}} \qquad (5-12)$$

设窗宽为 Δ_m,则有正态扩散估计为

$$\tilde{f}_m(v) = \frac{1}{m\Delta_m} \sum_{j=1}^{m} \frac{1}{\sqrt{2\pi}\sigma} \exp\left(-\frac{\left(\frac{v-v_j}{\Delta_m}\right)^2}{2\sigma^2}\right)$$

$$= \frac{1}{\sqrt{2\pi}mh} \sum_{j=1}^{m} \exp\left(-\frac{(v-v_j)^2}{2h^2}\right) \tag{5-13}$$

式中：h 为标准正态扩散窗宽，$h = \sigma\Delta_m$，它与最大观测值、最小观测值及样本量有关，可通过下式求取，即

$$h = \frac{\alpha(b-a)}{n-1} \tag{5-14}$$

式中：b 为最大观测值；a 为最小观测值；n 为样本量；系数 α 根据样本量查表5-3得到。

表5-3 不同样本量下的标准正态信息扩散估计系数

n	3	4	5	6	7	8
α	0.849322	1.273983	1.698644	1.336253	1.445461	1.395190
n	9	10	11	12	13	14
α	1.422962	1.416279	1.420835	1.420269	1.420698	1.420669
n	15	16	17	18	19	≥20
α	1.420693	1.420692	1.420693	1.420693	1.420693	1.420693

5.3.2 基于模糊熵的粗大误差判别原理与应用

5.3.2.1 基于模糊熵的粗大误差判别方法

对于试验数据列 $X = \{x_1, x_2, \cdots, x_n\}$，若数据列 X 为具有概率密度函数 $p(X)$ 的随机变量，则其熵定义为

$$H(X) = -\sum_{i=1}^{n} p(x_i) \cdot \ln p(x_i) \tag{5-15}$$

具有某一概率分布的随机变量 X，其熵与方差间存在一定的对应关系，即

$$H(X) = \ln(A\sigma) \tag{5-16}$$

式中：A 为与 $p(x_i)$ 有关的常系数；随机变量 X 取值的分散程度越大，其熵越大，即其不确定性越大，熵是对不确定性程度的唯一度量。则有相应的扩展不确定度，即

$$U(X) = \frac{e^{H(X)}}{2} \tag{5-17}$$

根据不同的置信水平 α，在置信水平 α 下，试验数据列 X 的置信区间为

$$\hat{X} = [\bar{x} - \alpha \cdot U(X), \bar{x} + \alpha \cdot U(X)] \quad (5-18)$$

式中：$\bar{x}$ 为随机变量的数学期望。

以式(5-18)为界限来进行粗大误差的判别，在此置信区间以外的试验数据可认为其含有粗大误差。但是在实际测量中，由于试验条件的不一致性，难以确定试验数据列的随机特征，所以可以通过5.3.1节的模糊信息扩散估计方法，根据正态扩散估计过程得到试验数据列的扩散估计值 $\tilde{f}(x_i)(i=1,2,\cdots,n)$，据此计算每个离散试验数据值出现的密度，即有

$$p_i = \frac{\tilde{f}(x_i)}{\sum_{j=1}^{n}\tilde{f}(x_j)} \quad (5-19)$$

式中：$i=1,2,\cdots,n$。

将 p_i 看成是每个数据信息扩散的概率，从而可以得到数学期望 $\bar{x}$ 和试验数据列的概率熵 $H(X)$，求得试验数据列的置信区间，即可实现数据的粗大误差判别，本书将该方法定义为基于模糊熵的判别法。数学期望 $\bar{x}$ 的算法为

$$\bar{x} = \sum_{i=1}^{n} x_i \cdot p_i \quad (5-20)$$

5.3.2.2 应用实例

假设某干扰装备的等效辐射功率测试数据列为 $X=\{5.96, 5.84, 6.08, 5.89, 6.11, 5.99, 6.45\}$，进行基于信息扩散原理的模糊熵粗大误差判别，其具体步骤如下：

（1）数据样本量 $m=7$，查表5-3得到标准正态信息扩散估计系数 $\alpha=1.445461$。

（2）上述试验数据列最大观测值为 $b=6.45$，最小观测值为 $a=5.84$，则可得到标准正态扩散窗宽为

$$h = \frac{\alpha(b-a)}{m-1} = \frac{1.445461 \times (6.45 - 5.84)}{7-1} = 0.1469552$$

(3) 有正态扩散母体概率密度估计函数为

$$\tilde{f}(x) = \frac{1}{\sqrt{2\pi}mh} \sum_{j=1}^{m} \exp\left(-\frac{(x-x_j)^2}{2h^2}\right)$$

$$= 0.3878172 \sum_{j=1}^{7} \exp(-23.1526165(x-x_j)^2)$$

(4) 根据上式得到试验数据列各点的正态扩散估计为

$$\tilde{f}(x_1) = 1.9014, \tilde{f}(x_2) = 1.4360, \tilde{f}(x_3) = 1.6536$$

$$\tilde{f}(x_4) = 1.7026, \tilde{f}(x_5) = 1.5007, \tilde{f}(x_6) = 1.9079$$

$$\tilde{f}(x_7) = 0.4355$$

(5) 计算各个试验数据的权值为

$$p_1 = 0.1804, p_2 = 0.1363, p_3 = 0.1569, p_4 = 0.1616$$

$$p_5 = 0.1424, p_6 = 0.1811, p_7 = 0.0413$$

(6) 计算试验数据列的概率熵 $H(X)$ 为

$$H(X) = -\sum_{i=1}^{m} p(x_i) \cdot \ln p(x_i) = 1.8843$$

(7) 计算扩展不确定度

$$U(X) = \frac{e^{H(X)}}{2} = 3.2908$$

(8) 计算试验数据列的置信区间,有

$$\bar{x} = \sum_{i=1}^{7} x_i \cdot p_i = 5.9982$$

取置信水平 $\alpha = 0.1$,从而有置信区间[5.6691,6.3273],数据 6.45 在该区间之外,可认定此数据含有粗大误差;取置信水平 $\alpha = 0.05$,从而有置信区间[5.8337,6.1627],数据 6.45 在该区间之外,可认定此数据含有粗大误差;数据分布图形如图 5-7 所示。

将此数据剔除后,数据列变为 $X = \{5.96, 5.84, 6.08, 5.89, 6.11, 5.99\}$,此时数据样本量 $m = 6$,标准正态信息扩散估计系数 $\alpha = 1.336253$,最大观测值为 $b = 6.11$,最小观测值为 $a = 5.84$,标准正态扩

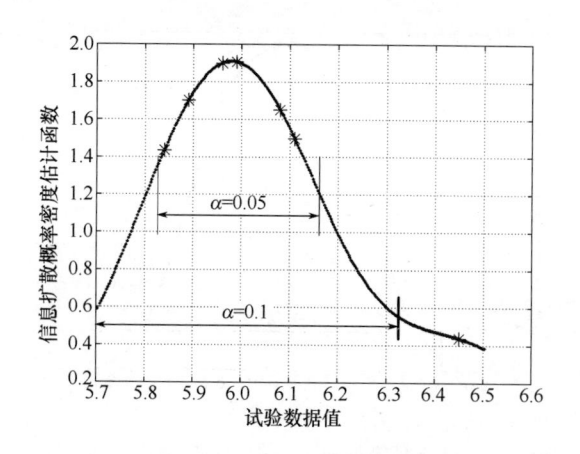

图 5-7　基于模糊熵粗大误差判别的数据分布(一)

散窗宽为 $h=0.07215762$，正态扩散母体概率密度估计函数为

$$\tilde{f}(x) = 0.9214597\sum_{j=1}^{6}\exp(-96.0295952(x-x_j)^2)$$

从而可以得到试验数据列各点的正态扩散估计，继而求得各个试验数据的权值为

$$p_1=0.1946,\ p_2=0.1329,\ p_3=0.1640$$

$$p_4=0.1746,\ p_5=0.1413,\ p_6=0.1926$$

于是计算试验数据列的概率熵 $H(X)$，并求得扩展不确定度为 $U(X)=2.9700$；同时求得试验数据列的数学期望为 $\bar{x}=5.9785$。取置信水平 $\alpha=0.1$，从而有置信区间[5.6815,6.2755]，所有数据均在该区间之内，可认定此数据列不含粗大误差；取置信水平 $\alpha=0.05$，从而有置信区间[5.8300,6.1270]，所有数据也均在该区间之内，同样认定此数据列不含粗大误差；数据分布图形如图 5-8 所示。比较图 5-7 和图 5-8 可以发现，剔除粗大误差数据后，基于模糊信息扩散原理的数据分布特征发生了变化。

由上述过程可以看出，该算法实质上也提供了一种基于模糊信息扩散原理的模糊熵参数点估计和区间估计方法。

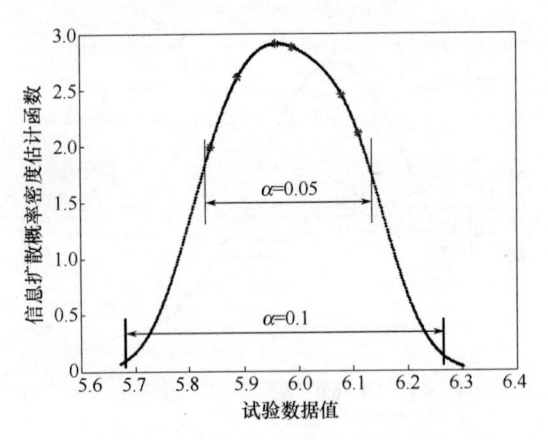

图 5-8 基于模糊熵粗大误差判别的数据分布(二)

5.3.3 基于模糊聚类的粗大误差判别原理与应用

5.3.3.1 基于模糊聚类的判别原理

对于给定的电子装备试验数据列 $X = \{x_1, x_2, \cdots, x_n\}$,从小到大进行排序,然后根据下列算法对该排序后的数据列进行标准化处理,即

$$x_i^1 = \frac{x_i - \min_{1 \leqslant i \leqslant n}\{x_i\}}{\max_{1 \leqslant i \leqslant n}\{x_i\} - \min_{1 \leqslant i \leqslant n}\{x_i\}} \quad (5-21)$$

又记 $x_i = x_i^1$,则经过预处理后的试验数据列仍然记为 $X = \{x_1, x_2, \cdots, x_n\}$,可以根据该数据来计算数据样本间的相似程度 r_{ij},r_{ij} 通过样本间的欧氏距离来反映,其算法为

$$r_{ij} = 1 - |x_i - x_j| \quad (5-22)$$

从而可以建立式(5-23)的模糊相似矩阵 R,相似关系 R 是衡量样本间相似程度的一种模糊度,即

$$R = \begin{bmatrix} r_{11} & r_{12} & \cdots & r_{1n} \\ r_{21} & r_{22} & \cdots & r_{21} \\ \vdots & \vdots & & \vdots \\ r_{n1} & r_{n2} & \cdots & r_{nn} \end{bmatrix} \quad (5-23)$$

式中:$r_{ii}(1 \leqslant i \leqslant n) = 1$,且有 $r_{ij} = r_{ji}(1 \leqslant i, j \leqslant n, i \neq j)$。

上述根据标准化所得的矩阵只是一个模糊相似矩阵,不一定具有传递性,为了基于聚类进行误差的判别,需要将模糊相似矩阵 $\boldsymbol{R}$ 改造成模糊等价矩阵,采用平方法计算传递闭包,经过有限次运算后存在 k 使得 $\boldsymbol{R}^{2(k+1)} = \boldsymbol{R}^{2k}$,于是有 $\boldsymbol{R}^{*} = \boldsymbol{R}^{2k}$,$\boldsymbol{R}^{*}$ 即为模糊等价矩阵。

由于试验数据已经从小到大进行了排序,所以首先判别数据 x_1 和 x_n 是否含有粗大误差。考察模糊等价矩阵中数据样本的相似程度系数 $r_{ij}(1 \leq i,j \leq n, i<j)$,如果 $r_{1j}(1<j \leq n)$ 之间及其与其他 r_{ij} 无明显的差异存在,则判别数据 x_1 不含粗大误差,否则初步认定数据 x_1 含有粗大误差;同样,如果 $r_{in}(1 \leq i<n)$ 之间及其与其他 r_{ij} 无明显的差异存在,则判别数据 x_n 不含粗大误差;否则初步认定数据 x_n 含有粗大误差。

5.3.3.2 应用实例

假设某电子装备的等效辐射功率测量值为 $X = \{8.9339, 10.0056, 9.6774, 10.4029, 10.1158, 9.5051, 10.6698\}$,首先进行大小排序,得到测量数据列为 $\{8.9339, 9.5051, 9.6774, 10.0056, 10.1158, 10.4029, 10.6698\}$,进行标准化处理后得到数据列为 $X = \{0, 0.3291, 0.4283, 0.6174, 0.6809, 0.8462, 1.000\}$,则有模糊相似矩阵为

$$\boldsymbol{R} = \begin{bmatrix} 1 & 0.6709 & 0.5717 & 0.3826 & 0.3191 & 0.1538 & 0 \\ 0.6709 & 1 & 0.9008 & 0.7117 & 0.6482 & 0.4829 & 0.3291 \\ 0.5717 & 0.9008 & 1 & 0.8109 & 0.7474 & 0.5821 & 0.4283 \\ 0.3826 & 0.7117 & 0.8109 & 1 & 0.9365 & 0.7712 & 0.6174 \\ 0.3191 & 0.6482 & 0.7474 & 0.9365 & 1 & 0.8347 & 0.6809 \\ 0.1538 & 0.4829 & 0.5821 & 0.7712 & 0.8347 & 1 & 0.8462 \\ 0 & 0.3291 & 0.4283 & 0.6174 & 0.6809 & 0.8462 & 1 \end{bmatrix}$$

于是分别有

$$\widetilde{\boldsymbol{R}}^2 = \widetilde{\boldsymbol{R}} \circ \widetilde{\boldsymbol{R}}$$

$$= \begin{bmatrix} 1 & 0.6709 & 0.6709 & 0.6709 & 0.6482 & 0.5717 & 0.4283 \\ 0.6709 & 1 & 0.9008 & 0.8109 & 0.7474 & 0.7117 & 0.6482 \\ 0.6709 & 0.9008 & 1 & 0.8109 & 0.8109 & 0.7717 & 0.6809 \\ 0.6709 & 0.8109 & 0.8109 & 1 & 0.9365 & 0.8347 & 0.7712 \\ 0.6482 & 0.7474 & 0.8109 & 0.9365 & 1 & 0.8347 & 0.8347 \\ 0.5717 & 0.7117 & 0.7717 & 0.8347 & 0.8347 & 1 & 0.8462 \\ 0.4283 & 0.6482 & 0.6809 & 0.7712 & 0.8347 & 0.8462 & 1 \end{bmatrix}$$

$$\widetilde{R}^4 = \widetilde{R}^2 \circ \widetilde{R}^2$$

$$= \begin{bmatrix} 1 & 0.6709 & 0.6709 & 0.6709 & 0.6709 & 0.6709 & 0.6709 \\ 0.6709 & 1 & 0.9008 & 0.8109 & 0.8109 & 0.8109 & 0.7712 \\ 0.6709 & 0.9008 & 1 & 0.8109 & 0.8109 & 0.8109 & 0.8109 \\ 0.6709 & 0.8109 & 0.8109 & 1 & 0.9365 & 0.8347 & 0.8347 \\ 0.6709 & 0.8109 & 0.8109 & 0.9365 & 1 & 0.8347 & 0.8347 \\ 0.6709 & 0.8109 & 0.8109 & 0.8347 & 0.8347 & 1 & 0.8462 \\ 0.6709 & 0.7712 & 0.8109 & 0.8347 & 0.8347 & 0.8462 & 1 \end{bmatrix}$$

$$\widetilde{R}^6 = \widetilde{R}^4 \circ \widetilde{R}^2$$

$$= \begin{bmatrix} 1 & 0.6709 & 0.6709 & 0.6709 & 0.6709 & 0.6709 & 0.6709 \\ 0.6709 & 1 & 0.9008 & 0.8109 & 0.8109 & 0.8109 & 0.8109 \\ 0.6709 & 0.9008 & 1 & 0.8109 & 0.8109 & 0.8109 & 0.8109 \\ 0.6709 & 0.8109 & 0.8109 & 1 & 0.9365 & 0.8347 & 0.8347 \\ 0.6709 & 0.8109 & 0.8109 & 0.9365 & 1 & 0.8347 & 0.8347 \\ 0.6709 & 0.8109 & 0.8109 & 0.8347 & 0.8347 & 1 & 0.8462 \\ 0.6709 & 0.7712 & 0.8109 & 0.8347 & 0.8347 & 0.8462 & 1 \end{bmatrix}$$

$$\widetilde{R}^8 = \widetilde{R}^6 \circ \widetilde{R}^2$$

$$= \begin{bmatrix} 1 & 0.6709 & 0.6709 & 0.6709 & 0.6709 & 0.6709 & 0.6709 \\ 0.6709 & 1 & 0.9008 & 0.8109 & 0.8109 & 0.8109 & 0.8109 \\ 0.6709 & 0.9008 & 1 & 0.8109 & 0.8109 & 0.8109 & 0.8109 \\ 0.6709 & 0.8109 & 0.8109 & 1 & 0.9365 & 0.8347 & 0.8347 \\ 0.6709 & 0.8109 & 0.8109 & 0.9365 & 1 & 0.8347 & 0.8347 \\ 0.6709 & 0.8109 & 0.8109 & 0.8347 & 0.8347 & 1 & 0.8462 \\ 0.6709 & 0.7712 & 0.8109 & 0.8347 & 0.8347 & 0.8462 & 1 \end{bmatrix}$$

$$= \widetilde{R}^6$$

则 $\widetilde{R}^6$ 为模糊等价矩阵。考察模糊等价矩阵 $\widetilde{R}^6$ 中数据样本的相似程度系数,$r_{1j}(1<j\leqslant n)=0.6709$,与其他 r_{ij} 存在明显的差异,则初步认定数据 8.9339 含有粗大误差。

5.4 试验数据的模糊估计模型与实例

5.4.1 基于模糊测度的点估计模型与实例

对于给定的电子装备试验数据列 $X = \{x_1, x_2, \cdots, x_n\}$,假设这 n 个数据都围绕着一个模糊点估计值 $\tilde{x}$ 左右波动,则得到均方根偏差为

$$\sigma = \sqrt{\frac{\sum_{i=1}^{n}(x_i - \tilde{x})^2}{n-1}} \qquad (5-24)$$

又假设电子装备试验数据属于一个正态型的隶属函数,则数据 x_i 的隶属度为

$$\mu(x_i) = e^{-\left(\frac{x_i - \tilde{x}}{\sigma}\right)^2} \qquad (5-25)$$

于是可以得到数据 x_i 的模糊不确定性测度为

$$\delta(x_i) = -\mu(x_i)\log\mu(x_i) - (1-\mu(x_i))\log(1-\mu(x_i))$$
$$(5-26)$$

则数据列 $X = \{x_1, x_2, \cdots, x_n\}$ 的模糊不确定性测度为

$$\delta(X) = \frac{1}{n}\sum_{i=1}^{n}\delta(x_i) \qquad (5-27)$$

于是当 $\delta(X)$ 取最小值时的值 $\tilde{x}$ 就是数据列 $X = \{x_1, x_2, \cdots, x_n\}$ 的模糊点估计,即求解数学规划 $\min\delta(X)$ 而得到 $\tilde{x}$。

很明显,数学规划 $\min\delta(X)$ 是一个非线性规划问题,可以通过遗传算法、模拟退火算法等现代优化算法进行求解。

5.4.1.1 遗传算法求解

遗传算法以遗传学作为其问题求解模型,利用繁殖、基因交叉和变异,使虚拟的物种在优胜劣汰之后进化成新的物种。一般的遗传算法由 4 个部分组成:编码机制、控制参数、适应度函数、遗传算子。其基本步骤如下:

(1) 初始化,设置进化代数计数器 $t \leftarrow 0$,设置最大迭代数 T,随机

生成 m 个个体作为初始群体 $M(0)$。

(2) 个体评价,计算群体 $M(t)$ 中各个个体的适应度值 $U(m)$。

(3) 选择、交叉和变异运算,依概率从群体 $M(t)$ 中选择若干个体,通过选择算子、交叉算子、变异算子的作用之后就得到下一代群体 $M(t+1)$。

(4) 终止条件判断,若 $t \leqslant T$,则 $t \leftarrow t+1$,继续进行步骤(2)和(3);若 $t > T$,则以进化过程中所得到的最大适应度值的个体作为最优解输出。

例如,某干扰装备的等效辐射功率测试数据列为 $X = \{5.96, 5.84, 6.08, 5.89, 6.11, 5.99, 6.02\}$,下面求其模糊点估计值 $\tilde{x}$。采用遗传算法进行求解,其步骤如下:

(1) 染色体的表达。染色体用10位表示,即将 x_i 的值用一个10位的二值形式表示为二值问题,则一个10位的二值数提供的分辨率是每位 $(10-0)/(2^{10}-1) \approx 0.01$。将变量域 $[0,10]$ 离散化为二值域 $[0, 1023]$,$x_i = 0 + 10 * b/1023$,其中 b 是 $[0, 1023]$ 中的一个二值数。

种群大小:20;染色体长度:10;进化最大代数:500;交叉率:0.6;变异率:0.001。每代保留最佳个体,程序运行结束时所得到的最佳个体为500代内所有个体中的最佳个体。

(2) 适应度值。设数据列 $X = \{x_1, x_2, \cdots, x_n\}$ 的模糊不确定性测度为 $\delta(X)$,则适应度值设为 $1 - \delta(X)$。

(3) 遗传算子。

① 交叉算子。交叉算子采用离散重组算法。交叉完后判断产生的新个体是否满足约束条件:如满足则产生新个体,如不满足则保留老个体。

② 变异算子。在个体中随机选择一位进行变异,将该位的数值减1后得到的数值转化成二进制后采用二进制变异,将所得的结果转化成十进制后再加上1即得变异的结果。变异完后判断产生的新个体是否满足约束条件,如满足则产生新个体,如不满足则保留老个体。

③ 选择策略。采用轮盘赌选择方法。

(4) 终止条件。采用进化代数作为遗传终止条件,即给出最大代数值,当进化代数达到最大代数值时,遗传自动终止。

停止遗传后,本问题进化过程中的适应度值曲线如图 5-9 所示,最小适应度值 0.9995 即为试验数据列模糊点估计的模糊不确定性测度,对应适应度值的染色体为所求的解,即得到模糊点估计为 $\tilde{x}=5.9531$。

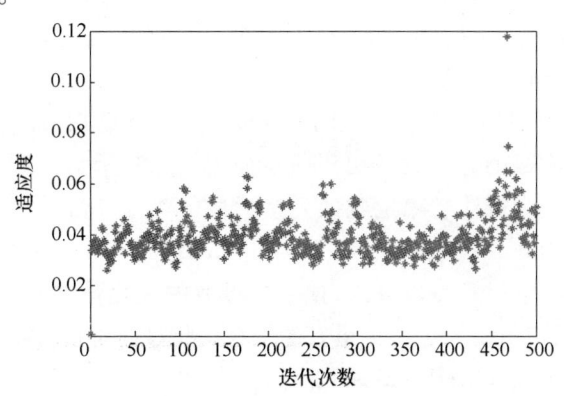

图 5-9　模糊点估计的遗传算法适应度值曲线

5.4.1.2　模拟退火算法求解

对测试数据列 $X=\{5.96, 5.84, 6.08, 5.89, 6.11, 5.99, 6.02\}$ 采用模拟退火算法求其模糊点估计值 $\tilde{x}$。

模拟退火算法求解的关键步骤如下:

(1) 设置初始状态和解空间 $u=\{\tilde{x}\}$。根据可行解空间随机产生一组初始解,确定初始温度 $T_0=100$ 和终止温度 $T_f=0.1$。

(2) 目标函数。此处为

$$f = \frac{1}{n}\sum_{i=1}^{n}\delta(x_i)$$

$$= \frac{1}{n}[-\mu(x_i)\log\mu(x_i) - (1-\mu(x_i))\log(1-\mu(x_i))]$$

(3) 产生新状态解。通过在解的领域中扰动随机选择新解 u',判断新解是否满足解空间的约束条件。

(4) 函数值之差。根据原始解 u 和产生的新解 u' 求出相应的目标函数值 f 和 f',并计算目标函数差为

$$\Delta f = f' - f$$

(5) Metropolis 接受准则。依据 Metropolis 准则接受新解。若 $\Delta f \geqslant 0$，则接受 u'，用 u' 取代 u，用 f' 取代 f；否则按概率 $\exp(-\Delta f/T)$ 进行接受，用 u' 取代 u，用 f' 取代 f。

在温度 T 下，重复一定次数的扰动和接受过程，按设定的降温规律降温，如 $T_{N+1} = \alpha T_N$，$\alpha = 0.95$；若温度已到终止温度条件则终止算法，输出最优解；否则继续迭代。

本例中 MATLAB 程序设置同一温度下迭代 500 次，综合目标函数相对于搜索次数的算法收敛历程曲线如图 5-10 所示。经过近 60 次降温过程后搜索算法就稳定收敛到接近最优状态，所得模糊不确定性测度最优值为 0.3745，模糊点估计为 $\tilde{x} = 5.9900$。

从算法搜索过程可以看出，搜索到最后的优化值并不一定是最优的值，而是较优值。为了避免最好的解在优化过程中被忽略掉，在整个搜索过程中可以随时记下最好的值。

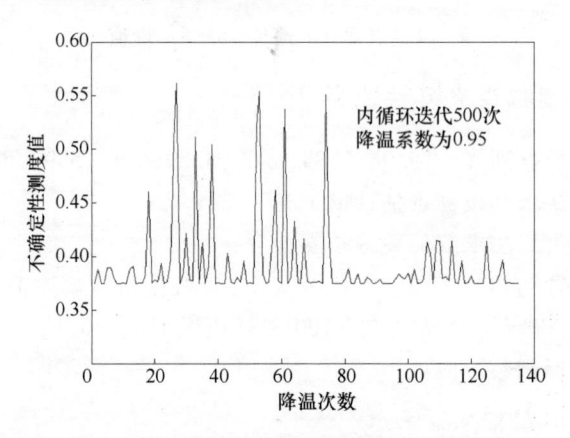

图 5-10 模糊点估计的模拟退火收敛曲线

5.4.2 基于模糊信息扩散原理的参数点估计模型

5.4.2.1 基于信息扩散原理的试验数据参数估计

对于试验数据列 $X = \{x_1, x_2, \cdots, x_n\}$，求其数学期望作为点估计值。根据正态扩散估计过程得到试验数据列的扩散估计值 $\tilde{f}(x_i)$（$i =$

$1,2,\cdots,n$),据此计算每个离散试验数据值出现的密度,即有

$$p_i = \frac{\tilde{f}(x_i)}{\sum_{j=1}^{n}\tilde{f}(x_j)} \quad i = 1,2,\cdots,n \tag{5-28}$$

则有基于信息扩散原理的试验数据参数点估计算式,即

$$\tilde{x} = \sum_{i=1}^{n} x_i \cdot p_i = \sum_{i=1}^{n} x_i \cdot \frac{\tilde{f}(x_i)}{\sum_{j=1}^{n}\tilde{f}(x_j)} \tag{5-29}$$

5.4.2.2 应用实例

对于5.4.1节中的某干扰装备的等效辐射功率测试数据列 $X = \{5.96, 5.84, 6.08, 5.89, 6.11, 5.99, 6.02\}$,进行基于信息扩散原理的试验数据参数估计,其具体步骤如下:

(1)数据样本量 $n=7$,查表5-3得到标准正态信息扩散估计系数 $\alpha = 1.445461$。

(2)上述试验数据列最大观测值为 $b = 6.11$,最小观测值为 $a = 5.84$,则可得到标准正态扩散窗宽为

$$h = \frac{\alpha(b-a)}{n-1}$$

$$= \frac{1.445461 \times (6.11 - 5.84)}{7-1} = 0.065045745$$

(3)有正态扩散母体概率密度估计函数为

$$\tilde{f}(x) = \frac{1}{\sqrt{2\pi}nh} \sum_{j=1}^{n} \exp\left(-\frac{(x-x_j)^2}{2h^2}\right)$$

$$= 0.8761796 \sum_{j=1}^{7} \exp(-118.1767983(x-x_j)^2)$$

其形状如图5-11所示。

(4)根据上式得到试验数据列各点的正态扩散估计为

$$\tilde{f}(x_1) = 3.1085, \tilde{f}(x_2) = 1.7695, \tilde{f}(x_3) = 2.7460$$

$$\tilde{f}(x_4) = 2.4221, \tilde{f}(x_5) = 2.2245, \tilde{f}(x_6) = 3.2780$$

$$\tilde{f}(x_7) = 3.2834$$

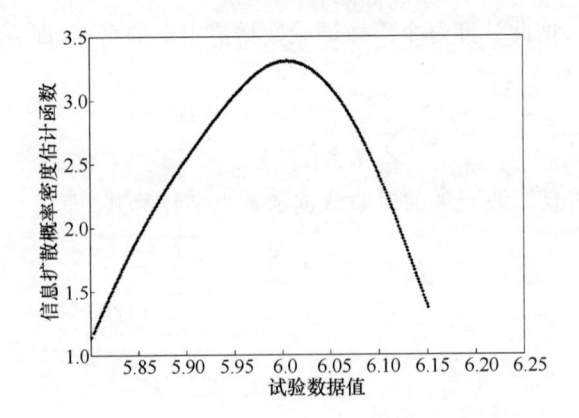

图 5-11　正态扩散母体概率密度估计函数

（5）计算各个试验数据的权值为

$p_1 = 0.1649$，$p_2 = 0.0939$，$p_3 = 0.1457$，$p_4 = 0.1295$

$p_5 = 0.1180$，$p_6 = 0.1739$，$p_7 = 0.1741$

（6）试验数据列所属母体的标准正态信息扩散估计为

$$\tilde{x} = \sum_{i=1}^{n} x_i p_i = 5.9905$$

特别地，假设该试验数据列服从正态分布，根据"3σ"准则，数据的区间估计为 $[5.69, 6.28]$。此时，将上述试验数据列中的数据 6.02 更换为 6.50，即对数据列 $X = \{5.96, 5.84, 6.08, 5.89, 6.11, 5.99, 6.50\}$ 进行基于信息扩散原理的试验数据参数估计。步骤同上，关键数据如下：

标准正态扩散窗宽为 $h = 0.15900071$；正态扩散母体概率密度估计函数为

$$\tilde{f}(x) = 0.358437 \sum_{j=1}^{7} \exp(-19.777522(x - x_j)^2)$$

其形状如图 5-12 所示。

试验数据列各点的正态扩散估计为

$\tilde{f}(x_1) = 1.8059$，$\tilde{f}(x_2) = 1.3984$，$\tilde{f}(x_3) = 1.5867$

$\tilde{f}(x_4) = 1.6324$，$\tilde{f}(x_5) = 1.4499$，$\tilde{f}(x_6) = 1.8114$

$\tilde{f}(x_7) = 0.3906$

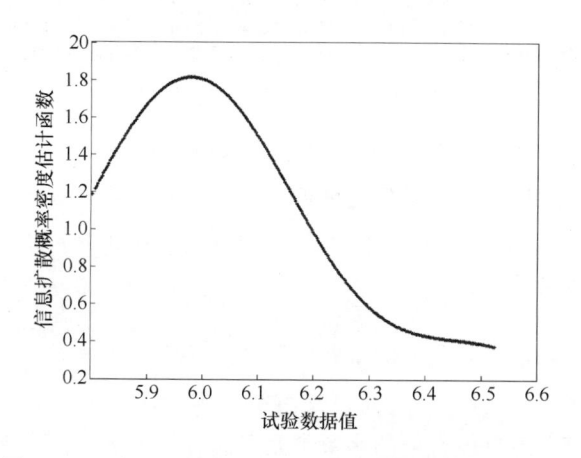

图 5-12 含误差数据的正态扩散母体概率密度估计函数

各个试验数据的权值为

$p_1 = 0.1792$, $p_2 = 0.1388$, $p_3 = 0.1575$, $p_4 = 0.1620$
$p_5 = 0.1439$, $p_6 = 0.1798$, $p_7 = 0.0388$

则有试验数据列所属母体的标准正态信息扩散估计 $\tilde{x} = 5.9988$。

可以看出,虽然原始试验数据列中存在误差比较大的数据,但是信息扩散估计结果仍然较好,这说明信息扩散估计具有比较好的抗干扰能力。由上述计算过程可以看出,信息扩散估计在进行参数估计前先估计出了正态扩散母体概率密度估计函数,对比图 5-11 和图 5-12 可以看出分布特征,继而给误差数据分配的基于信息扩散估计概率密度的权值较小,从而使得该算法具有抗干扰性。

5.4.3 基于模糊隶属度的区间估计模型与实例

将基于战术技术指标的电子装备试验数据从小到大进行排序,得到试验数据列为 $X = \{x_1, x_2, \cdots, x_n\}$,又假设与 $x_i (i=1,2,\cdots,n)$ 同一数量级的数 a 和 b,并有 $a < x_1$ 和 $b > x_n$,则可以在模糊论域 $U = [a,b]$ 上对试验数据列 X 进行一定截集水平下的区间估计。

在论域 U 的模糊子集 $\tilde{A}$ 上,对于以数据 x_i 为中心的区间 $[x_i - \delta_i, x_i + \delta_i]$ 中包括试验数据的个数为 k,则 k/n 可以表示为 $[x_i - \delta_i, x_i + \delta_i]$ 对于模糊子集 $\tilde{A}$ 的隶属频率,当 n 充分大时,k/n 将稳定在某一个数值

附近,这个数值就是$[x_i-\delta_i,x_i+\delta_i]$对于模糊子集$\widetilde{A}$的隶属度。但是由于试验样本数的限制,实际上是不可能通过该过程来求取隶属度。由于隶属函数是模糊子集$\widetilde{A}$上的连续函数,根据问题的实际情况,通常选择满足上述过程要求的函数类来近似反映隶属函数的分布特征。假设以区间$[x_i-\delta_i,x_i+\delta_i]$的中点数据$x_i$为节点,可取得$r$组对隶属函数的拟合数据点,即

$$\left(x_i,\frac{k_i}{n}\right) \quad i=1,2,\cdots,r \tag{5-30}$$

根据该式画出散点图,通过观察初步确定函数的分布特征。此处假设符合散点图总体特征的函数类是正态分布函数类,其表达式为

$$\varphi(x)=e^{-\frac{(x-\mu)^2}{2\sigma^2}} \tag{5-31}$$

式中:参数σ、μ为拟合系数。这时可确定模糊子集$\widetilde{A}$的一个近似隶属函数$\varphi(x)$,φ就是论域U上的一个模糊数。假设一个置信水平$\xi(0\leqslant\xi\leqslant 1)$,则在该置信水平下的截集$\varphi_\xi$就是试验数据列的模糊估计区间。

例如:经过从小到大排序后的试验数据列$X=\{19.2,19.6,19.6,19.6,19.7,19.7,19.8,19.8,20.0,20.0,20.3,20.7\}$,首先对试验数据适当分组,分为$(18.9,19.1]$、$(19.1,19.5]$、$(19.5,19.7]$、$(19.7,20.0]$、$(20.0,20.5]$、$(20.5,20.7]$、$(20.7,20.9]$;其次,根据实际试验数据和分组求取离散数据点,此处为$(19.0,0)$、$(19.3,0.08333)$、$(19.6,0.41667)$、$(19.85,0.33333)$、$(20.25,0.08333)$、$(20.6,0.08333)$和$(20.8,0)$。

基于遗传算法利用这 7 个数据对拟合上述近似模糊隶属函数$\varphi(x)$,拟合系数σ、μ的染色体分别用 10 位表示,其适应度值为$\varepsilon=1-\frac{1}{7}\sum_{i=1}^{7}\left(\varphi(x_i)-\frac{k_i}{n}\right)^2$,其他步骤类似 5.4.1 节。

停止遗传后,本问题进化过程中的适应度值曲线如图 5-13 所示,最大适应度值 0.8550 对应于试验数据列模糊区间估计的最小均方误差,对应适应度值的染色体为所求的解,即得到计算结果最优值为$\mu=20.1$、$\sigma=0.3347$。

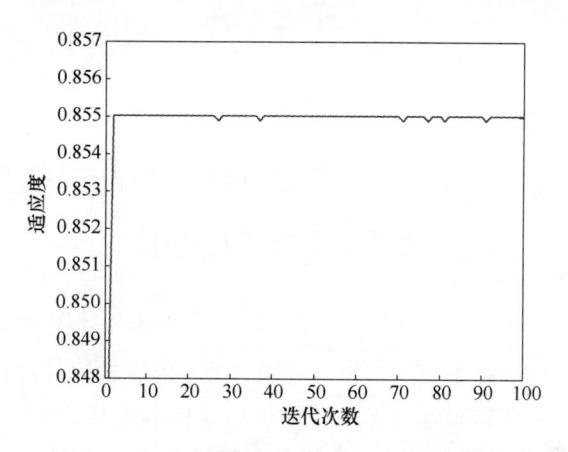

图 5-13　基于模糊区间估计的适应度值曲线

于是有近似模糊隶属函数为

$$\varphi(x) = e^{-\frac{(x-20.1)^2}{2 \times 0.3347^2}} = e^{-\frac{(x-20.1)^2}{0.2240}}$$

其图形如图 5-14 所示,其中最优值 μ = 20.1 可以看作是试验数据列 X 的模糊点估计值。取水平 α = 0.2,则可以得到试验数据列 X 的模糊估计区间为 [19.499, 20.701];取水平 α = 0.35,则可以得到试验数据列 X 的模糊估计区间为 [19.6146, 20.5854]。

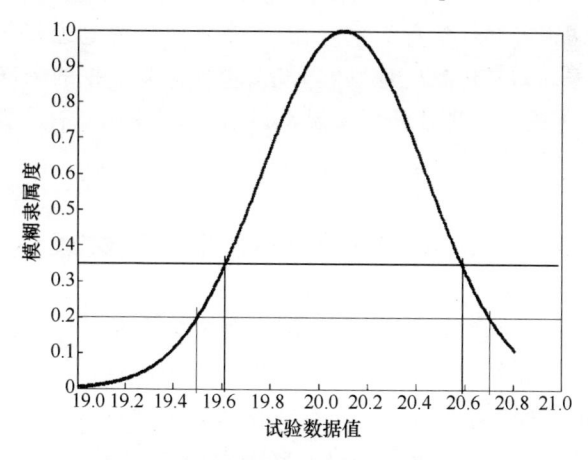

图 5-14　模糊区间估计的近似隶属度曲线

第6章 基于未确知有理数的试验数据分析理论与应用

中国工程院院士王光远教授在其专著《工程软设计理论》中提出:目前人们已经认识到客观世界所提供的信息中还有另一种不确定性信息,这表现在有些事物本身,虽然既无随机性又无模糊性,客观上是一种不确定性事物,但决策者纯粹由于主观原因而对该事物认识不清,也就是说,该事物对决策者只提供了一个不完整的信息。当然,在决策中必须使用这种信息时就必须考虑它的不确定性,而不能把它作为确定性信息处理。这种主观的、认识上的不确定性,称为未确知性。在电子装备试验与训练活动中,由于试验技术水平和试验条件的限制,试验决策者对试验电磁环境、电子装备系统之间的相互作用、电子装备的作战态势、电子装备的真实作战效能等不能完全把握,因此试验决策者纯主观认识上的未确知性信息大量存在,本章重点研究电子装备小样本试验数据的未确知性信息处理基本方法,包括试验数据的未确知有理数表达、基于未确知有理数的粗大误差判别、基于未确知有理数的参数估计方法等。

6.1 试验数据的未确知有理数表达

"在进行某种决策时,所研究和处理的某些因素和信息可能既无随机性又无模糊性,但决策者由于条件的限制而对它们认识不清。也就是说,所掌握的信息不足以确定事物的真实状态和数量关系。这种纯主观上、认识上的不确定性信息称为未确知信息"(王光远)。未确知性信息处理主要是以基于未确知有理数的数学表达来进行的,本节介绍电子装备小样本试验数据的未确知有理数表达模型和构造方法。

6.1.1 未确知有理数的定义

未确知信息是纯主观上、认识上的不确定性信息,它既无随机性又无模糊性,客观上是一种确定性事物,决策者由于条件的限制而对所研究和处理的某些因素和信息认识不清,所掌握的信息不足以确定事物的真实状态和数量关系。可见未确知信息的内涵是:不管事物本身是确定还是不确定,但是决策者对事物的真实状态认识不清、不足,部分已知、部分未知。因此,有下述定义:

定义 6-1 设 x 是试验或观测结果,U 为非空 Cantor 集合,A 是 U 的子集,$x \in A \subset U$,$x \in A$ 的可能性为 $\alpha_i \in [0,1]$,且有 $\sum \alpha_i = \alpha$,通常 $0 < \alpha < 1$,则称 x 提供的信息为未确知信息。

未确知信息的"部分已知、部分未知"和灰色系统理论的"部分已知、部分未知"在性质上是相同的,都是知道一部分,但又不是能全部把握,但是二者又有重要的区别。其区别表现在灰色系统理论"部分已知、部分未知"的已知部分要少于未确知信息,也就是说,从信息的外延来看,未确知信息比灰色信息增加了"确定"的含量。例如,表达电子装备某种性能的区间灰数 $[a,b]$,可以知道装备的该性能值落在区间 $[a,b]$ 上;如果除了知道装备的该性能值落在区间 $[a,b]$ 上之外,还能知道在该区间上该性能值的某种分布,这种情况下表达的信息就是一个未确知信息。

一般用未确知有理数来描述未确知信息。首先介绍一阶未确知有理数,有以下定义:

定义 6-2 设 α 为任意实数,$0 < \alpha \leq 1$,称 $[[a,a], \varphi(x)]$ 为一阶未确知有理数,其中

$$\varphi(x) = \begin{cases} \alpha & x = a \\ 0 & x \neq a, x \in R \end{cases} \quad (6-1)$$

该定义的直观意义就是变量 x 在区间 $[a,a]$ 内取值,且 $x = a$ 的可信度为 $\varphi(x) = \alpha$。其本质描述就是当 $\alpha = 1$ 时,表示 $x = a$ 的可信度为 100%,当 $\alpha = 0$ 时,表示 $x \neq a$ 的可信度为 0。

该定义的本质内涵也就像在电子装备试验活动中,用某个实数 a

来反映装备的某种性能指标,可以百分之百地认为装备的某种性能指标值就是 a,非 a 之外的实数来反映装备该种性能指标的可信度为 0。

在目前的电子装备试验活动中,如果需要确定某雷达对某种信号的探测距离,通常是试验 n 次,然后取 n 次的算术平均值来表示该雷达的探测距离。例如,进行了 4 次飞行试验,试验结果表明雷达的探测距离分别为 15.8km、16.0km、16.1km 和 16.1km,假设这 4 个数据服从正态分布,通过求均值消除这 4 个数据携带的随机误差,得到该雷达的探测距离为 16.0km。但是从根本上来讲,用 16.0km 这个确定的实数来表明该雷达的探测距离不能说明能达到多大的可信程度,并且有概率分布这个前提假设条件。不对试验数据的概率分布进行假设,可以看出该雷达的探测距离在 15.8~16.1km 区间内,而且取值 15.8km 的可能性为 1/4、取值 16.0km 的可能性为 1/4、取值 16.1km 的可能性为 1/2。当然这里分别得到 4 个数据取值可能性的依据是试验人员认为 4 次试验能充分地反映该雷达的探测距离,探测距离只能由这 4 个数据进行处理后得到。因此,4 个数据的总可能性为 1。这样可以用下述 3 阶未确知有理数来表达该雷达的探测距离,即

$$\begin{cases} A = [[15.8, 16.1], \varphi(x)] \\ \varphi(x) = \begin{cases} \dfrac{1}{4} & x = 15.8 \\ \dfrac{1}{4} & x = 16.0 \\ \dfrac{1}{2} & x = 16.1 \\ 0 & 其他 \end{cases} \end{cases}$$

用这种表达方式来表示该雷达的探测距离,所有的试验信息无遗漏,也没有概率分布假设条件,用它来进行后续的装备作战效能评估等问题的运算可以减少误差累积。从这个表达式也可以看出,实数是一种特殊的未确知有理数。

定义 6-3 对于试验数据列 $X_1, X_2, \cdots, X_n$,构造一个取值闭区间 $[a, b]$,使得 $a = X_1 < X_2 < \cdots < X_n = b$,从而可以构成一个 n 阶未确知有

理数$[[a,b],\varphi(X)]$,其中$\varphi(X)$为可信度分布密度函数,并满足

$$\varphi(X) = \begin{cases} \alpha_i & X = X_i(i=1,2,\cdots,n) \\ 0 & \text{其他} \end{cases} \quad (6-2)$$

式中:α_i为数据取值X_i的可信度,并有$\sum_{i=1}^{n}\alpha_i = \alpha, 0 < \alpha \leq 1$为总可信度;$[a,b]$为取值区间。

n阶未确知有理数基于数据取值的可信度合理地描述了试验数据的不确定性。当$n=1$时,即为一阶未确知有理数;当$n=1$且$\alpha=1$时,即为实数的n阶未确知有理数表达形式。

在电子装备的试验与训练活动中,用n阶未确知有理数来表达装备的性能指标数据,n越大,表示对该性能指标的刻画越精细,也说明该性能指标的不确定程度越高。

6.1.2 小样本试验数据的未确知有理数构造模型

在电子装备试验与训练活动中,多次试验测试得的初始数据往往各不相同,每一个测试值都代表着对电子装备战术技术性能或作战能力的认识。由前一节分析可知,常规的初始数据处理方法是通过取均值来抵消随机误差,结果用一个实数表示,这种方法虽然很通用并很有实效,但是随机误差抵消了多少以及均值的可信程度并不清楚。而使用未确知有理数可以有效地利用所有可能正确的信息,并衡量不同取值的可信度,而且不需要对试验数据的概率分布进行假设。

假设反映电子装备战术技术性能或作战能力指标的试验测试数据为$X = \{x_1, x_2, \cdots, x_m\}$,则可以利用这$m(m>n)$个测试数据来构造一个$n$阶未确知有理数,记为$[[a,b],\varphi(x)]$,其中

$$a = \min\{x_1, x_2, \cdots, x_m\} \quad (6-3)$$

$$b = \max\{x_1, x_2, \cdots, x_m\} \quad (6-4)$$

$$\varphi(x) = \begin{cases} \dfrac{\beta_i}{\sum_{i=1}^{n}\beta_i} & x = x_i(i=1,2,\cdots,n) \\ 0 & \text{其他} \end{cases} \quad (6-5)$$

式中:β_i为测试数据领域$|x - x_i| \leq \lambda$中以x_i为中心点的测试数据个

数,其中 λ 为数据领域控制半径。可以通过选取不同的控制半径 λ 来控制未确知有理数的阶数,阶数越大,表明对电子装备战术技术性能或作战能力指标的刻画表示越精细,同时也表明其不确定性程度越高。阶数越小,要么实际的试验次数较少,要么就是控制半径较大,表明反映电子装备战术技术性能或作战能力指标的不确定性程度较小。控制半径的选择可以根据实际数据背景来进行,一般达到 3 阶到 5 阶未确知有理数的表达方式即可,未确知有理数的阶数太低了,就不能反映试验数据指标的不确定性程度,阶数太高了,会带来很大的计算量。

在实际的应用过程中,还可以通过选取不同的控制半径 λ 来对试验数据的处理结果进行不确定性分析。

6.2 未确知有理数的数学运算

设 $A = [[x_1, x_k], f(x)]$ 和 $B = [[y_1, y_m], g(y)]$ 表示未确知有理数,其中

$$f(x) = \begin{cases} f(x_i) & x = x_i (i = 1, 2, \cdots, k) \\ 0 & 其他 \end{cases} \quad (6-6)$$

$$g(y) = \begin{cases} g(y_i) & y = y_i (i = 1, 2, \cdots, m) \\ 0 & 其他 \end{cases} \quad (6-7)$$

并有 $0 < \sum_{i=1}^{k} f(x_i) \leq 1$ 和 $0 < \sum_{i=1}^{m} g(y_i) \leq 1$。下面分别介绍未确知有理数 A 和 B 之间的加、减、乘、除等算法。

6.2.1 未确知有理数的加(减)运算

已知未确知有理数 A 和 B,求 $A + B$?首先对 A 和 B 的所有可能值进行求和运算,得到可能值带边和矩阵;然后对所有可信度值进行乘法运算,得到可信度带边积矩阵;最后对这两个矩阵的对应元素进行一定的处理得到 $A + B$ 的可能值及其可信度值,具体步骤如下:

6.2.1.1 可能值带边和矩阵

A 和 B 的可能值带边和矩阵如表 6-1 所列,表中 $x_1, \cdots, x_i, \cdots, x_k$

和 $y_1,\cdots,y_j,\cdots,y_m$ 分别称为 A 和 B 的可能值序列,通常由小到大进行排列。

表 6-1 A 和 B 的可能值带边和矩阵

+	y_1	$\cdots$	y_j	$\cdots$	y_m
x_1	x_1+y_1	$\cdots$	x_1+y_j	$\cdots$	x_1+y_m
$\vdots$	$\vdots$	$\vdots$	$\vdots$	$\vdots$	$\vdots$
x_i	x_i+y_1	$\cdots$	x_i+y_j	$\cdots$	x_i+y_m
$\vdots$	$\vdots$	$\vdots$	$\vdots$	$\vdots$	$\vdots$
x_k	x_k+y_1	$\cdots$	x_k+y_j	$\cdots$	x_k+y_m

令表 6-1 中 $a_{ij}=x_i+y_j(i=1,2,\cdots,k;j=1,2,\cdots,m)$,则 A 和 B 的可能值和矩阵为

$$X=\begin{bmatrix} a_{11} & a_{12} & \cdots & a_{1m} \\ \vdots & \vdots & & \vdots \\ a_{i1} & a_{i2} & \cdots & a_{im} \\ \vdots & \vdots & & \vdots \\ a_{k1} & a_{k2} & \cdots & a_{km} \end{bmatrix}$$

6.2.1.2 可信度带边积矩阵

A 和 B 的可能值带边积矩阵如表 6-2 所列,表中 $f(x_1),f(x_2),\cdots,f(x_i),\cdots,f(x_k)$ 和 $g(y_1),\cdots,g(y_j),\cdots,g(y_m)$ 分别称为 A 和 B 的可信度序列。

表 6-2 A 和 B 的可信度带边积矩阵

×	$g(y_1)$	$\cdots$	$g(y_j)$	$\cdots$	$g(y_m)$
$f(x_1)$	$f(x_1)g(y_1)$	$\cdots$	$f(x_1)g(y_j)$	$\cdots$	$f(x_1)g(y_m)$
$\vdots$	$\vdots$	$\vdots$	$\vdots$	$\vdots$	$\vdots$
$f(x_i)$	$f(x_i)g(y_1)$	$\cdots$	$f(x_i)g(y_j)$	$\cdots$	$f(x_i)g(y_m)$
$\vdots$	$\vdots$	$\vdots$	$\vdots$	$\vdots$	$\vdots$
$f(x_k)$	$f(x_k)g(y_1)$	$\cdots$	$f(x_k)g(y_j)$	$\cdots$	$f(x_k)g(y_m)$

令表6-2中$b_{ij}=f(x_i)\cdot g(y_j)(i=1,2,\cdots,k;j=1,2,\cdots,m)$，则 A 和 B 的可信度积矩阵为

$$F=\begin{bmatrix} b_{11} & b_{12} & \cdots & b_{1m} \\ \vdots & \vdots & \vdots & \vdots \\ b_{i1} & b_{i2} & \cdots & b_{im} \\ \vdots & \vdots & \vdots & \vdots \\ b_{k1} & b_{k2} & \cdots & b_{km} \end{bmatrix}$$

6.2.1.3 未确知有理数 $A+B$

上述可能值和矩阵 X 中第 i 行第 j 列元素与可信度积矩阵 F 中第 i 行第 j 列元素称为相应元素，其所在位置称为相应位置。

将可能值和矩阵 X 中的因素 a_{ij} 按从小到大的顺序排成一列 $\bar{x}_1$，$\bar{x}_2,\cdots,\bar{x}_l$，其中相同的因素算作一个；可信度积矩阵 F 中与 $\bar{x}_i(i=1,2,\cdots,l)$ 的相应元素排成一个序列 $\bar{k}_1,\bar{k}_2,\cdots,\bar{k}_l$，其中当 $\bar{x}_i$ 表示可能值和矩阵 X 中 M 个相同元素时，$\bar{k}_i$ 表示这 M 个相同元素在可信度积矩阵 F 中的相应位置元素之和。那么称未确知有理数 $C=[[\bar{x}_1,\bar{x}_l],\bar{f}(x)]$ 为 A 和 B 的和运算，记为 $C=A+B$，其中 $[\bar{x}_1,\bar{x}_l]$ 称为 $A+B$ 的可能值区间或分布区间，$\bar{f}(x)$ 为其可信度分布密度函数，记为

$$\bar{f}(x)=\begin{cases} \bar{k}_i & x=\bar{x}_i(i=1,2,\cdots,l) \\ 0 & \text{其他} \end{cases} \qquad (6-8)$$

由上述运算步骤很容易看出，未确知有理数 A 和 B 的加法满足交换律，即 $A+B=B+A$；未确知有理数 A、B 和 C 的加法满足结合律，即 $(A+B)+C=A+(B+C)$。

对于未确知有理数 A 和 B 的减法，即求 $A-B$，首先求 A 和 B 的可能值带边差矩阵如表6-3所列，令表6-3中 $a_{ij}=x_i-y_j(i=1,2,\cdots,k;j=1,2,\cdots,m)$，则可得 A 和 B 的可能值差矩阵 X，其他步骤与未确知有理数的加法运算相同。

表6-3　A 和 B 的可能值带边差矩阵

-	y_1	...	y_j	...	y_m
x_1	x_1-y_1	...	x_1-y_j	...	x_1-y_m
⋮	⋮	⋮	⋮	⋮	⋮
x_i	x_i-y_1	...	x_i-y_j	...	x_i-y_m
⋮	⋮	⋮	⋮	⋮	⋮
x_k	x_k-y_1	...	x_k-y_j	...	x_k-y_m

未确知有理数 A 和 B 的减法 $A-B$，实际上就是未确知有理数 A 和 $-B$ 的加法 $A+(-B)$，其中未确知有理数 $-B$ 和 B 的分布区间关于坐标原点对称，分布密度函数的图像关于 y 轴对称。

6.2.2　未确知有理数的乘(除)运算

未确知有理数 A 和 B 的乘法运算，即求 $A\times B$？与未确知有理数的加(减)法不同之处在于，加(减)法针对可能值求带边和(差)矩阵，乘法是求 A 和 B 的可能值带边积矩阵，如表6-4所列，其他运算步骤相同。

表6-4　A 和 B 的可能值带边积矩阵

×	y_1	...	y_j	...	y_m
x_1	$x_1 \cdot y_1$	...	$x_1 \cdot y_j$	...	$x_1 \cdot y_m$
⋮	⋮	⋮	⋮	⋮	⋮
x_i	$x_i \cdot y_1$	...	$x_i \cdot y_j$	...	$x_i \cdot y_m$
⋮	⋮	⋮	⋮	⋮	⋮
x_k	$x_k \cdot y_1$	...	$x_k \cdot y_j$	...	$x_k \cdot y_m$

令表6-4中 $a_{ij}=x_i \cdot y_j (i=1,2,\cdots,k; j=1,2,\cdots,m)$，则可以得到 A 和 B 的可能值积矩阵 **X**。由 a_{ij} 的表达式可以证明，未确知有理数 A 和 B 的乘法满足交换律，即 $A\times B=B\times A$；未确知有理数 A、B 和 C 的乘法满足结合律，即 $(A\times B)\times C=A\times(B\times C)$。

同理，对于未确知有理数 A 和 B 的除法运算 $A\div B$，只要求出 A 和 B 的可能值带边商矩阵，如表6-5所列，其他运算步骤与未确知有理数的加(减)法、乘法相同。

表 6-5 A 和 B 的可能值带边商矩阵

÷	y_1	⋯	y_j	⋯	y_m
x_1	x_1/y_1	⋯	x_1/y_j	⋯	x_1/y_m
⋮	⋮	⋮	⋮	⋮	⋮
x_i	x_i/y_1	⋯	x_i/y_j	⋯	x_i/y_m
⋮	⋮	⋮	⋮	⋮	⋮
x_k	x_k/y_1	⋯	x_k/y_j	⋯	x_k/y_m

6.2.3 未确知有理数的大小关系

对于未确知有理数 $A=[[x_1,x_k],f(x)]$，如果 $x_1>0$ 成立，显然有 $A>0$；若 $x_1=x_k=0$，则有 $A=0$；若 $x_k<0$，则有 $A<0$。在电子装备试验与训练活动中，大多数情况是讨论 $A>0$ 的未确知有理数，如对于某电子侦察装备的侦察概率，可以将其描述为 $A=[[0.7,0.85],f(x)]$；当然也有 $A<0$ 的情况，如可以用未确知有理数 $A=[[-95,-92],f(x)]$(dB)来描述某接收机的灵敏度。

对于任意未确知有理数 A、B 和 C，令 $A=B-C$，若有 $A>0$、$A=0$ 或 $A<0$ 成立，则定义 $B>C$、$B=C$ 和 $B<C$。但是在实际工程应用中，更多的是 $x_1<0$ 或 $x_k>0$ 的情况，从可信度的角度出发，给出以下定义：

定义 6-4 设 $B=[[x_1,x_k],f(x)]$ 和 $C=[[y_1,y_m],g(y)]$ 为未确知有理数，并有 $\sum f(x_i)=\alpha$ 和 $\sum g(y_j)=\beta$，令

$$P(B-C>0)=\sum_{x_i-y_j>0}f(x_i)g(y_j) \qquad (6-9)$$

则有：

① 若 $P(B-C>0)=\alpha\cdot\beta$，则称 $B>C$；

② 若 $P(B-C>0)=0$，则称 $B\leqslant C$；

③ 若 $0<P(B-C>0)<\alpha\cdot\beta$，则称 $B>C$ 的可信度为 $P(B-C>0)$。

6.3 基于未确知有理数的粗大误差判别

在电子装备试验与训练活动中，本节基于未确知有理数的构造原

理研究试验数据列粗大误差的判别原理,并通过实例说明其合理性和可行性。

6.3.1 基于未确知有理数的判别原理

判别试验数据是否含有粗大误差的方法很多,如格拉布斯(Grubbs)判别准则和 t 判别准则。实质上,可以把反映装备性能的一组试验数据看成是一个未确知有理数来进行相应的处理。

设针对电子装备某一性能的连续 n 次试验数据为 $x_1,\cdots,x_n$,表达为一个未确知有理数为

$$A = [[\min_{1 \leq i \leq n} x_i, \max_{1 \leq i \leq n} x_i], \varphi(x)]$$

式中: $\varphi(x)$ 为装备性能数据真值的可信度分布密度函数。

如何定义 $\varphi(x)$ 使之具有能判别试验数据是否含有粗大误差的功能是问题的关键。

对粗大误差的产生原因进行分析可以发现:如果数据 x_i 是由于过失误差所致,则数据 x_i 是孤立的,在 x_i 的某领域内的 $x_j (1 \leq j \leq n, j \neq i)$ 个数为零;如果数据 x_i 是由于随机波动特性所致,则在 x_i 的某领域内的 $x_j (1 \leq j \leq n, j \neq i)$ 个数会越来越多。由此可以定义 $\varphi(x)$,当数据 x_i 领域内的 $x_j (1 \leq j \leq n, j \neq i)$ 个数多时,则认为 x_i 的可信度就大,反之 x_i 的可信度就小。具体定义为

$$\varphi(x) = \begin{cases} \dfrac{\xi_i}{\sum_{i=1}^{n} \xi_i} & x = x_i (i = 1,2,\cdots,n) \\ 0 & \text{其他} \end{cases} \quad (6-10)$$

式中: ξ_i 为数据 x_i 领域 $|x - x_i| \leq \lambda$ 中包含 $x_j (1 \leq j \leq n, j \neq i)$ 的个数,其中 λ 称为领域半径。因此,可以得出基于未确知有理数的粗大误差判别流程,如图 6-1 所示。

由图 6-1 可以看出,使用基于未确知有理数的粗大误差判别方法的关键是确定数据的领域半径。对于不同的试验数据列,确定了领域半径后,就可以很容易地进行粗大误差的判别,而且该方法也不需要假设试验数据列的概率分布。

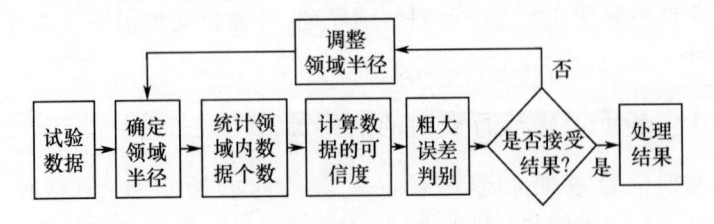

图 6-1 基于未确知有理数的粗大误差判别流程

6.3.2 领域半径的确定模型与仿真

对反映电子装备某一性能的连续 n 次试验数据从小到大进行排列,得到数据列 $x_1,\cdots,x_n$,即有 $x_1 \leqslant x_2 \leqslant \cdots \leqslant x_n$。数据列的标准差为

$$s = \sqrt{\frac{1}{n-1}\sum_{i=1}^{n}(x_i - \bar{x})} \quad (6-11)$$

式中: $\bar{x} = \frac{1}{n}\sum_{i=1}^{n} x_i$。

令领域半径为

$$\lambda = c \cdot s = c \cdot \sqrt{\frac{1}{n-1}\sum_{i=1}^{n}(x_i - \bar{x})} \quad (6-12)$$

式中: c 为试验数据的概率分布系数。

这里假设试验数据概率分布的目的是基于该假设产生仿真试验数据,通过大量的仿真计算求得合适的领域半径确定公式。

仿真试验数据的产生原则是基于粗大误差的精细准则。精细判别准则建立在对学生化残差绝对值统计分析的基础上,确定显著水平 α,查表 6-6 得到临界值 $L(\alpha,n)$,若统计量

$$\frac{\max|x_i - \bar{x}|}{s} > L(\alpha,n) \quad (6-13)$$

则认为对应的测量值 x_i 含有粗大误差,应予以剔除;否则为正常数据。

下面假设试验数据的概率分布,依据上述精细准则控制粗大误差的产生进行蒙特卡罗仿真生成试验数据列,然后确定相应的领域半径。

表6-6 粗大误差判别精细准则的临界值

n	α 0.05	α 0.01	n	α 0.05	α 0.01
3	1.15	1.15	8	2.12	2.27
4	1.48	1.50	9	2.20	2.38
5	1.71	1.76	10	2.28	2.48
6	1.88	1.97	15	2.55	2.81
7	2.02	2.14	20	2.71	3.00

这里假设生成 n 个试验数据,并假设误差判别的显著水平 $\alpha = 0.05$,则根据表6-6查得相应的 $L(\alpha,n)$,则对任意一组排序后的数据列 $x(1),\cdots,x(n)$,有 $x(1) \leq x(2) \leq \cdots \leq x(n)$,对该序列进行1阶累加生成,得到数据列

$$x^{(1)} = (x^{(1)}(1), x^{(1)}(2), \cdots, x^{(1)}(n))$$
$$= (x(1), x(1)+x(2), \cdots, x(1)+x(2)+\cdots+x(n)) \quad (6-14)$$

定义

$$\Delta(k) = \frac{x^{(1)}(n)}{n}k - x^{(1)}(k) \quad (6-15)$$

来描述试验数据值和理想值之间的差异程度,如图6-2所示,则令误差判别时的领域半径 λ 为

$$\lambda = \Delta_{\max} = \max(\Delta(1), \Delta(2), \cdots, \Delta(n)) \quad (6-16)$$

式中: $k = 1, 2, \cdots, n-1$,则通过

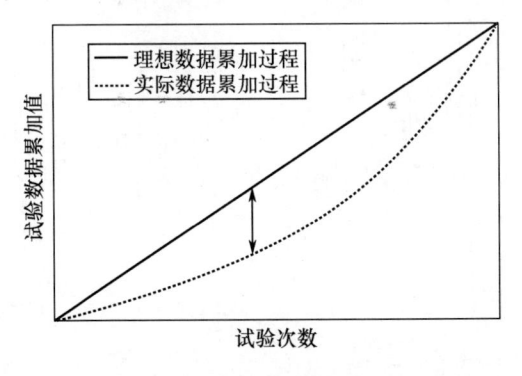

图6-2 试验数据累加序列图

$$\Delta_{\max} = c \cdot \sqrt{\frac{1}{n-1}\sum_{i=1}^{n}(x_i - \bar{x})}$$

得出基于任意一组数据列的概率分布系数为

$$c_m = \frac{\Delta_{\max}}{\sqrt{\frac{1}{n-1}\sum_{i=1}^{n}(x_i - \bar{x})}} \quad (6-17)$$

针对 c_m 进行足够量的蒙特卡罗仿真,可以得出在假设数据的概率分布条件下使用基于未确知有理数的粗大误差判别方法时的概率分布系数 c。在进行实际的试验数据列粗大误差判别时,根据 c 的值就可以确定领域半径。

下列仿真均基于 10 个试验数据,并假设误差判别的显著水平 $\alpha = 0.05$,则有 $L(\alpha, n) = 2.28$;每种概率分布的仿真进行了 200 次,每次仿真的结果都是 100 个数据的均值。

6.3.2.1 正态分布

产生服从正态分布的 10 个仿真试验数据,所求的基于未确知有理数判别法的概率分布系数的分布如图 6-3 所示,其中概率分布系数最大值 $c_{\max} = 0.837$、最小值 $c_{\min} = 0.3811$ 以及均值 $c_{\text{mean}} = 0.5388$。

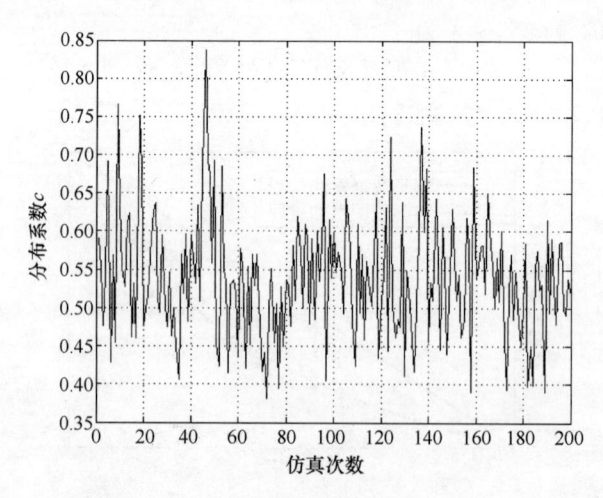

图 6-3 正态分布下概率分布系数分布

6.3.2.2 瑞利分布

产生服从瑞利分布的 10 个仿真试验数据,所求的概率分布系数分布如图 6 - 4 所示,其中概率分布系数最大值 c_{max} = 1.1404、最小值 c_{min} = 0.1236 以及均值 c_{mean} = 0.4766。

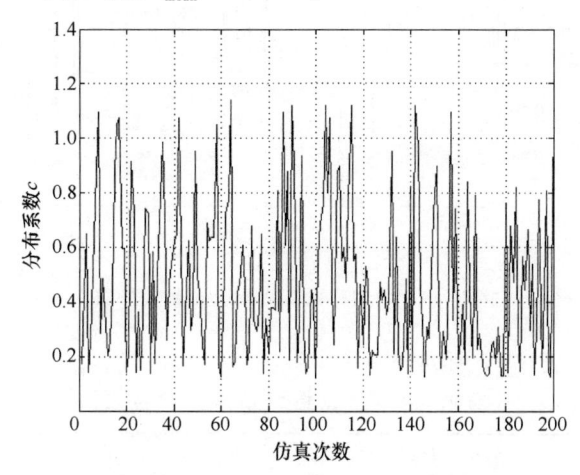

图 6 - 4 瑞利分布下概率分布系数分布

6.3.2.3 均匀分布

产生服从均匀分布的 10 个仿真试验数据,所求的概率分布系数分布如图 6 - 5 所示,其中概率分布系数最大值 c_{max} = 0.6522、最小值 c_{min} = 0.3454 以及均值 c_{mean} = 0.5350。

针对上述 3 种分布的基于未确知有理数判别法的概率分布系数,可以看出其均值十分接近,在实际工程应用中不考虑数据的概率分布而取其平均值,即 c = (0.5388 + 0.4766 + 0.5350)/3 = 0.5168。

另外,这里只是利用精细准则控制粗大误差的产生而生成 10 个仿真试验数据,数据个数、仿真试验数据产生的标准背景等对概率分布系数大小的影响值得进一步深入研究。

6.3.3 等效辐射功率测试数据的粗大误差判别实例

假设对某通信干扰系统的等效辐射功率进行测试,得到其连续的

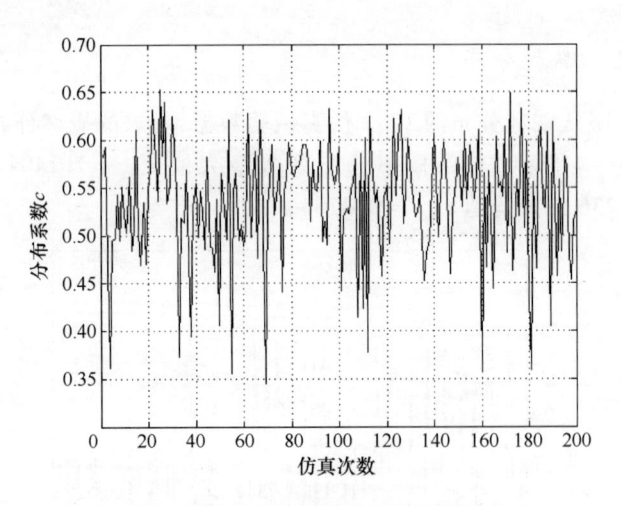

图 6-5 均匀分布下概率分布系数分布

测试数据如表 6-7 所列。

表 6-7 等效辐射功率测试数据

数据序号	1	2	3	4	5
功率/kW	8.31	8.32	8.93	8.3	8.32
数据序号	6	7	8	9	10
功率/kW	8.33	8.35	8.33	8.32	8.34

对等效辐射功率测试数据进行处理,判别测试数据中是否含有粗大误差。由表 6-7 得到 10 个数据:$x_1 = 8.31$、$x_2 = 8.32$、$x_3 = 8.93$、$x_4 = 8.3$、$x_5 = 8.32$、$x_6 = 8.33$、$x_7 = 8.35$、$x_8 = 8.33$、$x_9 = 8.32$ 和 $x_{10} = 8.34$。

利用基于未确知有理数的判别方法,首先求得上述 10 个数据的标准差为 $x_{std} = 0.192$,则可以假设领域半径为

$$\lambda = c \cdot x_{std} = 0.52 \cdot x_{std} \approx 0.1$$

则根据上述原理有 $\xi_1 = 8$、$\xi_2 = 8$、$\xi_3 = 0$、$\xi_4 = 8$、$\xi_5 = 8$、$\xi_6 = 8$、$\xi_7 = 8$、$\xi_8 = 8$、$\xi_9 = 8$ 和 $\xi_{10} = 8$。由 $\varphi(x)$ 的定义可以得到 $\varphi(x_1) = \varphi(x_2) = \varphi(x_4) = \varphi(x_5) = \varphi(x_6) = \varphi(x_7) = \varphi(x_8) = \varphi(x_9) = 1/9$,$\varphi(x_3) = 0$,于是可以将该数据表示成未确知有理数的形式,即

$$\varphi(x) = \begin{cases} 1/9 & x_1 = 8.31 \\ 1/9 & x_2 = 8.32 \\ 0 & x_3 = 8.93 \\ 1/9 & x_4 = 8.3 \\ 1/9 & x_5 = 8.32 \\ 1/9 & x_6 = 8.33 \\ 1/9 & x_7 = 8.35 \\ 1/9 & x_8 = 8.33 \\ 1/9 & x_9 = 8.32 \\ 1/9 & x_{10} = 8.34 \end{cases}$$

则可以判别数据 x_3 是孤立的，x_3 是由于粗大误差所引起的。可以看出，该方法简单可行，不需要假设数据的概率分布条件，具有较强的实践应用价值。

6.4 基于未确知有理数的参数估计

6.4.1 未确知有理数的数学期望

对于 k 阶未确知有理数 $A = [[x_1, \dot{x}_k], f(x)]$，其中

$$f(x) = \begin{cases} \alpha_i & x = x_i (i = 1, 2, \cdots, k) \\ 0 & \text{其他} \end{cases} \quad (6-18)$$

且有 $0 < \alpha_i < 1$，$\alpha = \sum_{i=1}^{k} \alpha_i \leqslant 1$。称下列一阶未确知有理数

$$\begin{cases} E(A) = \left[\left[\dfrac{1}{\alpha} \sum_{i=1}^{k} x_i \alpha_i, \dfrac{1}{\alpha} \sum_{i=1}^{k} x_i \alpha_i \right], f(x) \right] \\ f(x) = \begin{cases} \alpha & x = \dfrac{1}{\alpha} \sum_{i=1}^{k} x_i \alpha_i \\ 0 & \text{其他} \end{cases} \end{cases} \quad (6-19)$$

为未确知有理数 A 的数学期望,也称 $E(A)$ 为未确知期望,简称期望或均值。上述未确知期望的实际意义是实数 $\frac{1}{\alpha}\sum_{i=1}^{k} x_i \alpha_i$ 作为 A 的期望值有 α 的可信度。

很显然,当 $\alpha = 1$ 时,$E(A)$ 为实数 $\sum_{i=1}^{k} x_i \alpha_i$,这时未确知有理数 A 就是随机变量,所以 $E(A)$ 为随机变量的数学期望;当 $\alpha < 1$ 时,$E(A)$ 为一阶未确知有理数,而非实数。

根据上述定义,很容易证明未确知期望有下列性质(假设 A、B 均为一阶未确知有理数):

(1) $E(A+B) = E(A) + E(B)$。

(2) 设 a、b 为实数,则有 $E(aA+b) = a \cdot E(A) + b$。

(3) 假设 A、B 独立,则有 $E(A \cdot B) = E(A) \cdot E(B)$。

6.4.2 未确知有理数的方差

对于 k 阶未确知有理数 $A = [[x_1, x_k], f(x)]$,其中

$$f(x) = \begin{cases} \alpha_i & x = x_i (i = 1, 2, \cdots, k) \\ 0 & \text{其他} \end{cases}$$

且有 $0 < \alpha_i < 1$,$\alpha = \sum_{i=1}^{k} \alpha_i \leq 1$,用方差 $D(A)$ 来描述未确知有理数 A 到 $E(A)$ 的离散程度,即

$$D(A) = E(A - E(A))^2 \qquad (6-20)$$

式(6-20)中,$E(A)$ 也是一个一阶未确知有理数,而求解方差的实质是计算 A 到实数 $\frac{1}{\alpha}\sum_{i=1}^{k} x_i \alpha_i$ 的离散程度,所以在对式(6-20)进行计算时,不考虑 $\frac{1}{\alpha}\sum_{i=1}^{k} x_i \alpha_i$ 作为 A 的均值的可信度,近似认为 $E(A)$ 为实数 $\frac{1}{\alpha}\sum_{i=1}^{k} x_i \alpha_i$,从而有

$$D(A) = E(A - E(A))^2 = E(A^2) - (E(A))^2$$

$$= \frac{1}{\alpha} \sum_{i=1}^{k} x_i^2 \alpha_i - \frac{1}{\alpha^2} \left(\sum_{i=1}^{k} x_i \alpha_i \right)^2 \qquad (6-21)$$

很显然,由该式可以证明未确知方差 $D(A)$ 的下列性质:
(1) 设 a 为实数,则有 $D(aA) = a^2 \cdot D(A)$。
(2) 假设 A、B 独立,则有 $D(A \pm B) = D(A) + D(B)$。

6.4.3 接收机灵敏度的抽样确定

对一批接收机的灵敏度进行抽样检查,这里抽取两台接收机的测试数据,基于未确知有理数的均值确定该批接收机的灵敏度。

利用未确知有理数表示测试的接收机灵敏度(单位:dB),分别用 A 和 B 来表达,即

$$A = [[-93, -91], f_1(x)]$$

$$f_1(x) = \begin{cases} 0.25 & x = -93 \\ 0.30 & x = -92 \\ 0.40 & x = -91 \\ 0 & 其他 \end{cases}$$

$$B = [[-92, -90], f_2(x)]$$

$$f_2(x) = \begin{cases} 0.35 & x = -92 \\ 0.35 & x = -91 \\ 0.25 & x = -90 \\ 0 & 其他 \end{cases}$$

利用两台接收机来反映一批接收机的灵敏度,通常采用均值法,即求取两台接收机灵敏度的平均值,也就是求未确知有理数的数学期望,认为该期望就是该批接收机灵敏度的标准值。

假设两台接收机灵敏度的测试数据相互独立,而且假设这两组数据对该批接收机灵敏度标准值的贡献相同,于是有

$$C = \frac{1}{2}A + \frac{1}{2}B = \frac{1}{2}(A + B)$$

则根据未确知有理数的加法规则得到表 6-8 和表 6-9。

表6-8　接收机灵敏度的可能值带边和矩阵

+	-92	-91	-90
-93	-185	-184	-183
-92	-184	-183	-182
-91	-183	-182	-181

表6-9　接收机灵敏度的可信度带边积矩阵

×	0.35	0.35	0.25
0.25	0.0875	0.0875	0.0625
0.30	0.1050	0.1050	0.0750
0.40	0.1400	0.1400	0.1000

根据表6-8和表6-9数据得到未确知有理数为

$$C = [[-92.5, -90.5], f(x)]$$

$$f(x) = \begin{cases} 0.0875 & x = -92.5 \\ 0.1925 & x = -92.0 \\ 0.3075 & x = -91.5 \\ 0.2150 & x = -91.0 \\ 0.1000 & x = -90.5 \\ 0 & 其他 \end{cases}$$

对于未确知有理数A、B和C,分别有$\alpha_A = \alpha_B = 0.95$, $\alpha_C = 0.9025$,并有

$$\begin{cases} E(A) = [[-91.8421, -91.8421], f_A(x)] \\ f_A(x) = \begin{cases} 0.95 & x = -91.8421 \\ 0 & 其他 \end{cases} \end{cases}$$

$$\begin{cases} E(B) = [[-91.1053, -91.1053], f_B(x)] \\ f_B(x) = \begin{cases} 0.95 & x = -91.1053 \\ 0 & 其他 \end{cases} \end{cases}$$

$$\begin{cases} E(C) = [[-91.4737, -91.4737], f_C(x)] \\ f_C(x) = \begin{cases} 0.9025 & x = -91.4737 \\ 0 & 其他 \end{cases} \end{cases}$$

其中未确知期望$E(C)$就被认为是该批接收机灵敏度的标准值,

也就是说,该批接收机灵敏度为 -91.4737dB 具有 0.9025 的可信度。从上述计算过程也可以间接地证明未确知有理数数学期望的性质。

另外,从未确知有理数 A、B 和 C 的表达式中可以看出,在 A、B 中可信度最大的,在计算结果 C 中并非最大,如 -91dB 在 A、B 中都是可信度最大的测试值,但在 C 中并非最大,可见"局部最优并非全局最优"在实际工程问题中处处存在。

6.4.4 电子装备侦察能力的比较与分析

在电子装备的鉴定与比较试验中,常常通过对试验数据的分析或处理来对装备的某种性能进行比较。目前常规的方法是求反映装备性能的一组数据的均值,把均值作为标准值,并用标准值加误差表示试验结果,然后利用该结果对装备的某种性能进行比较与选优。这种方法很通用,也很有效,但是这种方法不能反映装备性能的所有情况,无法确定所取均值的可信度。特别是基于实战背景下的装备作战性能,应该从最不利的角度考虑问题,应该以其可能出现的最差能力作为决策依据,这样对装备的使用决策才是安全可靠的。事实上,一组试验数据就是一个未确知有理数,利用未确知有理数的运算确定标准值则比较精细,用其来反映装备的实际性能并进行比较分析是比较全面的,也是很符合工程应用实际的。

本节基于未确知有理数来对两台电子侦察装备对某信号的侦察能力进行比较,对信号的侦察概率试验数据表达为未确知有理数的形式,得到电子侦察装备 I 的信号侦察概率为

$$E_1 = [[0.65, 0.75], f_1(t)], 其中$$

$$f_1(t) = \begin{cases} 0.46 & t_1 = 0.65 \\ 0.13 & t_2 = 0.69 \\ 0.28 & t_3 = 0.72 \\ 0.10 & t_4 = 0.75 \\ 0 & 其他 \end{cases}$$

则装备 I 信号侦察概率的数学期望为

$$\begin{cases} E(E_1) = [[0.6859, 0.6859], f(E_1)] \\ f(E_1) = \begin{cases} 0.97 & E_1 = 0.6859 \\ 0 & 其他 \end{cases} \end{cases}$$

电子侦察装备Ⅱ的信号侦察概率为

$$E_2 = [[0.63, 0.72], f_2(t)], 其中$$

$$f_2(t) = \begin{cases} 0.28 & t_1 = 0.63 \\ 0.43 & t_2 = 0.66 \\ 0.12 & t_3 = 0.70 \\ 0.15 & t_4 = 0.72 \\ 0 & 其他 \end{cases}$$

则装备Ⅱ信号侦察概率的数学期望为

$$\begin{cases} E(E_2) = [[0.6655, 0.6655], f(E_2)] \\ f(E_2) = \begin{cases} 0.98 & E_2 = 0.6655 \\ 0 & 其他 \end{cases} \end{cases}$$

基于电子侦察装备Ⅰ和装备Ⅱ信号侦察概率的数学期望,由于$E(E_1) > E(E_2)$,装备Ⅰ的信号侦察能力优于装备Ⅱ,结论与常规确定性方法得到的结论一致。

但是从信号侦察概率的未确知有理数表达式来看,由于$E_1 = [[0.65, 0.75], f_1(t)]$,$E_2 = [[0.63, 0.72], f_2(t)]$,可以发现结论不尽相同。例如,电子侦察装备Ⅰ的信号侦察概率低于0.66的可能性有0.46,而电子侦察装备Ⅱ的信号侦察概率高于0.66的可能性有0.12 + 0.15 = 0.27,这说明在一定的应用背景下,装备Ⅰ的信号侦察概率可能会比装备Ⅱ低。也就是说,从整体上讲,电子侦察装备Ⅰ的信号侦察能力优于装备Ⅱ,但是在某些局部情况下,电子侦察装备Ⅱ的信号侦察概率有高于装备Ⅰ的可能性。

考察电子侦察装备Ⅰ与装备Ⅱ的信号侦察概率之差,基于未确知有理数的减法运算得到装备Ⅰ和装备Ⅱ的信号侦察概率之差$E_1 - E_2$

如表6-10和表6-11所列。

表6-10 信号侦察概率的可能值带边减运算

-	0.63	0.66	0.70	0.72
0.65	0.02	-0.01	-0.05	-0.07
0.69	0.06	0.03	-0.01	-0.03
0.72	0.09	0.06	0.02	0
0.75	0.12	0.09	0.05	0.03

表6-11 信号侦察概率的可信度带边积运算

×	0.28	0.43	0.12	0.15
0.46	0.1288	0.1978	0.0552	0.0690
0.13	0.0364	0.0559	0.0156	0.0195
0.28	0.0784	0.1204	0.0336	0.0420
0.10	0.0280	0.0430	0.0120	0.0150

从表6-10中可以看出,电子侦察装备Ⅰ的信号侦察概率低于装备Ⅱ的情况确实存在,其存在的可能性根据表6-11为0.1978+0.0552+0.0690+0.0156+0.0195=0.3571。可见采用目前常规的确定性参数计算方法在一定程度了忽略了隐含于参数中的未确知性,分析结果不够全面,有时甚至会得到错误的结论。因此,结合具体的电子侦察装备应用背景,分析不同装备在不同作战态势下的性能优势,对于充分发挥装备的作战效能具有重要的意义。

6.5 基于未确知有理数的试验数据分析实例

在电子装备试验与训练活动中,利用概率理论进行数据处理时所有可能的试验结果必须是已知的,且统计规律或概率分布函数必须能够确定;但是实际情况却是,反映装备某种性能的可能试验结果并不完全是已知的,其统计规律也不是很清楚,分布函数难以确定,因此用概率统计的方法处理不一定能得到满意的结果。对这种情况下的试验数据利用未确知有理数进行表达,正如前几节的结果比较与分析,使所有的原始数据直接参加计算,不假设其概率分布函数,可以保留所有已知信息,最大限度地忠实于原始试验数据。本节对电子装备试验活动的几个数据处理问题进行基于未确知有理数的分析。

6.5.1 天线增益的未确知有理数表达与分析

6.5.1.1 天线增益测试原理

对于天线增益测试,采用比较法在微波暗室进行。将标准增益天线、被测天线固定在控制转台上,并与信号源一起置于暗室一侧,接收天线与频谱仪置于暗室另一侧,测试原理如图6-6所示。标准增益天线、被测天线均为圆极化天线,其测试步骤如下:

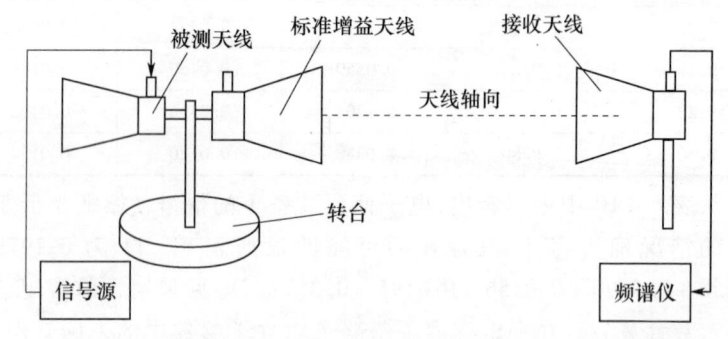

图6-6 增益测试的比较法原理

(1) 调整被测天线与接收天线之间的距离,使其满足天线测试的远场条件。调整被测天线与接收天线的高度,使之轴向对准,并使其电波传播的第一菲涅耳区内无遮挡物。

(2) 对于标准增益天线,转台以1°的步进转动,信号源以一定的工作频率和功率发送信号,频谱仪记录接收天线的接收信号场强值,其中最大场强值为 P_{s1}。

(3) 对于被测天线,测试条件与标准增益天线一致,频谱仪记录接收天线的接收信号场强值,其中最大场强值为 P_{m1}。

(4) 步骤(2)和(3)重复 n 次,得到场强值 $P_{s2}, P_{s3}, \cdots, P_{sn}$ 和 $P_{m2}, P_{m3}, \cdots, P_{mn}$。

(5) 记标准圆极化天线的最大方向增益为 G_{max}。依据上述测试值、根据数据处理算法而求得标准增益天线的最大场强值为 P_s,被测

天线的最大场强值为 P_m，则被测天线的最大方向增益 G_m 为

$$G_m = P_m - P_s + G_{max} \qquad (6-22)$$

常规的数据处理方法是对 n 次测试数据 $P_{s1},P_{s2},\cdots,P_{sn}$ 和 P_{m1}，$P_{m2},\cdots,P_{mn}$ 求均值，从而得到标准增益天线的最大场强 P_s 和被测天线的最大场强 P_m。这个均值是一个实数，它舍弃了一些有用的信息，因为它无法反映多个实际的测量值，而且也不能表明每个实际测量值的可信任程度。

6.5.1.2 基于确定性和不确定性的天线增益数据处理与比较

1）确定性参数的测试数据处理

已知标准天线的最大方向增益 $G_{max} = 9.15\text{dB}$，被测天线的最大方向增益设计要求为 3dB。实验中对标准增益天线和被测天线的最大场强分别测试了 5 次，结果如表 6-12 所列。

表 6-12 天线增益测试最大场强值(dBm)

场强＼次数	1	2	3	4	5
标准天线	-52.9	-52.5	-52.3	-52.8	-52.8
被测天线	-58.4	-58.5	-59.2	-59.0	-58.5

（1）计算最大场强均值。

$$P_m = \frac{1}{5}\sum_{j=1}^{5} P_{mj}$$

$$= \frac{1}{5}(-58.4 - 58.5 - 59.2 - 59.0 - 58.5)$$

$$= -58.72$$

$$P_s = \frac{1}{5}\sum_{j=1}^{5} P_{sj}$$

$$= \frac{1}{5}(-52.9 - 52.5 - 52.3 - 52.8 - 52.8)$$

$$= -52.66$$

（2）计算被测天线的最大方向增益。由计算公式得
$$G_m = -58.72 + 52.66 + 9.15 = 3.09 > 3\text{dB}$$
所以根据常规的确定性方法计算,被测天线的最大方向增益值完全满足设计要求,但是该结论的可信程度无法把握。

2）未确知有理数的测试数据处理

由表6-12可知,针对标准增益天线和被测天线的最大场强,不同测试值取值的可能性并不相同,所以使用未确知有理数来描述标准增益天线和被测天线的最大场强测试值,其表达式为 $A = [[-59.2, -58.4], f(x)]$ 和 $B = [[-52.9, -52.3], g(y)]$,且

$$f(x) = \begin{cases} 1/5 & x_1 = -58.4 \\ 2/5 & x_2 = -58.5 \\ 1/5 & x_3 = -59.0 \\ 1/5 & x_4 = -59.2 \end{cases}$$

$$g(y) = \begin{cases} 1/5 & y_1 = -52.9 \\ 2/5 & y_2 = -52.8 \\ 1/5 & y_3 = -52.5 \\ 1/5 & y_4 = -52.3 \end{cases}$$

于是根据未确知有理数运算法则可以求得被测天线和标准增益天线最大场强的可能值带边差矩阵和可信度带边积矩阵如表6-13和表6-14所列。

表6-13 最大场强测试的可能值带边差矩阵

-	-52.9	-52.8	-52.5	-52.3
-58.4	-5.5	-5.6	-5.9	-6.1
-58.5	-5.6	-5.7	-6.0	-6.2
-59.0	-6.1	-6.2	-6.5	-6.7
-59.2	-6.3	-6.4	-6.7	-6.9

表6-14 最大场强测试的可信度带边积矩阵

×	1/5	2/5	1/5	1/5
1/5	1/25	2/25	1/25	1/25
2/5	2/25	4/25	2/25	2/25
1/5	1/25	2/25	1/25	1/25
1/5	1/25	2/25	1/25	1/25

表6-13所列的可能值带边差矩阵中的元素从小到大排列为 -6.9、-6.7、-6.5、-6.4、-6.3、-6.2、-6.1、-6.0、-5.9、-5.7、-5.6、-5.5。表6-14所列的可能值可信度带边积矩阵与上述数值相应的元素排列为 1/25、2/25、1/25、2/25、1/25、4/25、2/25、2/25、1/25、4/25、4/25、1/25。从而可以得到被测天线的最大方向增益 G_m 的未确知有理数表达式为 $G_m = [[2.25, 3.65], \phi(x)]$，其中

$$\phi(x) = \begin{cases} 1/25 & x_1 = 2.25 \\ 2/25 & x_2 = 2.45 \\ 1/25 & x_3 = 2.65 \\ 2/25 & x_4 = 2.75 \\ 1/25 & x_5 = 2.85 \\ 4/25 & x_6 = 2.95 \\ 2/25 & x_7 = 3.05 \\ 2/25 & x_8 = 3.15 \\ 1/25 & x_9 = 3.25 \\ 4/25 & x_{10} = 3.45 \\ 4/25 & x_{11} = 3.55 \\ 1/25 & x_{12} = 3.65 \end{cases}$$

可以看出，利用未确知有理数表达被测天线的最大方向增益和常规的确定性方法得到的结论有所不同，其常规的确定性方法 $G_m < 3\mathrm{dB}$ 的可能性为 $1/25 + 2/25 + 1/25 + 2/25 + 1/25 + 4/25 = 0.44$。可见常规的确定性方法舍弃了一些有用的信息，计算结果不全面、不可靠，可能

会造成误判。基于临界值3dB对G_m进行降阶处理,得到G_m的降阶未确知有理数表达式为$G_m = [[2.7227, 3.5700], \phi(x)]$,其中

$$\phi(x) = \begin{cases} 0.44 & x_1 = 2.7227 \\ 0.36 & x_2 = 3.2722 \\ 0.20 & x_3 = 3.5700 \\ 0 & 其他 \end{cases}$$

由该降阶的未确知有理数表达式可以清楚地看出,被测天线的最大方向增益不满足设计要求的可能性为0.44,也就是判定被测天线最大方向增益符合设计要求会犯错误的概率为0.44。

天线增益是天线的重要性能参数,其测量过程不可避免地存在数据的不确定性问题。采用未确知有理数分析和处理天线增益测试值,保留所有已知信息,计算过程中没有人为的假设,使得测试过程中的累积误差减至最小,将测试参数用可信度表示,通过计算得到参数不同取值时计算结果不同的可能性,使最终处理结果更反映了实际值,得到的结果更全面、可靠。

6.5.2 电子装备试验周期的整体优化

电子装备的外场试验一般可以分为静态测试阶段、地面动态试验阶段、飞行试验阶段,如何寻求整体试验周期优化的方法是试验决策者十分关心的问题。但是,不同试验阶段的试验周期受到各个不同因素的影响,各个试验阶段试验周期的优化并不一定使得整体试验周期优化。

假设某电子装备试验不同试验阶段的试验周期(单位:天,下同)预测为

静态测试阶段:$T_1 = [[2,4], \phi_1(x)]$,其中

$$\phi_1(x) = \begin{cases} 0.1 & x = 2 \\ 0.45 & x = 3 \\ 0.4 & x = 4 \\ 0 & 其他 \end{cases}$$

地面动态试验阶段:$T_2 = [[20,25], \phi_2(x)]$,其中

$$\phi_2(x) = \begin{cases} 0.1 & x=20 \\ 0.55 & x=23 \\ 0.3 & x=25 \\ 0 & 其他 \end{cases}$$

飞行试验阶段:$T_3 = [[15,20], \phi_3(x)]$,其中

$$\phi_3(x) = \begin{cases} 0.15 & x=15 \\ 0.3 & x=18 \\ 0.5 & x=20 \\ 0 & 其他 \end{cases}$$

该电子装备试验的整体试验周期为

$$T = T_1 + T_2 + T_3$$

首先考察 $T' = T_1 + T_2$,由未确知有理数的加法运算规则得 $T' = [[22,29], \phi'(x)]$,其中

$$\phi_1(x) = \begin{cases} 0.01 & x=22 \\ 0.045 & x=23 \\ 0.175 & x=24 \\ 0.055 & x=25 \\ 0.2475 & x=26 \\ 0.25 & x=27 \\ 0.12 & x=29 \\ 0 & 其他 \end{cases}$$

如果把静态测试阶段和地面动态试验阶段看作一个整体试验周期,对于静态测试阶段最有可能在 3 天完成,地面动态试验阶段最有可能在 23 天完成,按常规计算方法,该整体试验周期阶段应该最有可能在 26 天完成;但是从未确知有理数 T' 来看,该整体试验周期阶段应该最有可能在 27 天完成。可见两个分阶段分别处于最大可信度的最优

状态时,其整体阶段并非处于最大可信度的最优状态。

继续考察 $T = T' + T_3$,由未确知有理数的加法运算规则得 $T = [[37,49], \phi(x)]$,其中

$$\phi(x) = \begin{cases} 0.0015 & x=37 \\ 0.0067 & x=38 \\ 0.0262 & x=39 \\ 0.0113 & x=40 \\ 0.0506 & x=41 \\ 0.0950 & x=42 \\ 0.0390 & x=43 \\ 0.1797 & x=44 \\ 0.1025 & x=45 \\ 0.1238 & x=46 \\ 0.1610 & x=47 \\ 0.0600 & x=49 \\ 0 & 其他 \end{cases}$$

从该装备的整体试验周期来看,对于静态测试阶段最有可能在3天完成,地面动态试验阶段最有可能在23天完成,飞行试验阶段最有可能在20天完成,按常规计算方法,该整体试验周期阶段应该最有可能在46天完成;从 T' 阶段来看,该阶段最有可能在27天完成,从未确知有理数 T 来看,该整体试验周期阶段应该最有可能在44天完成。

计算结果再次表明,整体试验周期的分阶段周期即使分别处于最大可信度的最优状态,其整体阶段并非处于最大可信度的最优状态。因此,在实际工程应用中,对系统的各个组成部分进行优化,并不一定会带来整个系统的最优化,应该从系统整体去考虑最优化问题。

另外,本节在计算 $T = T' + T_3$ 时计算量较大,在实际计算过程中可以对未确知有理数 T' 进行降阶处理,以降低计算量。未确知有理数降阶处理目前还没有统一规范的方法,但总体原则是不能改变其可信度

分布特征的。前面介绍了基于未确知期望的降阶方法,这里介绍合并小可信度点的降阶方法。

合并小可信度点降阶方法的基本思路是将较小的可信度数据点合并到其左或其右的数据点,舍弃掉被合并的数据点,将其可信度加到合并数据点的可信度上,合并到左边或右边根据具体的数据内涵特征而定,而且保持可信度分布特征基本不变。如对上述的 T' 进行合并小可信度点降阶处理,得到 $T' = [[24,29],\phi'(x)]$,其中

$$\phi_1(x) = \begin{cases} 0.23 & x=24 \\ 0.055 & x=25 \\ 0.2475 & x=26 \\ 0.25 & x=27 \\ 0.12 & x=29 \\ 0 & 其他 \end{cases}$$

6.5.3 电子干扰装备等效功率的可靠度分析

在未来信息化战场上的电子装备管理配置系统中,能对对抗态势的优劣情况进行分析,选择最佳、最优的火力分配方案,实现装备资源的最佳配置,从而最大限度地发挥装备系统整体作战效能,是一个十分重要且必须解决的问题。

6.5.3.1 基于未确知有理数的未确知(UM)模型

设 $A = [[x_1,x_k],f(x)]$ 和 $B = [[y_1,y_m],g(y)]$ 表示未确知有理数,其中

$$f(x) = \begin{cases} \alpha_i & x=x_i(i=1,2,\cdots,k) \\ 0 & 其他 \end{cases} \quad (6-23)$$

$$g(y) = \begin{cases} \beta_j & y=y_j(j=1,2,\cdots,m) \\ 0 & 其他 \end{cases} \quad (6-24)$$

则称

$$P(A-B>r) = \sum_{x_i-y_j>r} f(x_i)g(y_j) \quad (6-25)$$

为 A 关于 B 的 UM 模型。其中，r 是按实际问题要求确定的某个已知常数。

基于未确知有理数的 UM 是一个供需模型，A 是可供方，B 是需求量。

6.5.3.2 等效功率的可靠度分析

如在一次红、蓝双方的电子装备训练过程中，红方需要对蓝方某个地区某体制信号进行压制。红方通过前期侦察、计算估计出蓝方信号被压制所需要的等效功率及其可信度，于是需要根据已方的干扰装备等效辐射功率及其可信度，可以初步预测出红、蓝双方的对抗效果。假设红方干扰装备等效辐射功率及其可信度如表 6-15 所列，蓝方信号被压制所需要的等效功率及其可信度如表 6-16 所列。

表 6-15 红方干扰装备等效辐射功率及其可信度

序号	1	2	3	4	5	6	7	8
功率	3.625	4.375	5.125	5.875	6.625	7.375	8.125	8.875
可信度	0.0154	0.0462	0.1231	0.2769	0.1538	0.1692	0.0923	0.0308

表 6-16 蓝方所需等效辐射功率及其可信度

序号	1	2	3	4	5	6	7
功率	4.625	5.375	6.125	6.875	7.625	8.375	9.125
可信度	0.0462	0.1385	0.2462	0.2923	0.1692	0.0769	0.0308

由表 6-15 可以计算出红方干扰装备等效辐射功率的期望值 $E(A) = 6.4173$，红方干扰装备等效辐射功率可以表示为未确知有理数 $A = [[3.625, 8.875], f(x)]$，其中

$$f(x) = \begin{cases} 0.0154 & x_1 = 3.625 \\ 0.0462 & x_2 = 4.375 \\ 0.1231 & x_3 = 5.125 \\ 0.2769 & x_4 = 5.875 \\ 0.1538 & x_5 = 6.625 \\ 0.1692 & x_6 = 7.375 \\ 0.0923 & x_7 = 8.125 \\ 0.0308 & x_8 = 8.875 \end{cases}$$

由表 6-16 可以计算出蓝方信号被压制所需要的等效功率的期望值 $E(B)=6.568$，蓝方信号被压制所需要的等效功率可以表示为未确知有理数 $B=[[4.625,9.125],g(y)]$，其中

$$g(y)=\begin{cases}0.0462 & y_1=4.625\\ 0.1385 & y_2=5.375\\ 0.2462 & y_3=6.125\\ 0.2923 & y_4=6.875\\ 0.1692 & y_5=7.625\\ 0.0769 & y_6=8.375\\ 0.0308 & y_7=9.125\end{cases}$$

则有未确知有理数 $A-B$ 的运算如表 6-17 和表 6-18 所列。

表 6-17 等效功率供需的可能值带边差矩阵

-	4.625	5.375	6.125	6.875	7.625	8.375	9.125
3.625	-1.000	-1.750	-2.500	-3.250	-4.000	-4.750	-5.500
4.375	-0.350	-1.100	-1.850	-2.600	-3.350	-4.100	-4.850
5.125	0.500	-0.250	-1.000	-1.750	-2.500	-3.250	-4.000
5.875	1.250	0.500	-0.250	-1.000	-1.750	-2.500	-3.250
6.625	2.000	1.250	0.500	-0.250	-1.000	-1.750	-2.500
7.375	2.750	2.000	1.250	0.500	-0.250	-1.000	-1.750
8.125	3.500	2.750	2.000	1.250	0.500	-0.250	-1.000
8.875	4.250	3.500	2.750	2.000	1.250	0.500	-0.250

表 6-18 等效功率供需的可信度带边积矩阵

×	0.0462	0.1385	0.2462	0.2923	0.1692	0.0769	0.0308
0.0154	0.0007	0.0021	0.0038	0.0045	0.0026	0.0012	0.0005
0.0462	0.0021	0.0064	0.0114	0.0135	0.0078	0.0036	0.0014
0.1231	0.0057	0.0170	0.0303	0.0360	0.0208	0.0095	0.0038
0.2769	0.0128	0.0384	0.0682	0.0809	0.0469	0.0213	0.0085

(续)

×	0.0462	0.1385	0.2462	0.2923	0.1692	0.0769	0.0308
0.1538	0.0071	0.0213	0.0379	0.0450	0.0260	0.0118	0.0047
0.1692	0.0078	0.0234	0.0417	0.0495	0.0286	0.0130	0.0052
0.0923	0.0043	0.0128	0.0227	0.0270	0.0156	0.0071	0.0028
0.0308	0.0014	0.0043	0.0076	0.0090	0.0052	0.0024	0.0009

未确知有理数 $A-B=[[-5.5,4.25],\varphi(x)]$，其中 $\varphi(x)$ 由表6-17和表6-18给出，它的非负值的可信度恰好反映了红方干扰装备等效辐射功率的保证可靠性情况。由 A 关于 B 的未确知模型可知，等效辐射功率的可靠度可以表示为

$$P(A-B>r) = \sum_{\substack{x_i-y_j>r \\ 1\leq i\leq 8 \\ 1\leq j\leq 7}} f(x_i)g(y_j)$$

另外，$A-B$ 的期望值 $E(A-B)=-0.1507$。于是，根据 $A-B$ 所有可能取值及取值的可信度间的对应关系，结合 r 的取值，可以从下列角度进行分析：

（1）保证有效压制的可信度为

$P(A-B\geq 0)$
$= 0.0014 + 0.0043 + 0.0076 + 0.0090 + 0.0052 + 0.0024 +$
$\ \ \ 0.0043 + 0.0128 + 0.0227 + 0.0270 + 0.0156 + 0.0078 +$
$\ \ \ 0.0234 + 0.0417 + 0.0495 + 0.0071 + 0.0213 + 0.0379 +$
$\ \ \ 0.0128 + 0.0384 + 0.0057 = 35.79\%$

（2）等效辐射功率的差距不超过一个单位可以认为基本上能进行压制，其可信度为

$P(A-B\geq -1.000)$
$= 0.0014 + 0.0043 + 0.0076 + 0.0090 + 0.0052 + 0.0024 +$
$\ \ \ 0.0043 + 0.0128 + 0.0227 + 0.0270 + 0.0156 + 0.0078 +$
$\ \ \ 0.0234 + 0.0417 + 0.0495 + 0.0071 + 0.0213 + 0.0379 +$
$\ \ \ 0.0128 + 0.0384 + 0.0057 + 0.0170 + 0.0303 + 0.0682 +$
$\ \ \ 0.0809 + 0.0450 + 0.0260 + 0.0286 + 0.0130 + 0.0071 +$
$\ \ \ 0.0028 + 0.0009 = 67.77\%$

（3）等效辐射功率的差距超过3个单位的可信度为
$P(A - B < -3.000)$
$= 0.0045 + 0.0026 + 0.0012 + 0.0005 + 0.0078 +$
$0.0036 + 0.0014 + 0.0095 + 0.0038 + 0.0085$
$= 4.34\%$

（4）由$E(A - B) = -0.1507$看出，从总体上看，在该电子装备训练过程中红、蓝双方在红方干扰装备等效辐射功率稍有不足的状态下进行对抗。

6.5.4 电子侦察装备的配备数量分析

在一次红、蓝双方的电子装备侦察训练过程中，红方需要对蓝方某个地区某体制信号进行侦察，红方现有的电子侦察装备不能满足侦察需求。为了对蓝方信号的侦察能力满足一定程度的要求，就要为红方增加配备某型号的电子侦察装备，需要根据蓝方信号来确定配备数量。

这里以作战能力指数来表示电子侦察装备的侦察能力以及对蓝方信号侦察所需求的能力。假设红方原有电子侦察装备的侦察能力$A = [[550, 600], \phi_1(x)]$，其中

$$\phi_1(x) = \begin{cases} 0.45 & x = 550 \\ 0.55 & x = 600 \\ 0 & 其他 \end{cases}$$

对蓝方信号进行侦察的需求能力$B = [[2000, 2200], \phi_2(x)]$，其中

$$\phi_2(x) = \begin{cases} 0.25 & x = 2000 \\ 0.4 & x = 2100 \\ 0.35 & x = 2200 \\ 0 & 其他 \end{cases}$$

需要为红方配备某型号的电子侦察装备，其侦察能力$C = [[550, 600], \phi_3(x)]$，其中

$$\phi_3(x) = \begin{cases} 0.5 & x = 250 \\ 0.5 & x = 280 \\ 0 & 其他 \end{cases}$$

假设配备该型号的电子侦察装备m台，则红方相对蓝方信号需求

的侦察能力差异 $P = m \cdot C + A - B$。

根据未确知有理数的加、减法运算法则,得 $P = [[\min(x_i), \max(x_i)], \phi(x)]$,其中

$$\phi(x) = \begin{cases} 0.0563 & x_1 = 250m - 1450 \\ 0.0688 & x_2 = 250m - 1400 \\ 0.0563 & x_3 = 280m - 1450 \\ 0.0688 & x_4 = 280m - 1400 \\ 0.0900 & x_5 = 250m - 1550 \\ 0.1100 & x_6 = 250m - 1500 \\ 0.0900 & x_7 = 280m - 1550 \\ 0.1100 & x_8 = 280m - 1500 \\ 0.0787 & x_9 = 250m - 1650 \\ 0.0962 & x_{10} = 250m - 1600 \\ 0.0787 & x_{11} = 280m - 1650 \\ 0.0962 & x_{12} = 280m - 1600 \\ 0 & \text{其他} \end{cases}$$

当 $m = 5$ 时,有未确知有理数 $P = [[-300, 0], \phi(x)]$,其中

$$\phi(x) = \begin{cases} 0.0563 & x_1 = -200 \\ 0.0688 & x_2 = -150 \\ 0.0563 & x_3 = -50 \\ 0.0688 & x_4 = 0 \\ 0.0900 & x_5 = -300 \\ 0.1100 & x_6 = -250 \\ 0.0900 & x_7 = -150 \\ 0.1100 & x_8 = -100 \\ 0.0787 & x_9 = -400 \\ 0.0962 & x_{10} = -350 \\ 0.0787 & x_{11} = -250 \\ 0.0962 & x_{12} = -200 \\ 0 & \text{其他} \end{cases}$$

可以看出,当为红方配备该型号的电子侦察装备 5 台时,红方能对蓝方信号进行侦察的可能性仅为 6.88%。

当 $m=6$ 时,有未确知有理数 $P=[[-150,280],\phi(x)]$,其中

$$\phi(x) = \begin{cases} 0.0563 & x_1 = 50 \\ 0.0688 & x_2 = 100 \\ 0.0563 & x_3 = 230 \\ 0.0688 & x_4 = 280 \\ 0.0900 & x_5 = -50 \\ 0.1100 & x_6 = 0 \\ 0.0900 & x_7 = 130 \\ 0.1100 & x_8 = 180 \\ 0.0787 & x_9 = -150 \\ 0.0962 & x_{10} = -100 \\ 0.0787 & x_{11} = 30 \\ 0.0962 & x_{12} = 80 \\ 0 & 其他 \end{cases}$$

可以看出,当为红方配备该型号的电子侦察装备 6 台时,红方不能对蓝方信号进行侦察的可能性有 $0.09+0.0787+0.0962=26.49\%$。

当 $m=7$ 时,有未确知有理数 $P=[[-150,280],\phi(x)]$,其中

$$\phi(x) = \begin{cases} 0.0563 & x_1 = 300 \\ 0.0688 & x_2 = 350 \\ 0.0563 & x_3 = 510 \\ 0.0688 & x_4 = 560 \\ 0.0900 & x_5 = 200 \\ 0.1100 & x_6 = 250 \\ 0.0900 & x_7 = 410 \\ 0.1100 & x_8 = 460 \\ 0.0787 & x_9 = 100 \\ 0.0962 & x_{10} = 150 \\ 0.0787 & x_{11} = 310 \\ 0.0962 & x_{12} = 360 \\ 0 & 其他 \end{cases}$$

可以看出,当为红方配备该型号的电子侦察装备7台时,红方能对蓝方信号进行侦察的可能性为1,完全满足对蓝方信号的侦察能力需求。因此,需要为红方增加配备某型号的电子侦察装备7台。

当基于确定性参数利用均值法进行计算时,得到红方原有电子侦察装备的侦察能力为577.5,对蓝方信号进行侦察的需求能力为2110,而需配备型号电子侦察装备的侦察能力为265。通过计算所需配备的电子侦察装备为5.8台,即6台。而只增加配备6台电子侦察装备,红方能对蓝方信号进行完全侦察的可能性只能达到73.51%。

第7章 基于盲数的试验数据分析理论与应用

前面研究的随机信息、模糊信息、灰色信息和未确知信息都是表达一种不确定性的信息,但在电子装备试验与训练活动中,客观上信息的不确定性往往不是单一的,常常是多种不确定性的混合体。如凡是有行为因素参与同时包含状态因素的任何体系呈现的信息,至少存在两种上面提到的不确定性,因为行为因素必导致不确定性,而状态因素将导致随机性、模糊性、灰性或兼而有之。文献[20]将从复杂信息中分离出一种最多同时具有上述提到的四种不确定性的较为复杂的信息定义为"盲信息",并用盲数来表达和处理。本章主要研究基于盲数的电子装备试验数据分析理论及其初步应用。

7.1 盲数的定义与运算

7.1.1 盲数的定义

未确知有理数的可信度分布密度函数为实函数,且在有限个点上取非零值,而在其他点上取零值,如密度函数 $\varphi(x_i) = \alpha_i$ 表示真值取实数 x_i 的可信度为 α_i。但在电子装备试验与训练活动等实际工程应用中,密度函数 $\varphi(x_i) = \alpha_i$ 表示真值落在实数 x_i 附近的可信度为 α_i 更符合实际。这时 x_i 不是表示一个实数,而是表示一个区间灰数。因此,把未确知有理数可信度分布密度函数的定义域从实数集 R 扩展到区间灰数集 $g(I)$,则可将未确知有理数扩展为盲数。

定义 7-1 设区间型灰数集 $g(I)$, $\alpha_i \in g(I)$, $\alpha_i \in [0,1]$, $i=1,2,\cdots,n$, $f(x)$ 为定义在 $g(I)$ 上的灰函数,且

$$f(x) = \begin{cases} \alpha_i & x = x_i (i=1,2,\cdots,n) \\ 0 & 其他 \end{cases} \quad (7-1)$$

若当 $i \neq j$ 时, $x_i \neq x_j$, 且 $\sum_{i=1}^{n} \alpha_i = \alpha \leq 1$, 则称函数 $f(x)$ 为一个盲数。称 α_i 为 $f(x)$ 的 x_i 值的可信度, 称 α 为 $f(x)$ 的总可信度, 称 n 为 $f(x)$ 的阶数。

由该定义可见, 盲数 $f(x)$ 是定义在区间型灰数集 $g(I)$ 中, 取值在 $[0,1]$ 上的灰函数。例如:

$$f(x) = \begin{cases} 0.45 & x = [0.75, 0.82] \\ 0.5 & x = [0.85, 0.88] \\ 0 & 其他 \end{cases}$$

是一个盲数, 未确知有理数和区间灰数是盲数的特例, 如盲数

$$f(x) = \begin{cases} 0.45 & x = [0.80, 0.80] \\ 0.5 & x = [0.85, 0.85] \\ 0 & 其他 \end{cases}$$

实际上是一个未确知有理数, 盲数

$$f(x) = \begin{cases} 1 & x = [0.75, 0.85] \\ 0 & 其他 \end{cases}$$

实际上是区间灰数 $[0.75, 0.85]$。

7.1.2 盲数的运算

设 Θ 表示区间型灰数集 $g(I)$ 的一种运算, 可以是加、减、乘、除中的任何一种。

设有盲数 A 和 B, 即

$$A = f(x) = \begin{cases} \alpha_i & x = x_i (i=1,2,\cdots,m) \\ 0 & 其他 \end{cases} \quad (7-2)$$

$$B = g(y) = \begin{cases} \beta_i & y = y_i (i=1,2,\cdots,n) \\ 0 & 其他 \end{cases} \quad (7-3)$$

则 A 和 B 的可能值带边 Θ 运算矩阵如表 7-1 所列, A 和 B 的可能值带边积矩阵如表 7-2 所列。

表7-1 盲数的可能值带边 Θ 运算矩阵

Θ	y_1	$\cdots$	y_j	$\cdots$	y_m
x_1	$x_1 \Theta y_1$	$\cdots$	$x_1 \Theta y_j$	$\cdots$	$x_1 \Theta y_m$
$\vdots$	$\vdots$	$\vdots$	$\vdots$	$\vdots$	$\vdots$
x_i	$x_i \Theta y_1$	$\cdots$	$x_i \Theta y_j$	$\cdots$	$x_i \Theta y_m$
$\vdots$	$\vdots$	$\vdots$	$\vdots$	$\vdots$	$\vdots$
x_k	$x_k \Theta y_1$	$\cdots$	$x_k \Theta y_j$	$\cdots$	$x_k \Theta y_m$

表7-2 盲数的可信度带边积矩阵

$\times$	β_1	$\cdots$	β_j	$\cdots$	β_n
α_1	$\alpha_1 \beta_1$	$\cdots$	$\alpha_1 \beta_j$	$\cdots$	$\alpha_1 \beta_n$
$\vdots$	$\vdots$	$\vdots$	$\vdots$	$\vdots$	$\vdots$
α_i	$\alpha_i \beta_1$	$\cdots$	$\alpha_i \beta_j$	$\cdots$	$\alpha_i \beta_n$
$\vdots$	$\vdots$	$\vdots$	$\vdots$	$\vdots$	$\vdots$
α_m	$\alpha_m \beta_1$	$\cdots$	$\alpha_m \beta_j$	$\cdots$	$\alpha_m \beta_n$

根据上述两个表格内容求取盲数 $A+B$、$A-B$、$A \times B$ 和 $A \div B$ 的方法类似于未确知有理数的运算。表7-1中 Θ 运算实际上是区间灰数的 Θ 运算。设区间灰数 $\otimes[a,b]$、$\otimes[c,d]$，则有

$$\otimes[a,b] + \otimes[c,d] = \otimes[a+c, b+d] \tag{7-4}$$

$$\otimes[a,b] - \otimes[c,d] = \otimes[a-d, b-c] \tag{7-5}$$

$$\otimes[a,b] \times \otimes[c,d]$$
$$= \otimes[\min\{ac, ad, bc, bd\}, \max\{ac, ad, bc, bd\}] \tag{7-6}$$

$$\otimes[a,b] \div \otimes[c,d]$$
$$= \otimes[a,b] \times \otimes\left[\frac{1}{d}, \frac{1}{c}\right]$$

$$= \otimes\left[\min\left\{\frac{a}{d}, \frac{b}{d}, \frac{a}{c}, \frac{b}{c}\right\}, \max\left\{\frac{a}{d}, \frac{b}{d}, \frac{a}{c}, \frac{b}{c}\right\}\right] \tag{7-7}$$

注意：除法运算时必须满足 $0 \notin \otimes[c,d]$。

7.1.3 盲数的均值

定义 7-2 设 a、b 为实数且 $a \leqslant b$,称 $\frac{1}{2}(a+b)$ 为有理灰数 $\otimes[a,b]$ 的心,记为

$$\odot \otimes[a,b] = \frac{1}{2}(a+b) \qquad (7-8)$$

定义 7-3 设盲数

$$f(x) = \begin{cases} \alpha_i & x = x_i(i=1,2,\cdots,m) \\ 0 & \text{其他} \end{cases}$$

其中 $x_i \in g(\boldsymbol{I})$,$0 < \alpha_i \leqslant 1(i=1,2,\cdots,m)$,$\sum_{i=1}^{m} \alpha_i = \alpha \leqslant 1$,称一阶未确知有理数

$$Ef(x) = \begin{cases} \alpha & x = \frac{1}{\alpha}\Psi \\ 0 & \text{其他} \end{cases} \qquad (7-9)$$

为盲数 $f(x)$ 的均值。式中 $\Psi = \odot \sum_{i=1}^{m} \alpha_i x_i$。

盲数 $f(x)$ 的均值 $Ef(x)$ 体现了盲数 $f(x)$ 的平均取值。

7.2 盲数的可信度及盲数模型

7.2.1 盲数的可信度

定义 7-4 设盲数

$$f(x) = \begin{cases} \alpha_i & x = x_i(i=1,2,\cdots,m) \\ 0 & \text{其他} \end{cases}$$

$x_i = \otimes[a,b]$,规定如下:

(1) $f(x)$ 的 x_i 值的正可信度为

$$f(x_i > 0) = \begin{cases} \alpha_i & x_i \text{ 正或非负} \\ 0 & x_i \text{ 负或非正} \\ \dfrac{b\alpha_i}{b-a} & x_i \text{ 异号} \end{cases} \qquad (7-10)$$

(2) $f(x)$ 的 x_i 值的零可信度为

$$f(x_i = 0) = \begin{cases} \alpha_i & x_i = 0 \\ 0 & x_i \neq 0 \end{cases} \tag{7-11}$$

(3) $f(x)$ 的正可信度为

$$P(f(x) > 0) = \sum_{i=1}^{n} f(x_i > 0) \tag{7-12}$$

(4) $f(x)$ 的零可信度为

$$P(f(x) = 0) = \sum_{i=1}^{n} f(x_i = 0) \tag{7-13}$$

(5) $f(x)$ 的负可信度为

$$P(f(x) < 0) = \sum_{i=1}^{n} \alpha_i - P(f(x) > 0) - P(f(x) = 0) \tag{7-14}$$

(6) $f(x)$ 的非负可信度为

$$P(f(x) \geq 0) = P(f(x) > 0) + P(f(x) = 0) \tag{7-15}$$

(7) $f(x)$ 的非正可信度为

$$P(f(x) \leq 0) = P(f(x) < 0) + P(f(x) = 0) \tag{7-16}$$

7.2.2 盲数模型

6.5.3 节中基于未确知有理数的未确知模型的可能值序列为实数序列,但是在电子装备试验与训练活动等实际问题中,可能值序列不是实数序列,可能值序列为区间灰数序列时更符合应用实际。因此,将未确知模型进行拓广后即可得到盲数模型。

设有盲数 A 和 B,即

$$A = f(x) = \begin{cases} \alpha_i & x = x_i (i = 1, 2, \cdots, m) \\ 0 & \text{其他} \end{cases}$$

$$B = g(y) = \begin{cases} \beta_i & y = y_i (i = 1, 2, \cdots, n) \\ 0 & \text{其他} \end{cases}$$

则称 $P(A - B > r)$ 为盲数 A 关于 B 的盲数模型。其中,r 是按实际问题要求确定的某个已知常数。

7.3 基于盲数的试验数据分析实例

7.3.1 基于盲数的电子侦察分队侦察能力分析

某电子侦察分队配备有 A 电子侦察装备 3 台套、B 电子侦察装备 4 台套、C 电子侦察装备 5 台套,以作战能力指数来表示电子侦察装备的侦察能力,三种电子侦察装备的侦察能力为

$$f_A(x) = \begin{cases} 0.65 & x = [70, 90] \\ 0.35 & x = [90, 100] \\ 0 & 其他 \end{cases}$$

$$f_B(x) = \begin{cases} 0.70 & x = [60, 80] \\ 0.30 & x = [80, 100] \\ 0 & 其他 \end{cases}$$

$$f_C(x) = \begin{cases} 0.75 & x = [90, 110] \\ 0.25 & x = [110, 120] \\ 0 & 其他 \end{cases}$$

则该分队的最大侦察能力为 $3f_A(x) + 4f_B(x) + 5f_C(x)$,首先根据盲数的运算法则计算前两项的和,其结果如表 7-3 和表 7-4 所列。

表 7-3 基于盲数的侦察能力可能值带边和矩阵(一)

+	[240,320]	[320,400]
[210,270]	[450,590]	[540,670]
[270,300]	[510,620]	[590,700]

表 7-4 基于盲数的侦察能力可信度带边积矩阵(一)

×	0.70	0.30
0.65	0.455	0.195
0.35	0.245	0.105

然后再计算三项的和,结果如表 7-5 和表 7-6 所列,于是得到该分队的最大侦察能力为

$$f(x) = \begin{cases} 0.3412 & x=[900,1140] \\ 0.1838 & x=[960,1170] \\ 0.1462 & x=[990,1220] \\ 0.1138 & x=[1000,1190] \\ 0.0788 & x=[1040,1250] \\ 0.0612 & x=[1060,1220] \\ 0.0488 & x=[1090,1270] \\ 0.0262 & x=[1140,1300] \\ 0 & 其他 \end{cases}$$

表 7-5 基于盲数的侦察能力可能值带边和矩阵(二)

+	[450,550]	[550,600]
[450,590]	[900,1140]	[1000,1190]
[510,620]	[960,1170]	[1060,1220]
[540,670]	[990,1220]	[1090,1270]
[590,700]	[1040,1250]	[1140,1300]

表 7-6 基于盲数的侦察能力可信度带边积矩阵(二)

×	0.75	0.25
0.455	0.3412	0.1138
0.245	0.1838	0.0612
0.195	0.1462	0.0488
0.105	0.0788	0.0262

则该分队的平均侦察能力为 $Ef(x)=1079.5$,该值是该分队的理想侦察能力,该分队的最低侦察能力为 900,该分队侦察能力不低于 1079.5 的可能性为

$$P(f \geqslant 1079.5) = 0.0262 + 0.0488 + 0.0612 \times \frac{1220-1079.5}{160} +$$
$$0.0788 \times \frac{1250-1079.5}{210} + 0.1138 \times \frac{1190-1079.5}{190} +$$

173

$$0.1462 \times \frac{1220-1079.5}{230} + 0.1838 \times \frac{1170-1079.5}{210} +$$
$$0.3412 \times \frac{1140-1079.5}{240}$$
$$= 51.34\%$$

该分队侦察能力不低于 1000 的可能性为

$$P(f \geqslant 1079.5) = 0.0262 + 0.0488 + 0.0612 + 0.0788 + 0.1138 +$$
$$0.1462 \times \frac{1220-1000}{230} + 0.1838 \times \frac{1170-1000}{210} +$$
$$0.3412 \times \frac{1140-1000}{240}$$
$$= 81.65\%$$

7.3.2 基于盲数的电子侦察装备配备数量分析

在一般红、蓝双方的电子装备侦察训练过程中,假设红方需要对蓝方某个地区某体制信号进行侦察,为了保证红方对蓝方信号的侦察需求,同时又以最低限度的使用侦察装备为条件,在设计对抗方案时通常需要确定己方电子侦察装备的配备型号及数量等。

假设红方电子侦察分队配备有 A 电子侦察装备和 B 电子侦察装备,其侦察能力分别为

$$f_A(m) = \begin{cases} 0.65 & m = [70, 90] \\ 0.35 & m = [90, 100] \\ 0 & \text{其他} \end{cases}$$

$$f_B(m) = \begin{cases} 0.75 & m = [90, 110] \\ 0.25 & m = [110, 120] \\ 0 & \text{其他} \end{cases}$$

同时由于红方对蓝方信号的侦察需求,该分队侦察能力不低于 1000,并且保证其可能性为 90% 以上,A 电子侦察装备和 B 电子侦察装备必须各至少配备 1 台套以上,那么为了完成该次侦察任务需要如何配备这两种电子侦察装备?

假设为了完成该次侦察任务需要该配备 A 电子侦察装备 $x(x\geqslant 1)$ 和 B 电子侦察装备 $y(y\geqslant 1)$，则该分队的侦察能力为 $xf_A(m) + yf_B(m)$，根据盲数的求和运算法则，其结果如表 7-7 和表 7-8 所列。

表 7-7　基于盲数的装备数量可能值带边和矩阵

+	$[90y,110y]$	$[110y,120y]$
$[70x,90x]$	$[70x+90y,90x+110y]$	$[70x+110y,90x+120y]$
$[90x,100x]$	$[90x+90y,100x+110y]$	$[90x+110y,100x+120y]$

表 7-8　基于盲数的装备数量可信度带边积矩阵

×	0.75	0.25
0.65	0.4875	0.1625
0.35	0.2625	0.0875

于是得到该分队的最大侦察能力为

$$f(m) = \begin{cases} 0.4875 & m=[70x+90y,90x+110y] \\ 0.2625 & m=[90x+90y,100x+110y] \\ 0.1625 & m=[70x+110y,90x+120y] \\ 0.0875 & m=[90x+110y,100x+120y] \\ 0 & 其他 \end{cases}$$

该分队对蓝方信号的侦察需求为 $P(f\geqslant 1000)>90\%$，问题转化为在该目标下满足 $f(m)$ 约束的最小 x 和 y 值。求解该优化问题，得到需要配备 A 电子侦察装备 6 台和 B 电子侦察装备 6 台，此时 $P(f\geqslant 1000)=91.87\%$，该分队装备这些电子侦察装备后的侦察能力为

$$f(m) = \begin{cases} 0.4875 & m=[960,1200] \\ 0.4250 & m=[1080,1260] \\ 0.0875 & m=[1200,1320] \\ 0 & 其他 \end{cases}$$

其平均侦察能力为 $Ef(x)=1134$，计算表明电子装备的实际侦察能力与其理想侦察能力之间是有差距的，在基于确定性参数设计电子装备试验或训练方案时应该引起重视。

7.3.3 基于盲数的装备对抗态势分析

针对 6.5.3 节的干扰装备等效辐射功率可靠度问题,实际工程背景中红方干扰装备等效辐射功率以及蓝方信号被压制所需要的等效功率一般通过以往的训练数据或前期侦察数据估计得到,用区间灰数来描述其可能值序列具有更强的说服力。假设红方干扰装备等效辐射功率为

$$f_A(m) = \begin{cases} 0.1847 & m = [4.23, 5.12] \\ 0.4507 & m = [5.44, 6.95] \\ 0.2923 & m = [7.22, 8.88] \\ 0 & 其他 \end{cases}$$

蓝方信号被压制所需要的等效功率为

$$f_B(m) = \begin{cases} 0.1977 & m = [4.63, 5.42] \\ 0.6768 & m = [6.12, 7.63] \\ 0.1215 & m = [8.38, 9.13] \\ 0 & 其他 \end{cases}$$

则根据盲数的减法运算有盲数 $A - B$,即

$$f_{A-B}(m) = \begin{cases} 0.0224 & m = [-4.90, -3.26] \\ 0.0548 & m = [-3.69, -1.43] \\ 0.1250 & m = [-3.40, -1.00] \\ 0.3050 & m = [-2.19, 0.83] \\ 0.0355 & m = [-1.91, 0.50] \\ 0.0365 & m = [-1.19, 0.49] \\ 0.1978 & m = [-0.41, 2.76] \\ 0.0891 & m = [0.02, 2.32] \\ 0.0578 & m = [1.80, 4.25] \\ 0 & 其他 \end{cases}$$

$f_{A-B}(m)$的期望值为$Ef_{A-B}(m) = -0.2411$,因此从总体态势上看,红、蓝双方在红方干扰装备等效辐射功率不足的状态下进行对抗,对抗态势稍有利于蓝方。

$f_{A-B}(m)$的非负值的可信度恰好反映了红方干扰装备等效辐射功率的保证可靠性情况,由A关于B的盲数模型可知,等效辐射功率的可靠度可以表示为$P(A-B>r)$,根据不同的r取值,可以从下列角度进行分析:

(1)保证有效压制的可信度为

$$P(A-B \geqslant 0) = 0.0578 + 0.0891 + \frac{2.76}{2.76+0.41} \times 0.1978 +$$

$$\frac{0.49}{0.49+1.19} \times 0.0365 + \frac{0.50}{0.50+1.91} \times 0.0355 +$$

$$\frac{0.83}{0.83+2.19} \times 0.305$$

$$= 42.1\%$$

(2)等效辐射功率的差距不超过一个单位可以认为基本上能进行压制,其可信度为

$$P(A-B \geqslant -1.000) = 0.0578 + 0.0891 + 0.1978 +$$

$$\frac{1.49}{0.49+1.19} \times 0.0365 + \frac{1.50}{0.50+1.91} \times 0.0355 +$$

$$\frac{1.83}{0.83+2.19} \times 0.305$$

$$= 58.4\%$$

(3)假设等效辐射功率的差距超过3个单位时认为毫无压制效果,其可信度为

$$P(A-B < -3.000) = 0.0224 + \frac{0.69}{3.69-1.43} \times 0.0548 +$$

$$\frac{0.4}{3.40-1.00} \times 0.125$$

$$= 6\%$$

第8章 基于联系数的试验数据分析理论与应用

集对分析(Set Pair Analysis,SPA)是中国学者赵克勤于1989年提出的一种用联系数 $a+bi+cj$ 统一处理模糊、随机、中介和信息不完全所致不确定性的系统理论和方法,从同、异、反3个方面研究两个事物的确定性与不确定性,全面刻画两个不同事物的联系,对电子装备试验活动中具有复合不确定特征的试验数据的描述与分析有着重要的理论与应用价值。本章重点研究电子装备小样本试验数据的集对分析基本方法,包括试验数据的联系数表达、基于联系数的试验数据方差分析、基于集对同势的试验数据分析方法等。

8.1 基于联系数的试验数据表达

集对分析实质上是基于一种新的不确定性理论,核心思想是将确定、不确定视为一个确定、不确定系统。在这个系统中,确定性和不确定性相互联系、相互影响、相互制约,并在一定条件下相互转化,用一个能够充分体现上述思想的概念——联系数来统一描述模糊、随机、中介和信息不完全等所致的各种不确定性,从而把对不确定性的辩证认识转化为具体的数学运算。

8.1.1 联系数表达与分析模型

SPA是一种处理不确定性问题的系统分析方法,集对分析的基本概念是集对与联系数。集对是指具有某种一定联系的两个集合 A 和 B 组成的对子,记为 $H(A,B)$。SPA的核心思想是对组成集对的两个集合特性作同一性、差异性、对立性分析,其特性用联系数进行定量刻画,

有两个集合的联系度表达式,即

$$\mu_{A-B} = \frac{S}{N} + \frac{F}{N}i + \frac{P}{N}j \qquad (8-1)$$

式中:N 为集合特性的总数;S 为同一特性的个数;F 为差异特性的个数;P 为对立特性的个数;i 为差异不确定系数,在 $[-1,1]$ 之间视不同情况取值,有时仅起差异标记作用;j 为对立度系数,在计算中 $j = -1$,有时仅起对立标记作用。

为简便计,称 $a = S/N$ 为同一度,$b = F/N$ 为差异度,$c = P/N$ 为对立度,其中 a、b、c 为非负且满足归一化条件 $a + b + c = 1$。上述联系度表达式可写为

$$\mu_{A-B} = a + bi + cj \qquad (8-2)$$

式中 a、b、c 为非负,但不要求满足归一化条件时,上述联系度又表示为联系数,该联系数称为同异反联系数或三元联系数,有时根据实际需要进一步将三元联系数表达式或同异反联系数表达式简化为以下的二元联系数表达式,即

$$\mu_{A-B} = a + bi \qquad (8-3)$$

$$\mu_{A-B} = bi + cj \qquad (8-4)$$

$$\mu_{A-B} = a + cj \qquad (8-5)$$

上面3个表达式分别称为同异联系数、异反联系数、同反联系数表达式。

联系数 μ_{A-B} 具有宏观、微观两个层次。联系数中的 a 和 c 分别是对事物同一和对立两种状态的定量刻画,同时又把介于同一和对立之间的不确定性区分为:宏观层次上的不确定性用 b 来度量;微观层次上的不确定性用不确定系数 i 来承载。i 并不是在联系数的确立过程中确定的,而是在3个宏观参数确定后赋予 b,目的在于进一步在微观层面上对不确定性程度进行调整。联系数 μ_{A-B} 具备了从宏观和微观两个尺度对系统进行刻画的能力。

联系数分析的一般步骤如下:

(1) 根据研究对象的性质,合理构造集合 A 和 B 以及集对 $H(A,B)$。

179

（2）通过一定的分类标准，将集合 A 和 B 的各个元素进行符号量化处理。

（3）将集合 A 的符号量化值逐一与集合 B 的符号量化值进行比较，统计符号相同的个数，记为 S，即同一性；统计符号满足预先给定的差异性标准的个数，记为 F，即差异性；统计符号满足预先给定的对立性标准的个数，记为 P，即对立性。

（4）取定 i 值，计算同一度 a、差异度 b、对立度 c 及联系数值 μ_{A-B}。

集对分析的基石在于以联系数值来表征集合 A 和 B 之间的不确定的定量关系。

8.1.2 电子装备试验数据的联系数模型

由联系数 μ_{A-B} 的定义可以看出，联系数能以统一的形式对多种不确定性加以客观描述，并且思路清晰，客观合理，便于对系统做进一步的分析。本节结合电子装备试验与训练过程实际进行说明。

8.1.2.1 对模糊不确定性的描述

例如，红、蓝双方进行电子装备训练，红方需要对蓝方某个地区某体制信号进行压制，以蓝方通信的抄报错误组数来认定红方压制的有效性。假设蓝方通信抄报 100 组，抄报错误组数 85~100 时为压制有效，抄报错误组数 70~85 时为压制基本有效，60~70 时为压制效果一般，抄报错误组数在 60 以下压制无效。考察抄报错误 90 组属于压制有效的程度，按模糊数学理论，认为抄报错误 90 组属于压制有效的程度为 0.9。事实上，同样是抄报错误 90 组却反映了不同的信道条件，信道条件好的情况下基本上反映红方压制的有效性，信道条件本来就不好的情况下无法真实地反映红方压制的有效性。另外，抄报错误 90 组只是当时某抄报员的评价结果，换一个抄报员就会是另外一个结果。

按照联系数的定义，本例中抄报错误 90 组属于压制有效的程度为 $0.9+0.1i$，也就是说，在给定的条件下，抄报错误 90 组属于压制有效的程度有 0.9 是可以确定的，与此同时有 0.1 程度的不确定。显而易见，这一描述符合客观实际。

8.1.2.2 对模糊不确定性夹带由不知道引起的不确定性的描述

在电子装备试验中,针对某个技术指标的考核,假设以 100 分为满分,按传统考核得分 88 分,则确认其符合指标要求的程度为 0.88,那么余下的 0.12 是什么含义？这个"0.12"与"0.88"有什么联系？

这是一个模糊不确定性又夹带由不知道引起的不确定性问题。这是由于电子装备试验是一项有人参与的工作,试验考核过程中难免会掺杂一些主观不确定的因素。问题中的"0.12",按传统评价方法可以理解为"不符合指标要求的程度",它与"0.88"的关系合起来刚好等于 1。但实际情况是,这"0.12"所代表的那部分不符合,如果对电子装备的该技术指标进行修改,有可能会对"0.88"产生"正效应",当然也有可能对"0.88"产生"负效应"。也就是说,从实际情况看,这里的"0.88"和"0.12"的关系也有着不确定性。

按照联系数的定义,电子装备某技术指标考核得分 88 分符合指标要求的程度为 $0.88+0.12i$。也就是说,该技术指标在试验条件下符合指标要求的程度 0.88 是可以确定的,与此同时有 0.12 程度的不确定。

8.1.2.3 由不知道引起的不确定性的描述

红、蓝双方进行背靠背的通信电子装备对抗训练,红方利用通信干扰系统对蓝方某个地区某体制通信信号进行压制,红、蓝双方都希望获得胜利,事实上只能有一方获得胜利,哪一方获胜在对抗开始之前谁都不能保证,也就是说具有不确定性。但是由于对任何一方来说,结局只有胜和败两个结果,于是可以记每一方的实际结果与希望获胜的联系数为

$$\mu_{A-B} = \frac{1}{2} + \frac{1}{2}i$$

式中:下标 A 为希望获胜结果;下标 B 为实际对抗结果。

由不知道引起的不确定性这类情况比较复杂,而这类情况在电子装备的试验与训练活动中又经常会遇到。

又例如,在上述红、蓝双方背靠背的通信电子装备对抗训练中,红方利用通信干扰系统对蓝方某个地区某体制通信信号进行压制,但是

实际并不知道蓝方某个地区有多少个需要干扰的通信信号目标。仅根据前期侦察情报和有关分析,估计蓝方某个地区最少有 n 个需要干扰的通信信号目标,最多有 m 个通信信号目标,则可以写出实际目标数与估计数的联系数表达式为

$$\mu_{A-B} = \frac{n}{m} + \frac{m-n}{m}i$$

式中:下标 A 为实际目标数目;下标 B 为估计的目标总数目。

8.1.2.4 由随机性引起的不确定性的描述

考核某通信电子侦察装备的侦察性能,假设有 10 个目标配合进行侦察概率试验,共进行 3 次试验。第一次试验侦察到 6 个目标,第二次试验侦察到 7 个目标,第三次试验侦察到 8 个目标。

传统的数据处理方法是先假设侦察次数服从一定的概率分布,然后求得侦察次数的数学期望值,即可求得该装备的侦察概率。在本例中,传统地认为该装备的侦察概率为 0.7,但是另外的 0.3 说明什么问题不能给出令人信服的解释。

按照联系数的定义,本例中可以认为,该装备对 10 个目标最少可以侦察到 6 个,这是确定的,至少有两个目标不能侦察到,这也是确定的,另外有两个目标能否侦察到还不能确定,于是可以写出该装备实际侦察到的目标与目标总数之间的联系数表达式为

$$\mu_{A-B} = \frac{6}{10} + \frac{2}{10}i + \frac{2}{10}j$$

式中:下标 A 为该装备实际侦察到的目标数目;下标 B 为目标总数目。

8.1.2.5 由随机性引起、夹带模糊不确定性、又夹带由不知道引起的不确定性的描述

红、蓝双方进行背靠背的通信电子装备对抗训练,红方的通信干扰系统对蓝方某个地区某体制通信信号进行压制,红方依据该系统过去 5 年间共 40 次的训练效果来制定其使用计划,以确保其训练效果。就这 40 次的训练效果来看,已知该系统能对目标进行有效压制的次数为 28 次,不能对目标进行有效压制的次数为 3 次,能对目标进行压制但

效果不理想的次数为 7 次,特别地,还有两次的训练资料因故缺少。那么,如何根据这 40 次的训练效果来分析这次通信电子装备对抗训练该系统能对目标进行有效压制的可能性。

上述问题是一个随机性夹带模糊不确定性、又夹带由不知道引起的不确定性的判别问题。这是由于:第一,由电子装备过去 40 次的训练效果资料来分析这次通信电子装备对抗训练该系统能对目标进行有效压制的可能性,这件事是个随机不确定性问题;第二,"能对目标进行压制但效果不理想"是个模糊的概念,具有模糊不确定性;第三,40 次训练中有两次的训练资料因故缺少,这就自然地产生由不知道引起的不确定性。情况如此复杂,传统的模糊数学、灰色系统理论等不确定性理论都不能根据已知条件来分析这次通信电子装备对抗训练该系统能对目标进行有效压制的可能性。

按照联系数的定义,把联系数稍作拓展,可以写出电子装备过去 40 次训练以能对目标进行有效压制作参考集与实际能对目标进行有效压制的联系数为

$$\mu_{A-B} = \frac{28}{40} + \frac{7}{40}i_1 + \frac{2}{40}i_2 + \frac{3}{40}j$$

式中:下标 A 为该装备实际能对目标进行有效压制的次数;下标 B 为能对目标进行有效压制的总数目;i_1 为"能对目标进行压制但效果不理想"这个模糊不确定性;i_2 为由不知道引起的不确定性;j 为不能对目标进行有效压制。

综上所述,当联系数 $\mu_{A-B} = a + bi + cj$ 中的不确定量 bi 中含有多种不确定性时,可以把 bi 直接分成 b_1i_1、b_2i_2、b_3i_3、b_4i_4、b_5i_5 等,以分别表示随机性不确定性、模糊不确定性、中介不确定性、由不知道引起的不确定性以及由信息不完全而引起的不确定性等,即可以写出其一般形式为

$$\mu_{A-B} = a + b_1i_1 + b_2i_2 + b_3i_3 + b_4i_4 + b_5i_5 + cj \tag{8-6}$$

式中:i_1、i_2、i_3、i_4、i_5 为对处于微观层次上的各种不确定性的承载,联系数通过其把宏观层次上的确定量与微观层次上的不确定量联系起来,从而构成一个确定不确定性系统。

联系数 μ_{A-B} 中的信息,包括确定性与非确定性互相转化的信息,对立与同一互相转化的信息,对这些信息加以开发,可以建立一种基于

联系数的系统分析理论。

8.1.3 不确定性系数 i 的取值方法

联系数 μ 中的 a、b、c 处于确定不确定系统的宏观层次上,i 则是对处于微观层次上的不确定性的承载。但是,宏观层次与微观层次是紧密联系的,i 在微观层次上的自由值,受到宏观层次的约束,以至于在某个联系数中,i 的实际值往往是 i 的自由值和 a、b、c 约束值综合作用的结果。在综合过程中,哪一方面起主要作用,哪一方面起次要作用,仍要视不同情况而定,从而导致有关 i 取值思路及取值方法的多样性。

关于 i 的取值方法,本节参考文献[21,94]介绍电子装备试验数据分析常用的计算取值法、随机取值法和特殊值法等方法。

8.1.3.1 计算取值法

电子装备系统及其试验系统都是动态系统,不仅在某个时刻具有不确定性,且在不同时刻其确定不确定性程度也不一样。当系统的确定不确定性程度主要由 i 变化引起时,可根据 μ 的变化求取 i 的值。

电子侦察装备的侦察性能用联系数表示,假设其在作战想定一背景下的侦察性能为 $\mu_{A-B} = 0.65 + 0.2i_1 + 0.15j$,其在作战想定二背景下的侦察性能为 $\mu'_{A-B} = 0.7 + 0.12i_2 + 0.18j$,试分析 i_1 的取值情况。

根据上述 μ_{A-B} 及 μ'_{A-B} 的表达式有两个方程,即

$$0.65 + 0.2i_1 = 0.7 \qquad ①$$

$$0.2i_1 + 0.15j = 0.18j \qquad ②$$

解方程①得到

$$i_1 = 0.25$$

解方程②得到

$$i_1 = 0.15$$

这时,可以把作战想定二背景下的 μ'_{A-B} 看作 μ_{A-B} 中 i_1 同时取值 0.25、0.15 和 0.6 的结果。也就是说,对于该电子侦察装备从作战想定一到作战想定二背景下的侦察性能,通过 i_1 的不同取值,把不确定

性 $b=0.2$ 的 25% 转化为同一度,即增强了对目标的侦察概率;15% 转化为对立度,也增大了不能对目标进行侦察的概率;60% 仍然保留在 b 内。

8.1.3.2 统计取值法

联系数 μ 中的 i 定义在区间 $[-1,1]$ 中取值,对电子装备试验数据进行不确定性分析时,可以利用类似作战想定下试验或训练的数据来决定 i 的取值。

例如,在某复杂电磁环境的电子装备训练过程中,某电子侦察装备对某种信号时而能侦察到、时而侦察不到,侦察到和侦察不到该信号的次数也大致相同,那么对该信号侦察到的概率大还是对该信号侦察不到的概率大不知道,假设侦察概率用联系数表示,则有

$$\mu = \frac{m}{n} + \frac{n-2m}{n}i + \frac{m}{n}j$$

式中:n 为总侦察次数;m 为对某种信号侦察到或侦察不到次数。

为了弄清某电子侦察装备对该信号侦察到的概率大还是对该信号侦察不到的概率大,可以在类似的复杂电磁环境下进行 3 次试验,如果 3 次都能侦察到该信号或 3 次中有两次能侦察到该信号,则 i 在区间 $(0,1]$ 中取值;如果 3 次都侦察不到该信号或 3 次中有两次侦察不到该信号,则 i 在区间 $[-1,0)$ 中取值,从而估计某电子侦察装备对该信号侦察到的概率大还是对该信号侦察不到的概率大。

又如,某批投掷式电子干扰弹 200 发,通过抽取 6 发进行干扰效果试验,其中 3 发干扰效果合格,3 发干扰效果不合格,余下的 194 发干扰效果合格还是不合格不知道。假设该批干扰弹干扰效果合格率用联系数表示,则有

$$\mu = \frac{3}{200} + \frac{194}{200}i + \frac{3}{200}j$$

为了确定干扰效果合格的电子干扰弹多还是干扰效果不合格的电子干扰弹多,进行放回抽样试验。连续进行 3 次试验,每次抽取一个电子干扰弹进行干扰效果试验,如果 3 次干扰效果都合格或 3 次中有两次干扰效果都合格,则 $i=1$;如果 3 次干扰效果都不合格或 3 次中有两

次干扰效果都不合格,则 $i = -1$,由此估计该批干扰弹中干扰效果合格的电子干扰弹多还是干扰效果不合格的电子干扰弹多。

8.1.3.3 特殊值法

i 的特殊值包括 i 的极限值 -1、1,中间值 0、0.5 和 -0.5。对电子装备试验数据进行不确定性分析时,还可以基于专家经验,利用不同作战想定下试验或训练的数据来决定 i 取值为 $0.1 \sim 0.9$ 和 $-0.1 \sim -0.9$。

例如,在某复杂电磁环境中,某电子侦察装备对某种信号的侦察概率用联系数表示,有

$$\mu = p_1 + (1 - p_1 - p_2)i + p_2 j$$

在后续的试验或训练过程中对该装备的侦察概率进行预测时,若装备所处的电磁环境相比简单了,则 i 可以在区间 $(0,1]$ 中取特殊值;如果装备所处的电磁环境相比复杂了,则 i 在区间 $[-1,0)$ 中取特殊值。

8.2 基于联系数的试验数据处理实例

8.2.1 电子系统可靠度的联系数表示模型

可靠性的定义是:"产品在规定的条件下和规定的时间内,完成规定功能的能力。"该定义明确指出评价一个产品的可靠性,与规定的工作条件和规定的工作时间有关,也与规定产品应完成的功能有关。

电子系统可靠性,说明对于电子系统在规定的条件下和规定的时间内,可能具有完成规定功能的能力,它也可能丧失了完成规定功能的能力(称为失效)。这应属于一种随机事件。描述这种随机事件的概率可作为表征电子系统可靠性的特征量和特征函数,即用概率来表征电子系统完成规定功能能力的大小,即可靠度。这样,电子系统的可靠度定义即可定量化为:电子系统在规定的条件下和规定的时间内,完成规定功能的概率,通常用字母 R 表示。

假设电子系统由 N 个电子模块或电子元器件组成,其中从开始工作到 t 时刻的失效数为 $n(t)$,则该电子系统在 t 时刻的可靠度可近似

表示为

$$R = \frac{N - n(t)}{N} \qquad (8-7)$$

式中:$0 \leqslant R \leqslant 1$,随着时间不断增长,系统的可靠度 R 将不断下降。

利用式(8-7)描述系统的可靠度,失效数 $n(t)$ 存在不确定性和含混性。"失效"是指产品丧失规定的功能,但是产品丧失功能有部分地丧失功能与整机丧失功能之分、暂时丧失功能与长时间丧失功能之分。例如,某通信电台由于电源受到干扰后通话质量下降,某通信干扰系统某频段的功率放大器问题使其在该频段不能施放干扰信号等。部分地、暂时地丧失规定的功能在工程上称为"故障"。从集对分析角度看,设备故障是设备既不能完全发挥其应有功能,又不是完全不能发挥其应有功能这样一种"中介过渡状态",因而具有不确定性。于是,可以假设电子系统从开始工作到 t 时刻时有 $n_1(t)$ 个电子模块或电子元器件完全失效,$n_2(t)$ 个电子模块或电子元器件不完好但也不是完全失效,则该系统内完好电子模块或电子元器件为 $N - n_1(t) - n_2(t)$,该电子系统在 t 时刻的可靠度可表示为

$$R(t) = \frac{N - n_1(t) - n_2(t)}{N} + \frac{n_2(t)}{N} i + \frac{n_1(t)}{N} j \qquad (8-8)$$

式(8-8)可更系统、全面地描述电子系统的可靠度。

8.2.2 侦察能力的联系数表示与比较

对某电子侦察装备 A 的侦察性能进行试验,假设试验中配试目标 10 个,该装备即使在没有情报支持的情况下能对其中的 6 个目标进行截获与识别,有两个目标必须在相关情报支持的情况下该装备才有可能截获与识别,但是有两个目标该装备无论使用什么工作方式都不能截获到,则该电子侦察装备侦察性能用联系数表示为

$$\mu_A = \frac{6}{10} + \frac{2}{10} i + \frac{2}{10} j$$

对同类型的电子侦察装备 B、C 进行侦察性能试验,得到其基于联系数的侦察性能为

$$\mu_B = \frac{6}{10} + \frac{3}{10} i + \frac{1}{10} j$$

$$\mu_C = \frac{6}{10} + \frac{1}{10}i + \frac{3}{10}j$$

对于基于传统的确定性参数而言,由于 $a_A = a_B = a_C$,所以电子侦察装备 A、B、C 的侦察性能相同,对它们之间的侦察性能差异不能进行分析。

考察 μ_A、μ_B、μ_C,有以下分析方法:

① 局部比较分析法,就是将比较对象联系数表达式中的个别联系分量进行比较。μ_A、μ_B、μ_C 的同一度相等,即有 $a_A = a_B = a_C$,而 μ_C 的对立度大于 μ_A 的对立度、μ_A 的对立度大于 μ_B 的对立度,所以在不考虑相关情报支持的情况下,可以认为电子侦察装备 B 的侦察性能略优于电子侦察装备 A、电子侦察装备 A 的侦察性能略优于电子侦察装备 C。

② 全局比较分析法,就是将比较对象联系数表达式中的每个联系分量进行比较。μ_A、μ_B、μ_C 从全局的角度来看时,除去考虑它们的同一度与对立度外,还需考察侦察性能的不确定性。很显然,由于 $b_B > b_A > b_C$,所以电子侦察装备 B 侦察性能结论的不确定性大于电子侦察装备 A、电子侦察装备 A 侦察性能结论的不确定性大于电子侦察装备 C。在这种情况下比较电子侦察装备侦察性能的优劣,需要对联系数表达式中的 i 进行取值分析。

假设基于装备的性能特征对联系数表达式 $\mu = a + bi + cj$ 中的 b 进行"一分为三"的分解,即 i 同时取值为 a、b、c,将 b 分为 ab、bb、cb 3 个部分,其中 ab 并入 a 中,bb 保留在 b 中,cb 并入 c 中,则有新的联系数表达式为

$$\mu = (a + ab) + bbi + (c + cb)j \qquad (8-9)$$

对上述 3 套电子侦察装备的 μ_A、μ_B、μ_C 进行式(8-9)的 i 取值,则有

$$\mu'_A = 0.72 + 0.04i + 0.24j$$
$$\mu'_B = 0.78 + 0.09i + 0.13j$$
$$\mu'_C = 0.66 + 0.01i + 0.33j$$

可以看出,电子侦察装备 B 的侦察性能优于电子侦察装备 A、电子

侦察装备 A 的侦察性能优于电子侦察装备 C；电子侦察装备 B 侦察性能结论的不确定性大于电子侦察装备 A、电子侦察装备 A 侦察性能结论的不确定性大于电子侦察装备 C。需要指出的是，该结论并不一定完全可靠，因为是在讨论 i 不确定性取值的前提下得到的分析结论，还需要结合具体的应用背景进行综合分析。

8.2.3 基于联系数的试验时间不确定性分析模型

电子装备试验时间的分析与控制是电子装备试验管理的主要内容之一，基于统筹图的网络计划方法是常用的一种基本方法，其中的试验阶段工作时间以某个定值出现。但在电子装备实际试验过程中存在种种不确定性因素，其试验阶段持续时间的信息在性质上是不确定的，用一个定值表示就不能完全客观地描述试验实际。电子装备试验阶段工作时间本质上是在某个区间内变化着的变量，不确定性是其本质特征，利用联系数来表达和处理试验阶段工作时间则不失为一个崭新的思路，能准确客观地表示和处理试验实际过程中的不确定性。

以某情报射击指挥控制系统的架设时间试验为例。首先分析该系统架设过程中的各项工作以及它们的相互关系，其架设过程可以分为 14 个工作，列出工作项目及其工作时间（明确其最快单位时间和最迟单位时间，以 $a+bi$ 型联系数表示）如表 8-1 所列；绘制架设统筹图草图；在试验过程中，在统筹图草图上标出基于联系数表达的各项工作时间，就可以得到该系统架设统筹图如图 8-1 所示，根据该统筹图就可以统计出该系统的架设时间，并进行不确定性分析。

表 8-1 某情报射击指控系统架设工作时间

序号	工作名称	代号	工作时间
1	架设前准备	A	$20+3i$
2	取下油机	B	$30+3i$
3	取下地钉、地线、信号线和电源线	C	$20+2i$
4	打开天线罩、架设雷达天线	D	$70+6i$
5	连接信号线	E	$50+4i$
6	连接电源线、发动油机	F	$60+5i$

(续)

序号	工作名称	代号	工作时间
7	打地钉	G	$45+5i$
8	连接地线	H	$15+2i$
9	配电箱加电、检查	I	$10+2i$
10	系统方位校正	J	$90+10i$
11	通信设备加电	K	$30+4i$
12	主控计算机加电	L	$50+6i$
13	主控计算机输入参数	M	$30+2i$
14	报告架设完成	N	$15+i$

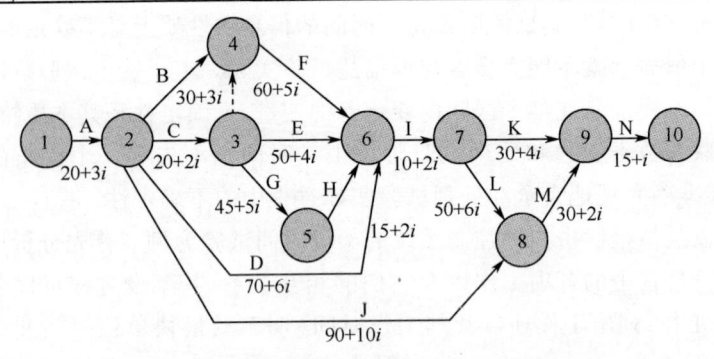

图 8-1 某情报射击指控系统架设时间统筹图

图 8-1 中以一条有向边来表示电子装备试验过程的一件具体工作，有向边上面的字母代表该工作代号，下面的联系数表达式表示完成该工作所需要的时间（图中时间单位为单位时间，如 min、h 等），有向边的起点和终点分别表示相应工作的开工和完工，如点①、②分别表示工作 A 的开工和完工，点②又表示工作 B 和 C 的开工。

在图 8-1 中，从开始节点按照各个工作的顺序连续不断地到达任务完成节点的一条通路称为路线。上述统筹图共有 9 条路线，路线的组成和所需要的时间如表 8-2 所列。

基于定值的网络计划方法中完成各个工作的时间之和最大的路线称为关键路线。本例中关键路线的所需时间就是该情报射击指挥控制系统的架设时间，在实际架设过程中，即使在一定范围内适当延长非关

表8-2 架设工作的路线组成及所需时间

路线	路线组成	路线所需时间
1	①②④⑥⑦⑧⑨⑩	$T_1 = 215 + 22i_1$
2	①②④⑥⑦⑨⑩	$T_2 = 165 + 18i_2$
3	①②③⑥⑦⑧⑨⑩	$T_3 = 195 + 20i_3$
4	①②③⑥⑦⑨⑩	$T_4 = 145 + 16i_4$
5	①②③⑤⑥⑦⑧⑨⑩	$T_5 = 205 + 23i_5$
6	①②③⑤⑥⑦⑨⑩	$T_6 = 155 + 19i_6$
7	①②⑥⑦⑧⑨⑩	$T_7 = 195 + 20i_7$
8	①②⑥⑦⑨⑩	$T_8 = 145 + 16i_8$
9	①②⑧⑨⑩	$T_9 = 155 + 16i_9$

键路线上各个工作所需的时间,也不会影响架设工作的完成时间。所以可以抽出适当的人力用在关键工作上,缩短关键工作的所需时间,就可以缩短该系统的架设时间。表8-2中完成各个工作的时间之和以联系数形式表达,不能直接比较大小,所以不能直接得到关键路线,需要根据 $i_k(k=1,2,\cdots,9)$ 的取值才能确定,i 的取值不同,所得到的关键路线也不相同,而且关键路线与非关键路线可以相互转化。

假设 $i_k(k=1,2,\cdots,9)=0$ 时,则有

$$T_1 = \max\{T_1, T_2, \cdots, T_9\}$$

即路线1所代表的路线①、②、④、⑥、⑦、⑧、⑨、⑩为关键路线。下面考察路线①和⑤,有

$$T_1 - T_5 = 10 + 22i_1 - 23i_5$$

i_1、i_5 在区间 $[-1,1]$ 上取值,假设 $i_1 = -0.5$,则当 $10 + 22i_1 - 23i_5 < 0$,即 i_5 在区间 $[-0.0435,1]$ 上取值时,则有 $T_1 < T_5$,此时路线5所代表的路线为关键路线。可见在实际电子装备试验过程中,其关键路线并不是一成不变的,需要根据试验过程中的不确定性因素进行调控和优化。

需要说明的是,本例只是针对联系数在试验时间计划与控制中的应用进行了初步探讨,而实际情况要复杂得多。因为基于联系数的分析方法取决于不确定数 i 的取值,而 i 在不同试验阶段工作时间中取值

也是不同的,所以需要结合具体的问题背景,综合运用不同的 i 取值方法进行分析。

8.3 基于联系数的试验数据方差分析及应用

根据电子装备战术技术性能及其影响因素的试验结果进行方差分析,鉴别影响因素对性能的影响程度,是电子装备试验数据处理中常用的一种方法。目前进行试验数据的方差分析都是基于确定值,王霞提出了基于联系数的方差分析方法,比传统方差分析能更细致地分析观察数据的变差和做出显著性检验,本节将之应用于电子装备性能及影响因素的试验数据分析。

8.3.1 联系数的构造及其基本运算

8.3.1.1 联系数的构造

电子装备性能及其影响因素试验数据采用 $u = a + bi$ 的形式,其构造方法如下:

假设电子装备性能或其影响因素试验数据为 $x_1, x_2, \cdots, x_n$,则有 $x_{\min} = \min\{x_1, x_2, \cdots, x_n\}$、$x_{\max} = \max\{x_1, x_2, \cdots, x_n\}$,于是有

$$a = \frac{x_{\max} + x_{\min}}{2} \qquad (8-10)$$

$$b = \frac{x_{\max} - x_{\min}}{2} \qquad (8-11)$$

从而构造出联系数 $a + bi$(i 在区间 $[-1, 1]$ 内取值)来表达原始试验数据。可以看出,该表达方式保留了原始信息的有用成分,能避免确定性参数描述的绝对化。

8.3.1.2 联系数的基本运算

设有 3 个联系数,即 $u_1 = a_1 + b_1 i$、$u_2 = a_2 + b_2 i$ 和 $u_3 = a_3 + b_3 i$,则有以下运算。

(1) 加法运算:

$$u_1 + u_2 = a_1 + b_1 i + a_2 + b_2 i = (a_1 + a_2) + (b_1 + b_2)i \quad (8-12)$$

由运算规则可知,联系数满足加法交换律与结合律,且可推广到有限个联系数的和。由加法运算规则还可以推导出平均联系数表达式,即

$$u_1 + u_2 + u_3 = 3 \times \frac{a_1 + b_1 i + a_2 + b_2 i + a_3 + b_3 i}{3}$$

$$= 3 \times \left(\frac{a_1 + a_2 + a_3}{3} + \frac{b_1 + b_2 + b_3}{3} i \right)$$

$$= 3 \times (\bar{a} + \bar{b} i) \qquad (8-13)$$

式中:$\bar{a}$、$\bar{b}$分别为3个同一度和差异度的平均值。

(2) 减法运算:

$$u_1 - u_2 = a_1 + b_1 i - (a_2 + b_2 i) = (a_1 - a_2) + (b_1 - b_2)i \qquad (8-14)$$

(3) 乘法运算:

$$u_1 \cdot u_2 = (a_1 + b_1 i) \times (a_2 + b_2 i) = a_1 \cdot a_2 + (a_2 b_1 + a_1 b_2 + b_1 b_2)i$$

$$(8-15)$$

(4) 除法运算:

$$\frac{u_1}{u_2} = \frac{a_1 + b_1 i}{a_2 + b_2 i} = \frac{a_1}{a_2} + \frac{b_1 - \frac{a_1}{a_2} b_2}{a_2 + b_2} i \qquad (8-16)$$

(5) 关系运算:联系数u_1与u_2相等,联系数的同部和异部必须分别相等,即

$$u_1 = u_2 \Leftrightarrow a_1 = a_2, b_1 = b_2 \qquad (8-17)$$

联系数u_1与u_2在比较大小时,与i的取值有关。当$i \in [-1,1]$时,若$u_1 - u_2 > 0$,则有$u_1 > u_2$;若$u_1 - u_2 < 0$,则有$u_1 < u_2$。

8.3.2 基于联系数的试验数据方差分析原理

本节基于单因素多水平方差分析原理进行研究,试验数据以联系数的形式表达,基本步骤如下:

(1) 把电子装备性能影响因素结合实际背景划分为k个不同的试验条件$A_1, A_2, \cdots, A_k$。

（2）在试验条件 $A_j(j=1,2,\cdots,k)$ 下进行相关影响因素的电子装备性能试验，进行相互独立的试验 m 次，每次试验结果用联系数表达为 $u_{nl} = a_{nl} + b_{nl}i(n=1,2,\cdots,k;l=1,2,\cdots,m)$。

（3）对所有的试验数据进行相关的计算，得到如表 8-3 所列的单因素方差计算表。

表 8-3 基于联系数的单因素方差计算表

序号	因素水平				总和
	A_1	A_2	$\cdots$	A_k	
1	u_{11}	u_{21}	$\cdots$	u_{k1}	
2	u_{12}	u_{22}	$\cdots$	u_{k2}	
$\vdots$	$\vdots$	$\vdots$	$\cdots$	$\vdots$	
m	u_{1m}	u_{2m}	$\cdots$	u_{km}	
样本和	$\sum_{l=1}^{m} u_{1l}$	$\sum_{l=1}^{m} u_{2l}$	$\cdots$	$\sum_{l=1}^{m} u_{kl}$	$\sum_{n=1}^{k}\sum_{l=1}^{m} u_{nl}$
样本和的平方	$\left(\sum_{l=1}^{m} u_{1l}\right)^2$	$\left(\sum_{l=1}^{m} u_{2l}\right)^2$	$\cdots$	$\left(\sum_{l=1}^{m} u_{kl}\right)^2$	$\sum_{n=1}^{k}\left(\sum_{l=1}^{m} u_{nl}\right)^2$
样本平方的和	$\sum_{l=1}^{m} u_{1l}^2$	$\sum_{l=1}^{m} u_{2l}^2$	$\cdots$	$\sum_{l=1}^{m} u_{kl}^2$	$\sum_{n=1}^{k}\sum_{l=1}^{m} u_{nl}^2$

按照上一节联系数的运算规则计算表 8-3 中的各个平方和，并令

$$P = \frac{1}{mk}\left(\sum_{n=1}^{k}\sum_{l=1}^{m} u_{nl}\right)^2 \tag{8-18}$$

$$Q = \frac{1}{k}\sum_{n=1}^{k}\left(\sum_{l=1}^{m} u_{nl}\right)^2 \tag{8-19}$$

$$R = \sum_{n=1}^{k}\sum_{l=1}^{m} u_{nl}^2 \tag{8-20}$$

则有组间离差平方和，即

$$S_1 = Q - P(自由度:m-1) \tag{8-21}$$

组内离差平方和,即

$$S_2 = R - Q(自由度:m(k-1)) \tag{8-22}$$

总平方和,即

$$S = S_1 + S_2 = R - P(自由度:mk-1) \tag{8-23}$$

(4)依据上述计算结果设计方差分析表(表8-4),并计算 F 值。

表8-4　基于联系数的单因素方差分析表

方差来源	平方和	自由度	均方	F
组间	S_1	$m-1$	$\bar{S}_1 = S_1/(m-1)$	$\bar{S}_1/\bar{S}_2$
组内	S_2	$m(k-1)$	$\bar{S}_2 = S_2/m(k-1)$	
总和	S	$mk-1$		

(5)进行 F 检验。

上述计算得到的 F 值是联系数形式的,需要对 i 进行取值后得到确定的 F 值才能进行检验。从常规的 F 检验表中查得 $F_{0.05}$、$F_{0.01}$ 和 $F_{0.1}$。当 $F > F_{0.01}$ 时,则判定该影响因素对装备性能的影响特别显著;若 $F_{0.01} \geqslant F > F_{0.05}$,认为该影响因素对装备性能的影响显著;若 $F_{0.05} \geqslant F > F_{0.1}$,认为该影响因素对装备性能有一定的影响;当 $F < F_{0.1}$ 时,则判定该影响因素对装备性能的影响不大。

该方法实际使用中必须结合背景确定 i 的取值范围。在 i 的不同取值情况下,得到不同的 F 值,可能会出现判断结果的边界模糊情况,即可能同时会有"影响因素对装备性能的影响特别显著"和"影响因素对装备性能的影响显著"的结论,这时需要进一步录取试验数据进行分析。

8.3.3　信噪比对接收机性能的影响程度分析

考察信噪比对接收机侦察性能的影响程度,利用联系数表达一定信噪比下接收机对某种体制信号的侦察概率。设置5种不同的信噪比,每一个信噪比下接收机对该体制信号进行3次侦察试验,其侦察概率如表8-5所列。

表8-5 基于联系数的侦察概率方差计算表

序号		信噪比水平					总和
		A_1	A_2	A_3	A_4	A_5	
侦察概率/%	1	$80+0.4i$	$82+0.8i$	$83+1.1i$	$87+1.4i$	$92+1.6i$	
	2	$82+0.6i$	$84+1.0i$	$84+1.2i$	$89+1.5i$	$93+1.8i$	
	3	$83+0.7i$	$86+1.1i$	$85+1.4i$	$91+1.8i$	$95+2.0i$	
样本和		$245+1.7i$	$252+2.9i$	$252+3.7i$	$267+4.7i$	$280+5.4i$	$1296+18.4i$
样本和的平方		$60025+835.89i$	$63504+1470i$	$63504+1878.5i$	$71289+2531.9i$	$78400+3053.2i$	$336722+9769.5i$
样本平方的和		$20013+279.61i$	$21176+491.25i$	$21170+626.81i$	$23771+845.65i$	$26138+1019i$	$112268+3262.3i$

由表8-5中数据可知，$m=5$、$k=3$，则可以计算得到

$$P = \frac{1}{15}(1296+18.4i)^2 = 111970+3202.1i$$

$$Q = \frac{1}{3}(336722+9769.5i) = 112240+3256.5i$$

$$R = 112268+3262.3i$$

则有

$$S_1 = Q - P = 270+54.4i$$

其自由度$f_1 = m-1 = 4$。

$$S_2 = R - Q = 28+5.8i$$

其自由度$f_2 = m(k-1) = 10$。

$$S = S_1 + S_2 = 298+60.2i$$

其自由度$f = mk-1 = 14$。

从而有

$$\bar{S}_1 = 67.5+13.6i, \quad \bar{S}_2 = 2.8+0.58i$$

$$F = \frac{\bar{S}_1}{\bar{S}_2} = \frac{67.5+13.6i}{2.8+0.58i} = 24.1071-0.1131i$$

查F检验表$F_{0.05}(4,10)=3.5$、$F_{0.01}(4,10)=6.0$。F中$i\in[-1,1]$，当

$i=1$ 时,有 $F_{min}=23.994$。所以有 $F_{min}>F_{0.01}$,于是可以判定信噪比对接收机侦察性能的影响特别显著。

8.4 基于集对同势的试验数据分析及应用

联系数 $\mu=a+bi+cj$ 中 3 个参数 a、b、c 一般大小不等,其大小差别在一定意义上反映了所论两个集合在指定问题背景下的某种联系趋势。当 $c\neq 0$ 时,定义同一度 a 与对立度 c 的比值 a/c 为所论集对 H 在指定问题背景下的集对势,记为 $shi(H)=a/c$,集对势可分为集对同势、集对反势、集对均势等。本节重点讨论集对同势的相关概念及基于集对同势的试验数据分析方法,其他集对势分析方法类似,这里不再赘述。

8.4.1 集对同势的相关概念

定义 8-1 在联系数 $\mu=a+bi+cj$ 中,若 $a/c>1$,则称这时的 $shi(H)$ 为集对 H 中两个集合在指定问题背景下的同势,简记为 $shi(H)_s$,即有

$$shi(H)_s = \frac{a}{c}, \quad \frac{a}{c}>1 \tag{8-24}$$

集对同势的存在意味着所论两个集合在同异反联系中存在同一趋势,是不是主要趋势还需要结合 b 的大小来讨论。本节中同一的实际含义,要结合相应的问题背景和预先给定的参考集含义进行理解。

定义 8-2 在集对具有同势的前提下,若满足 $b<c$,则称这两个集合具有强同势,简记为 $shi(H)_{s强}$,即有

$$shi(H)_{s强} = \frac{a}{c}, \quad a>c>b \tag{8-25}$$

当集对 H 存在强同势时,表明所论两个集合的同异反联系中以"同一趋势"为主。

定义 8-3 在集对具有同势的前提下,若满足 $a>b>c$,则称这两个集合具有弱同势,简记为 $shi(H)_{s弱}$,即有

$$\text{shi}(H)_{s弱} = \frac{a}{c}, \ a > b > c \qquad (8-26)$$

当集对 H 存在弱同势时,表明所论两个集合的同异反联系中虽有 "同一趋势"存在,但比较弱。

定义 8-4 在集对具有同势的前提下,若满足 $b > a$,则称这两个集合具有微同势,简记为 $\text{shi}(H)_{s微}$,即有

$$\text{shi}(H)_{s微} = \frac{a}{c}, \ b > a > c \qquad (8-27)$$

当集对 H 存在微同势时,表明所论两个集合的同反联系中虽有 "同一趋势"存在,但其势力已微弱。

定义 8-5 在集对具有同势的前提下,若满足 $b = 0$,则称这两个集合具有准同势,简记为 $\text{shi}(H)_{s准}$,即有

$$\text{shi}(H)_{s准} = \frac{a}{c}, \ b = 0, a > c \qquad (8-28)$$

当集对 H 存在准同势时,表明所论两个集合的同反联系中"同一趋势"是完全确定的。

由上述定义可以看出,在集对具有同势的前提下,能根据3个参数 a、b、c 的大小来分析两个集合"同一趋势"的关系情况,并获得其潜在的信息。

8.4.2 基于集对同势的试验数据分析示例

表 8-6 记录了 9 种类型的电子侦察装备对某体制信号的侦察概率,了解装备的侦察概率与信噪比、装备操作熟练程度、背景信号密度等 3 种影响因素的相关情况。

表 8-6 装备侦察概率与影响因素的相关情况

装备序号	信噪比	操作熟练程度	背景信号密度	侦察概率
1	大	熟练	小	高
2	大	熟练	中	高
3	大	不熟练	大	低
4	小	熟练	中	低

(续)

装备序号	信噪比	操作熟练程度	背景信号密度	侦察概率
5	中	比较熟练	中	中
6	中	不熟练	小	低
7	大	比较熟练	中	高
8	小	比较熟练	中	低
9	小	不熟练	中	低

由表 8-6 中所列数据可以统计出装备的侦察概率与信噪比、装备操作熟练程度、背景信号密度的同异反联系数为

$$u_{信噪比} = \frac{7}{9} + \frac{1}{9}i + \frac{1}{9}j$$

$$u_{熟练程度} = \frac{6}{9} + \frac{2}{9}i + \frac{1}{9}j$$

$$u_{信号密度} = \frac{3}{9} + \frac{5}{9}i + \frac{1}{9}j$$

可以看出,3 个联系数都有 $a>c$,所以信噪比、装备操作熟练程度、背景信号密度都是装备侦察概率的主要影响因素,其重要性程度依次为信噪比、装备操作熟练程度、背景信号密度。

对于 $u_{信噪比}$,由于 $a>c$、$c=b$,故"装备侦察概率"与"信噪比"存在强同势,即信噪比在对装备侦察概率的影响中占有主导地位。

对于 $u_{熟练程度}$,由于 $a>b>c$,故"装备侦察概率"与"装备操作熟练程度"存在弱同势,即装备操作熟练程度对装备侦察概率有影响,但影响程度比较弱。

对于 $u_{信号密度}$,由于 $b>a>c$,故"装备侦察概率"与"背景信号密度"存在微同势,即背景信号密度对装备侦察概率有一定的影响,但影响程度很微弱。

8.5 基于联系数的电子装备效能分析

8.5.1 基于联系数的电子装备系统效能分析

设有 $n(n \geq 2)$ 套同类型电子装备为某一作战目标组成一电子装备

系统,这时作用在该目标上的总体作战效能等于所有电子装备的作战效能的合成。该系统中每一套装备在发挥本身具备的作战效能,其作战效能在和其他 $n-1$ 套装备作战效能合成时,并不是单纯的求和关系,因为电子装备在进行作战时存在电磁波传播衰减等很多不确定因素的影响,而且每一套装备在和其他 $n-1$ 套装备组成系统时还有相互的影响与制约等作用,这种影响作用也是很复杂的非线性关系,并不是一个简单的函数关系就能描述的。因此,在进行系统作战效能的合成时,同类型电子装备组成系统进行作战是一种并行关系,对组成系统的每一套装备的作战效能描述时应首先考虑上述不确定性,然后就可以简化地认为系统的总体作战效能等于所有电子装备的作战效能之和。

以战斗力值衡量电子装备的作战效能,采用 $a+bi$ 型联系数的形式进行描述,其中 a 表示电子装备本身具备的作战效能,b 表示受其他电子装备影响而增加或衰减的作战效能,不确定性系数 i 在区间 $[-1,1]$ 内取值。

在一般情况下,假设该系统中每套电子装备的作战效能为 $a+kai$ ($1 \leq k \leq n-1$),其中 k 定义为装备成系统作战带来的作战效能倍增系数,则由 $n(n \geq 2)$ 套电子装备组成的电子装备系统的作战效能为 $an+akni$。将电子装备组成系统进行作战的目的是为取得最大的作战效能,也就是说,希望上述不确定性发挥积极的影响,针对不确定性系数 i 的取值,最好 i 能趋近于 1 取值。因此得到该系统作战效能的优化模型为

$$\lim_{i \to 1}(an+akni)$$

根据该模型可以做以下的分析:

(1) 当 $i \to 1$ 时,表示系统作用的最理想状态,该状态下该系统中任何一套电子装备作战效能的发挥对其他装备作战效能的发挥都起积极的作用,每套电子装备都由于系统的作用而带来作战效能的倍增,此时装备系统的作战效能值为 $an(1+k)$。由此可知,在理想状态下,一个由 $n(n \geq 3)$ 套电子装备组成的电子装备系统的作战效能大于这 n 套电子装备单独作战时的作战效能之和 an。当 $k_{max}=n-1$ 时,装备系统的作战效能值为 an^2,是该系统中 n 套电子装备单独作战时的作战效能之和的 n 倍,这是系统的积极作用发挥到最大时的理想结果。

（2）当 $i=0$ 时，表示该系统中任何一套电子装备系统作战效能的发挥对其他电子装备作战效能的发挥既不起积极作用也不起消极的作用，此时该模型的优化结果为 an。这表明该系统中任何一套电子装备都在独立地发挥着作战效能，系统的作战效能仅仅等同于各个电子装备的个体作战效能之和，换句话说，这时毫无系统作战效能可言。

（3）当 $i \rightarrow -1$ 时，表示该系统中任何一套电子装备作战效能的发挥对其他电子装备作战效能的发挥只起消极的作用，装备成系统作战带来的作战效能起不到倍增的作用，倍增系数 $k \rightarrow 1^+$，此时该模型的优化结果为 $an(1-k)$，并有 $an(1-k) \rightarrow 0^-$，其趋近于 0 的含义是指系统的作战效能越来越难以发挥。也就是说，当 $i \rightarrow -1$ 时，系统中的这些电子装备不能"相互帮助"地实现作战效能的倍增作用，而是"相互拆台"、相互干扰，甚至使每套电子装备连其本身的正常作战效能也难以发挥；并且由 $an(1-k) \rightarrow 0^-$ 可以看出，n 越大，系统效能 $an(1-k)$ 越小，还不如单套电子装备作战效能的发挥，因为系统的规模越大，系统中电子装备之间的"相互拆台"、相互干扰作用越大。

事实上，如果该系统中任何一套电子装备作战效能的发挥对其他装备作战效能的发挥起"相互帮助"的作用大于"相互拆台"的作用，即 $0 < i < 1$ 时，有 $an + akni > an$，表明一个由 $n(n \geq 2)$ 套电子装备组成的电子装备系统的作战效能大于这 n 套电子装备作战效能之和，起到了系统效能的作用。所以，如果确保电子装备工作时的相互干扰比较小，组成系统来工作时的系统作战效能比多套电子装备独立工作时的作战效能之和要大。

8.5.2 基于联系数的电子装备体系效能分析

体系是指系统的系统，电子装备体系是指为了完成电子对抗作战任务，为发挥最佳的整体作战效能，而由功能上相互联系、性能相互补充的各种电子装备系统按照一定结构综合集成的更高层次的电子装备系统。

电子装备体系的作战效能是指在体系规模范围内，在给定的作战条件和作战环境中，完成作战使命和达到预期目标的能力。该体系中的任何一套电子装备系统所发挥的作战效能，除了该电子装备系统本身具备的作战效能外,还受到其他电子装备系统的影响、制约等作用,因此难以基于加性或拟加性函数对各电子装备系统的作战效能进行简单的累加组合而得到体系的整体作战效能。另外,战场环境的时变性、各个电子装备系统之间的相关复杂性以及各种函数关系数学模型描述的非精确性等不确定性,也使得电子装备体系作战效能的分析难度极大。

联系数对客观存在的种种不确定性予以客观承认,并把不确定性与确定性作为一个既确定又不确定的同异反系统进行辩证分析和数学处理。本节基于联系数,以如图 8-2 所示的一个简单的电子装备体系为例,对电子装备体系作战效能的倍增效应进行初步探讨。

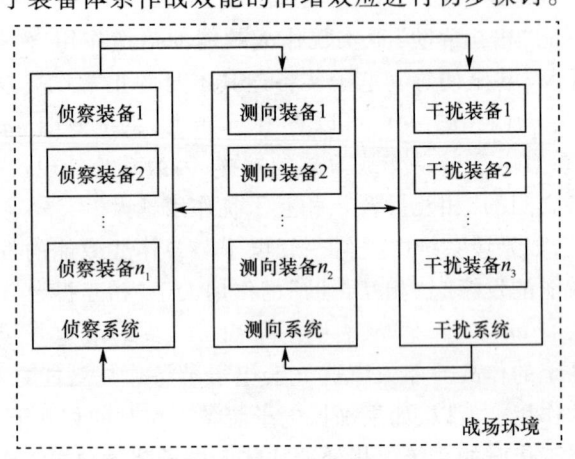

图 8-2 电子装备体系示例组成

设有 $n(n \geq 3)$ 个不同性能的电子装备系统为完成某一作战任务组成一电子装备体系,这时该体系中的任何一套电子装备系统所发挥的作战效能,除了装备系统本身具备的作战效能外,还受到其他 $n-1$ 套装备系统的影响、制约等作用,但这种作用对该体系作战效能的发挥是积极还是消极,这些装备系统之间相互发挥作用是协同还是离心,或者两者都不是,则具有不确定性。体系中的这种不确定性因子用联系数表示为 $1+(n-1)i$,其中 i 在区间 $[-1,1]$ 内取值。

图 8-2 中是电子装备体系由位于某种战场环境中的一套电子侦察系统、一套电子测向系统和一套电子干扰系统基于信息系统构成,其

中电子侦察系统由 n_1 套电子侦察装备组成、电子测向系统由 n_2 套电子测向装备组成、电子干扰系统由 n_3 套电子干扰装备组成。本节的电子装备体系作战效能的倍增效应不考虑信息系统的作战效能,此时该体系的不确定性因子为 $1+2i$。

假设电子侦察装备系统的作战效能为 $u_1 = a_1 n_1 + a_1 k_1 n_1 i$、电子测向装备系统的作战效能为 $u_2 = a_2 n_2 + a_2 k_2 n_2 i$、电子干扰装备系统的作战效能为 $u_3 = a_3 n_3 + a_3 k_3 n_3 i$,则该电子装备体系的作战效能为

$$\begin{aligned} u &= u_1 \cdot (1+2i) + u_2 \cdot (1+2i) + u_3 \cdot (1+2i) \\ &= (a_1 n_1 + a_1 k_1 n_1 i)(1+2i) + (a_2 n_2 + a_2 k_2 n_2 i)(1+2i) + \\ &\quad (a_3 n_3 + a_3 k_3 n_3 i)(1+2i) \\ &= a_1 n_1 + (2a_1 n_1 + 3a_1 k_1 n_1)i + a_2 n_2 + (2a_2 n_2 + 3a_2 k_2 n_2)i + \\ &\quad a_3 n_3 + (2a_3 n_3 + 3a_3 k_3 n_3)i \\ &= a_1 n_1 + a_2 n_2 + a_3 n_3 + (2a_1 n_1 + 2a_2 n_2 + 2a_3 n_3 + \\ &\quad 3a_1 k_1 n_1 + 3a_2 k_2 n_2 + 3a_3 k_3 n_3)i \end{aligned}$$

则有该体系作战效能的优化模型为

$$\lim_{i \to 1} [a_1 n_1 + a_2 n_2 + a_3 n_3 + (2a_1 n_1 + 2a_2 n_2 + 2a_3 n_3 + 3a_1 k_1 n_1 + 3a_2 k_2 n_2 + 3a_3 k_3 n_3)i]$$

根据该模型依据 i 的取值可以做如下的分析:

(1) 当 $i \to 1$ 时,表示在正理想状态下,该体系中任何一套电子装备系统作战效能的发挥对其他装备系统作战效能的发挥都起积极的作用,此时体系的作战效能为

$$\begin{aligned} u &= a_1 n_1 + a_2 n_2 + a_3 n_3 + 2a_1 n_1 + 2a_2 n_2 + 2a_3 n_3 + \\ &\quad 3a_1 k_1 n_1 + 3a_2 k_2 n_2 + 3a_3 k_3 n_3 \\ &= 3a_1 n_1 (1 + k_1) + 3a_2 n_2 (1 + k_2) + 3a_3 n_3 (1 + k_3) \end{aligned}$$

该体系中所有装备独立作战时作战效能之和为

$$u' = a_1 n_1 + a_2 n_2 + a_3 n_3$$

令 $k_{\min} = \min\{k_1, k_2, k_3\}$,则有

$$u = 3a_1n_1(1+k_1) + 3a_2n_2(1+k_2) + 3a_3n_3(1+k_3)$$
$$> 3a_1n_1(1+k_{\min}) + 3a_2n_2(1+k_{\min}) + 3a_3n_3(1+k_{\min})$$
$$= 3(1+k_{\min})(a_1n_1 + a_2n_2 + a_3n_3)$$
$$= 3(1+k_{\min})u'$$

由此可知,该电子装备体系的作战效能是该体系中所有装备作战效能之和的 $3(1+k_{\min})$ 倍,远远大于这些装备的作战效能之和,充分说明了进行体系作战时装备作战效能的倍增效应。

在电子装备的体系作战效能实际发挥中,由于多种不确定性因素的存在,很难达到上述理想状态,但是一般能实现 $0 < i < 1$,即该体系中任何一套电子装备系统作战效能的发挥对其他装备系统作战效能的发挥起积极的作用大于消极的作用,这时有

$$u = a_1n_1 + a_2n_2 + a_3n_3 + (2a_1n_1 + 2a_2n_2 + 2a_3n_3 + 3a_1k_1n_1 + 3a_2k_2n_2 + 3a_3k_3n_3)i$$
$$= a_1n_1(1+2i+3k_1i) + a_2n_2(1+2i+3k_2i) + a_3n_3(1+2i+3k_3i)$$
$$> a_1n_1(1+2i+3k_{\min}i) + a_2n_2(1+2i+3k_{\min}i) + a_3n_3(1+2i+3k_{\min}i)$$
$$= (1+2i+3k_{\min}i)u'$$

可以看出,该电子装备体系的作战效能大于这些装备独立工作时的作战效能之和,起到了体系效能的倍增作用。所以,在电子装备的作战使用上,如果确保它们工作时的相互干扰比较小,装备之间"相互帮助"的作用大于"相互拆台"的作用,应该将多套电子装备组成体系来工作,避免多套装备独立工作的现象。

(2) 当 $i = 0$ 时,表示该体系中任何一套电子装备系统作战效能的发挥对其他装备系统作战效能的发挥既不起积极的作用,也不起消极的作用,这时有

$$u = a_1n_1 + a_2n_2 + a_3n_3$$
$$= (a_1n_1 + a_1k_1n_1i) + (a_2n_2 + a_2k_2n_2i) + (a_3n_3 + a_3k_3n_3i)$$

$= u_1 + u_2 + u_3$

结合上一节 $i=0$ 时的分析结论,这表明该体系中任何一套电子装备都在独立地发挥着作战效能,体系的作战效能仅仅等同于各个电子装备的个体作战效能之和,换句话说,这时毫无体系作战效能可言。

(3) 当 $i \rightarrow -1$ 时,表示在负理想状态下,该体系中任何一套电子装备系统作战效能的发挥对其他装备系统作战效能的发挥只起消极的作用,此时

$$u = a_1 n_1 (1 + 2i + 3k_1 i) + a_2 n_2 (1 + 2i + 3k_2 i) + a_3 n_3 (1 + 2i + 3k_3 i)$$
$$= a_1 n_1 (-1 - 3k_1) + a_2 n_2 (-1 - 3k_2) + a_3 n_3 (-1 - 3k_3)$$
$$< 0$$

该式表明体系作战效能完全无法发挥(并不是表示作战效能为负数),而且电子装备体系的规模越大,即 n_1 越大,或 n_2 越大,或 n_3 越大,或 $n_1 + n_2 + n_3$ 越大,体系作战效能无法发挥的程度越大,这时体系中装备系统或装备之间的"相互拆台"作用越大。

综上所述,基于联系数对体系作战效能进行分析,可以得到电子装备体系作战效能随不确定性系数的倍增效应示意图,如图 8-3 所示。

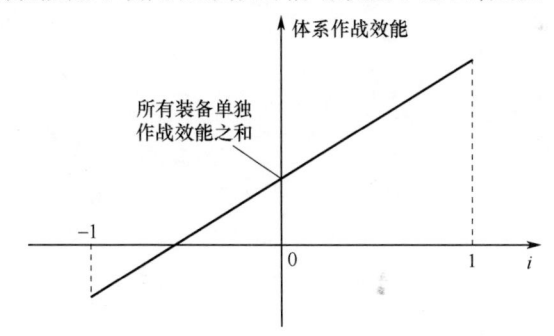

图 8-3 体系作战效能倍增效应示意图

第❸部分
预测与聚类

第 9 章　试验数据的灰预测理论与应用
第 10 章　试验数据的灰聚类理论与应用
第 11 章　试验数据的模糊聚类技术
第 12 章　试验数据的未确知预测与聚类
第 13 章　试验数据的联系数预测与聚类方法

第9章 试验数据的灰预测理论与应用

近年来,数据挖掘技术引起了武器装备试验领域科研工作人员的极大关注,主要原因有两个:一是经过多年的武器装备试验积累,已经取得了大量武器装备试验数据,迫切需要将这些数据通过数据挖掘技术转换成有用的信息和知识,以推动武器装备试验理论与技术的发展;二是武器装备的设计论证、资源配置、作战使用等都需要先前的性能数据提供依据,也需要将这些数据通过数据挖掘技术转换成所需的信息。

数据挖掘就是从大量数据中提取或"挖掘"知识。一般地,数据挖掘任务可以分为描述和预测两类。描述性挖掘任务刻画数据库中数据的一般特性,预测性挖掘任务在当前数据上进行推断,以便预测。细化数据挖掘功能,通常有用于特征和区分的概念/类描述、关联分析、分类和预测、聚类分析等。本章重点研究基于灰色系统相关理论的电子装备试验数据预测和聚类分析技术。

9.1 试验数据预测概述

预测是针对给定的数据样本构造和使用模型,评估、推测给定样本可能具有的属性值或值区间。基于电子装备历史试验数据进行预测,是电子装备试验工程中非常重要、必不可少的一项工作,通过预测,可以获得关于电子装备和试验系统的必要信息,可为科学试验方案的制定、电子装备的作战使用决策等提供可靠、准确的依据。

电子装备试验中的预测也是通过建立符合试验规律的预测模型来进行的,根据预测的目的选择预测参数,收集反映预测参数及其影响要素之间的关键数据,然后建立反映预测参数客观规律的数学模型。预测的数学模型可以是定性的预测方法或定量的预测方法,定性的预测方法有主观概率法、德尔菲法等,主要根据预测人员的经验和判断能力,通过少量的数学计算,从预测参数的历史试验数据中揭示其发展规律;定量的预测方法通过预测参数的历史试验数据来建立数学模型,基于该模型来揭示预测参数的发展变化情况,主要有平滑预测法、回归分析预测法等。随着大量高新电子装备的发展,很多性能参数的历史试验数据不丰富,这种参数预测方法是当前亟须解决的难题之一。灰色系统理论中的建模理论是处理小样本数据的强大工具。本章重点研究小样本试验数据基于灰色模型的预测问题,其预测步骤如图9-1所示。

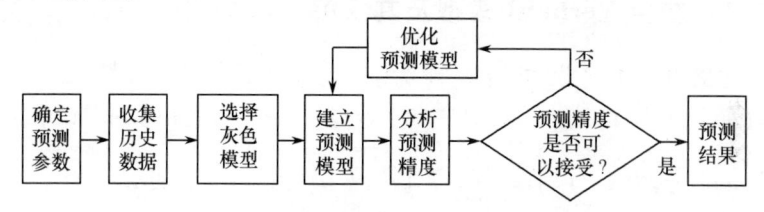

图9-1 基于灰色模型的小样本试验数据预测步骤

图9-1中"选择灰色模型"是针对预测参数类型而言,若预测参数是单变量,则选择GM(1,1)模型或灰色Verhulst模型,其参数估计和建模方法详见《电子信息装备试验灰色系统理论运用技术》一书,这里不再赘述。若预测参数是多变量,则选择GM(1,N)模型,这是本章的研究对象。"建立预测模型"的主要内容是根据历史试验数据对所选择的GM(1,N)模型进行参数估计,建立预测参数的时间响应式。对预测精度进行分析,如果模拟预测精度太低,预测就失去了实际意义,当预测精度不能接受时,就必须对GM(1,N)模型进行修改或优化,直到取得满意的预测精度。

9.2 基于灰色Verhulst优化模型的数据预测

在电子装备试验数据处理的实际工程背景中,很多数据存在着这样一种变化趋势,初期变化比较平缓,中期率变化很大,然后数据趋向一个极限,变化又很平缓,其呈S形变化特征。对于曲线S形变化特征的数据列,利用GM(1,1)模型建模的误差很大,而灰色Verhulst模型是一种很广泛的动态预测模型,是 S 形小样本数据列建模的有效工具。

但是灰色 Verhulst 模型是有偏差的灰指数模型,在应用过程中也存在模拟预测精度不高的情况,对其改进方法的研究也是灰色理论与应用研究的热点问题之一。本节认为初始数据列系统是动态变化发展的,背景值的构造形式和初始条件的选取是相互影响的,考虑背景值优化和初始条件优化之间的误差积累传播,提出了基于数学规划的灰色 Verhulst 模型优化方法,介绍了该模型基于模拟退火算法的求解步骤。

9.2.1 灰色 Verhulst 模型及其求解

定义 9-1 设初始数列为 $X^{(0)} = \{(x^{(0)}(1), x^{(0)}(2), \cdots, x^{(0)}(n)\}$; $X^{(0)}$ 的 1 - AGO 序列为 $X^{(1)} = \{x^{(1)}(1), x^{(1)}(2), \cdots, x^{(1)}(n)\}$,其中 $x^{(1)}(k) = \sum_{i=1}^{k} x^{(0)}(i)(k = 1, 2, \cdots, n)$;设 $Z^{(1)}$ 为 $X^{(1)}$ 的紧邻均值生成序列,则称

$$x^{(0)}(k) + az^{(1)}(k) = b(z^{(1)}(k))^2 \quad (9-1)$$

为灰色 Verhulst 模型。

命题 9-1 灰色 Verhulst 模型 $x^{(0)}(k) + z^{(1)}(k) = b(z^{(1)}(k))^2$ 中待估计参数 a 为模型的发展系数,待估计参数 b 为模型的灰作用量,另设 $\hat{a} = (a, b)^T$ 为参数列,且设

$$Y = \begin{bmatrix} x^{(0)}(2) \\ x^{(0)}(3) \\ \vdots \\ x^{(0)}(n) \end{bmatrix}, \quad B = \begin{bmatrix} -z^{(1)}(2) & (z^{(1)}(2))^2 \\ -z^{(1)}(3) & (z^{(1)}(2))^2 \\ \vdots & \vdots \\ -z^{(1)}(n) & (z^{(1)}(2))^2 \end{bmatrix} \quad (9-2)$$

则灰色 Verhulst 模型的最小二乘估计参数列为

$$\hat{a} = (B^T B)^{-1} B^T Y \quad (9-3)$$

证明:略。

定义 9-2 称

$$\frac{dx^{(1)}}{dt} + ax^{(1)} = b(x^{(1)})^2 \quad (9-4)$$

为灰色 Verhulst 模型的白化方程。

命题 9-2 灰色 Verhulst 模型白化方程的时间响应序列为

$$\hat{x}^{(1)}(k) = \frac{a}{b - c \cdot e^{ak}} \qquad (9-5)$$

式中：$k = 1, 2, \cdots, n$；c 为初始条件常数。

若令初始条件为 $x^{(1)}(0) = x^{(1)}(1)$，则有灰色 Verhulst 模型白化方程的时间响应序列为

$$\hat{x}^{(1)}(k+1) = \frac{ax^{(1)}(0)}{bx^{(1)}(0) - (a - bx^{(1)}(0)) \cdot e^{ak}} \qquad (9-6)$$

在实际建模过程中，可以取初始序列为 $X^{(1)}$，其 1 阶累减生成序列为 $X^{(0)}$，建立灰色 Verhulst 模型直接对 $X^{(1)}$ 进行模拟。

9.2.2 灰色 Verhulst 优化模型

9.2.2.1 基于数学规划的灰色 Verhulst 优化模型

Verhulst 模型主要用来描述非单调摆动发展或具有饱和状态的过程，即 S 形过程，最初慢慢上升，然后迅速增长，最后慢慢趋于极限，常用于人口预测、生物生长、繁殖预测和产品经济寿命预测等。建立灰色 Verhulst 模型的实质就是通过建模得到初始序列的拟合曲线，从拟合预测的角度出发，则希望最终的模拟序列能够最优地逼近初始序列，并且能具有较高的预测精度。由上节建模过程可以看出，模拟序列的建模精度取决于背景值逼近精度和初始条件常数 c 的精度。

定义 9-1 中 $Z^{(1)}$ 的紧邻均值生成是一种平滑，当时间间隔很小、序列数据变化平缓时，这样构造的背景值是合适的，模型偏差较小；但当序列数据变化急剧时，这样构造出来的背景值往往产生较大的滞后误差，模型偏差较大，因而在一定程度上会影响预测精度。另外，以数据表征的各种系统是动态变化的，因此以固定的背景值构造形式来应用于所有系统也是不合适的。根据灰色系统的新信息优先原理，在进行背景值的构造时可以考虑新旧信息的相对重要性，本书采用下述背景值加权构造形式，即

$$z^{(1)}(k) = \omega x^{(1)}(k) + (1 - \omega) x^{(1)}(k-1) \qquad (9-7)$$

式中：ω 为新信息的加权权重，针对不同的系统进行优化求解。

灰色 Verhulst 模型本身是一个模拟预测模型，如果以系统的当前

预测点为原点,在该原点之前,越远离原点数据的信息意义将逐步降低,在进行 Verhulst 模型预测的意义就越弱,越靠近原点的数据信息更能反映系统的目前特征,所以在进行建模时考虑数据的相对重要性显然是合理的。

针对初始条件常数 c 的优化,强行令初始值为 $x^{(1)}(1)$ 来推导常数 c 缺乏严格的理论依据,使得解出的灰色 Verhulst 模型不一定是最佳预测公式。另外,令初始值为 $x^{(1)}(n)$ 来推导常数 c,由于 $x^{(1)}(n)$ 是由原始序列累加生成的,原始序列的信息通过 $x^{(1)}(n)$ 都可以得到充分反映,因此把它作为初始条件符合灰色系统理论新信息优先原理,也符合灰色系统理论最少信息原理,有可能使模型的预测精度比原模型的预测精度更高,但是不能保证与原始数据列保持最好的动态发展趋势。由上节建模过程可以看出,背景值的构造形式对常数 c 的求解是有影响的,也就是说,背景值优化带来的偏差会影响初始条件常数 c 优化。于是,基于背景值优化和初始条件优化之间的误差传播累积作用,针对任意的加权权值 ω 下,本书考虑模拟值与原始值的相对误差平方和最小的目标来优化确定常数 c,其相对误差平方和为

$$\Delta E_\omega = \sum_{k=1}^{n} \left(\frac{\hat{x}_\omega^{(1)}(k) - x^{(1)}(k)}{x^{(1)}(k)} \right)^2 \quad (9-8)$$

式中: $\hat{x}_\omega^{(1)}(k)$ 为权值 ω 下的模拟值。

这时求解 $\min \Delta E_\omega$ 则可得到初始条件常数 c,此时常数 c 是权值 ω 时的函数。

将 c 代入式(9-8),求得 $\hat{x}^{(1)}(k)$,它是 ω 和 c 的函数。于是得到灰色 Verhulst 参数优化的数学规划模型为

$$\begin{cases} \min \Delta E = \sum_{k=1}^{n} \left(\frac{\hat{x}^{(1)}(k) - x^{(1)}(k)}{x^{(1)}(k)} \right) \\ \text{s. t.} \begin{cases} 0 \leq \omega \leq 1 \\ \min \Delta E_\omega \end{cases} \end{cases} \quad (9-9)$$

求解该模型得到最优的 ω、发展系数 a、灰作用量 b 和初始条件常数 c,根据式(9-5)即可求得灰色 Verhulst 模型的最优模拟时间响应序列。该模型中 ΔE 和 ΔE_ω 都是非线性函数,本节选用模拟退火算法

进行求解。

9.2.2.2 灰色 Verhulst 优化模型的模拟退火算法

模拟退火算法,顾名思义,就是一种模拟固体退火过程的组合优化算法,在求解过程中不但接受对目标函数改善的状态,而且还以某种概率接受使目标函数恶化的状态。算法由一个控制参数 T 决定,经过大量解变换后,可求得给定控制参数下优化问题的相对最优解;然后缓慢减小参数 T 的值,重复迭代过程,当参数 T 趋于 0 时,系统状态对应于优化问题的全局最优解。这种算法特点可以使之避免过早收敛到某个局部极值点,从而能够比较有效地进行全局搜索最优值。其基本步骤如下:

（1）初始化,给定模型每个参数的变化范围并随机选择一个初始解 $S(0) = S_0$；设定初始温度 T_0 和终止温度,产生随机数 $\xi \in (0,1)$ 作为概率阈值；设定降温规律 $T_{i+1} = \gamma \cdot T_i$, γ 为退火系数, i 为迭代次数；令 $i = 0$。

（2）在温度 T_i 下,依据当前解 $S(k)$ 产生一个新解 S',计算能量之差 $\Delta E = E(S') - E(S)$。如果 $\Delta E < 0$,则 S' 作为下一个当前解；否则,以概率 $\exp\{-\Delta E/T\}$ 接受 S' 作为下一个当前解。

（3）若 S' 被接受,则令 $S(k+1) = S'$；否则 $S(k+1) = S$。

（4）令 $k: = k + 1$,检查 Metropolis 算法是否满足终止条件,若满足转步骤(5),否则转步骤(2)。

（5）按设定的降温规律降温。

（6）若温度已到终止温度条件则终止算法,输出最优解 $S(i)$；否则 $i: = i + 1$,转步骤(2)。

9.2.3 电子装备平均故障工作时间预测

目前对于电子装备的可靠性分析主要是以可靠性数学,即故障数据的统计推断为基础的,平均故障工作时间是衡量可靠性的最常用指标,用平均故障工作时间来进行故障预测是可靠性研究的重要课题之一。

平均故障工作时间是反映电子装备使用性能的一个重要指标,它受到系统中各层次、各因素的影响,是这些层次、因素综合作用的结果,但是它们之间的关系很复杂,难以做出精确的描述,甚至不可能定量地表示出来,通常要进行现场的或模拟的试验或使用来获取平均故障工作时间,但是这种数据表现出样本量少、概率分布难以确定等特征,给后面的统计预测带来很大困难。从系统的观点来看,电子装备从广义上来说是一个能量系统,在系统内外各层次、各因素相对稳定的情况下,尽管系统的平均故障工作时间是杂乱无章的,但它毕竟具有整体功能,是有序的,隐藏在随机性后面的客观规律总是存在的。本节分别利用灰色 Verhulst 模型和灰色 Verhulst 优化模型对电子装备平均故障工作时间建立拟合模型进行预测,并对所建立的预测模型精度进行比较分析。

图 9-2 所示为某电子装备平均故障工作时间与故障数统计关系。由图可以看出,大约 700h 之前装备的故障发生率很低,而后来故障发生率表现很高;反映在平均故障工作时间数据序列上,表现了前一部分增长速度过快、后一部分增长速度过慢的特征,其变化曲线呈 S 形变化特征。

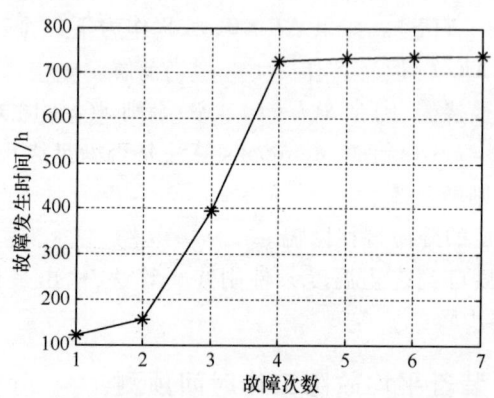

图 9-2 某电子装备平均故障工作时间统计

本节对该电子装备的平均故障工作时间数据序列{120,156,396,726,733,734,739}分别进行灰色 Verhulst 模型、灰色 Verhulst 优化模型建模,并对模型的预测精度进行比较分析。

灰色 Verhulst 模型的白化响应式为

$$\hat{x}^{(1)}(k+1) = \frac{173.3553}{0.2305 + 1.2141 e^{-1.4446k}}$$

应用灰色 Verhulst 优化模型,求得最优的 $\omega = 0.66$,其模拟时间响应式为

$$\hat{x}^{(1)}(k+1) = \frac{1.3644}{0.0018 + 0.1008 \cdot e^{-1.3644(k+1)}}$$

分别计算各模型的模拟数据,并将相应的实际数据、模拟数据、相对误差和平均相对误差列于表 9-1。

表 9-1 平均故障工作时间的建模结果与比较

序号	故障时间	灰色 Verhulst 模型 模拟值	相对误差/%	灰色 Verhulst 优化模型 模拟值	相对误差
1	120	120	0	120.0000	0
2	156	335.4	115	163.1011	4.55
3	396	581.7	46.9	393.6752	0.59
4	726	703.5	3.1	616.3018	15.11
5	733	740	0.95	720.3998	1.72
6	734	749.2	2.07	752.8945	2.57
7	739	751.4	1.68	761.6734	3.07
平均相对误差/%		28.28		3.94	

由表 9-1 可以看出,灰色 Verhulst 优化模型的平均相对误差小于灰色 Verhulst 模型,两种模型模拟的相对误差分布如图 9-3 所示。假设 $X^{(0)}$ 代表原始数据列,$\hat{X}_1$、$\hat{X}_2$ 分别代表灰色 Verhulst 模型、灰色 Verhulst 优化模型的模拟数据列,各数据列曲线如图 9-4 所示。图中以虚线表示原始数据列,很直观地就可以看出,灰色 Verhulst 优化模型所得的模拟序列与原始序列的接近性、相似性好于灰色 Verhulst 模型。

考察两种模型所得的模拟数据列与原始序列 $X^{(0)}$ 的灰关联度,求得 $\gamma(\hat{X}_1, X^{(0)}) = 0.7358$、$\gamma(\hat{X}_2, X^{(0)}) = 0.8397$,灰色 Verhulst 优化模型

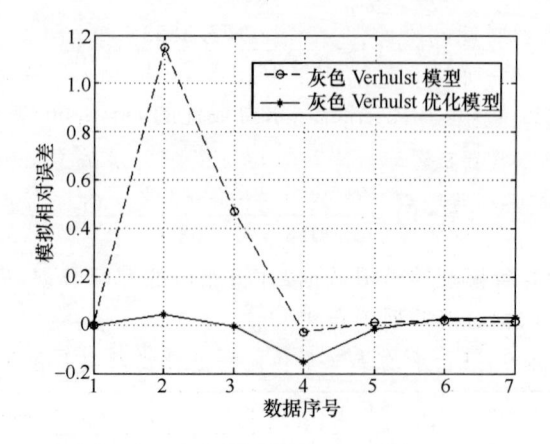

图 9 - 3 平均故障工作时间模拟相对误差分布

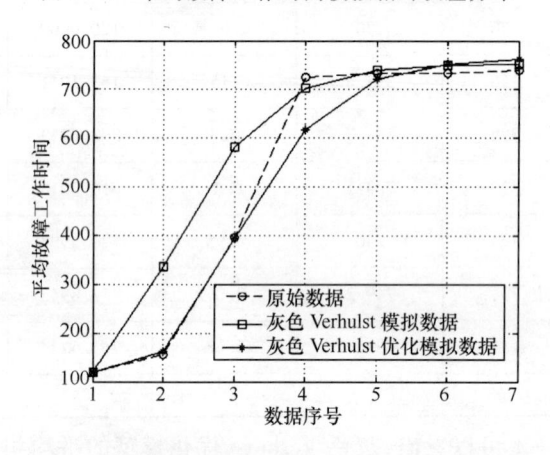

图 9 - 4 平均故障工作时间模拟与初始序列的关联程度

所得的模拟序列与原始序列的灰关联度大于灰色 Verhulst 模型。

9.2.4 电子装备试验配试设备的研制费用预测

　　武器装备全寿命周期费用技术受到了越来越广泛的重视,在电子装备试验中配试设备系统研制费用进行预测,可为靶场试验经费预算的节省,新配试设备系统的论证、研制、生产、使用和保障等全寿命管理提供可靠的依据。从实际工程背景来看,配试设备研制遵循方案论证、初样设计研制、正样设计研制、靶场验收试验等工作程序;大部分装备研制费用随着时间的推移,经费需求初期少,中期的某一时期达到高峰,后期又减少,研制费用累积曲线呈 S 形变化特征。因此,本节利用灰色 Verhulst 优化模型对某配试设备的研制费用进行模拟预测。

以某指挥控制系统研制费用数据为例进行灰色 Verhulst 优化模型建模,其逐年研制费用和累积研制费用如表 9-2 所列。

表 9-2 某指挥控制系统逐年和累积研制费用(千元)

年份	2005	2006	2007	2008	2009	2010
研制费用	496	779	1187	1025	488	255
累积研制费用	496	1275	2462	3487	3975	4230

对该指挥控制系统累积研制费用数据序列{496,1275,2462,3487,3975,4230}分别进行灰色 Verhulst 模型、灰色 Verhulst 优化模型建模,并对模型的预测精度进行比较分析。

灰色 Verhulst 模型的白化响应式为

$$\hat{x}^{(1)}(k+1) = \frac{405.0672}{0.0188 + 0.7979 \cdot e^{-0.8167 \cdot k}}$$

应用灰色 Verhulst 优化模型,求得最优的 $\omega = 0.57$,其模拟时间响应式为

$$\hat{x}^{(1)}(k+1) = \frac{1.0944}{0.00025225 + 0.0054 \cdot e^{-1.0944(k+1)}}$$

对两个模型模拟结果进行比较与分析,分别计算各模型的模拟数据,并将相应的实际数据、模拟数据、相对误差和平均相对误差列于表 9-3。

表 9-3 累积研制费用的建模结果与比较

序号	累积研制费用/千元	灰色 Verhulst 模型 模拟值	灰色 Verhulst 模型 相对误差	灰色 Verhulst 优化模型 模拟值	灰色 Verhulst 优化模型 相对误差
1	496	496.0	0	496.0	0
2	1275	594.7	0.5336	1276.4	0.0011
3	2462	1229.2	0.5007	2406.1	0.0227
4	3487	2301.7	0.3399	3419.2	0.0194
5	3975	3608.4	0.0922	3980.2	0.0013
6	4230	4335.2	0.0249	4211.6	0.0044
平均相对误差		0.2486		0.0082	

由表9-3可以看出,灰色 Verhulst 优化模型的平均相对误差小于灰色 Verhulst 模型。假设 $X^{(0)}$ 代表原始数据列,$\hat{X}_1$、$\hat{X}_2$ 分别代表灰色 Verhulst 模型、灰色 Verhulst 优化模型的模拟数据列,各数据列曲线如图9-5所示。图中以虚线表示原始数据列,很直观地就可以看出,灰色 Verhulst 优化模型所得的模拟序列与原始序列的接近性、相似性明显要优于灰色 Verhulst 模型。

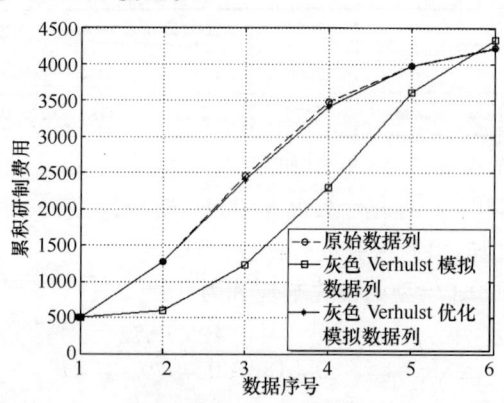

图9-5 研制费用模拟与初始序列的关联程度

考察两种模型所得的模拟数据列与原始序列 $X^{(0)}$ 的灰关联度,求得 $\gamma(\hat{X}_1, X^{(0)}) = 0.6053$、$\gamma(\hat{X}_2, X^{(0)}) = 0.9630$,灰色 Verhulst 优化模型所得的模拟序列与原始序列的灰关联度大于灰色 Verhulst 模型,结果与上一节一致。

9.3 基于 GM(1,N) 模型的装备工作状态估计

在电子装备试验中,对很多数据列建模时常用的数据预测外推 GM(1,1)模型并不适用,因为 GM(1,1)模型仅利用单一序列模拟和预测,没有反映多个相互影响、相互作用的变量之间协调发展和制约的情况。而电子装备试验中反映装备战术技术性能的很多数据列不是单独的发展变量,受到很多其他变量的影响,且各变量间相互影响、互相关联、共同发展,每一个变量都受到其他变量影响,同时也影响着其他变

量。因此,本节介绍多变量灰色 GM(1,N)模型,考虑相关因素的驱动性能建立微分方程,从而发现和掌握特征因素的发展规律,较好地反映系统中各变量之间相互影响、相互制约的关系。当 $N=1$ 时,GM(1,N)模型就退化为 GM(1,1)模型。

9.3.1 GM(1,N)模型及其参数估计

9.3.1.1 模型及参数估计

设 $X_1^{(0)} = \{x_1^{(0)}(1), x_1^{(0)}(2), \cdots, x_1^{(0)}(n)\}$ 为系统特征数据建模序列,而

$$X_2^{(0)} = \{x_2^{(0)}(1), x_2^{(0)}(2), \cdots, x_2^{(0)}(n)\}$$
$$X_3^{(0)} = \{x_3^{(0)}(1), x_3^{(0)}(2), \cdots, x_3^{(0)}(n)\}$$
$$\vdots$$
$$X_N^{(0)} = \{x_N^{(0)}(1), x_N^{(0)}(2), \cdots, x_N^{(0)}(n)\}$$

为相关因素数据序列,$X_i^{(1)}(i=1,2,\cdots,N)$ 为 $X_i^{(0)}$ 的 1 阶累加生成算子(Accumulating Generation Operator, AGO)序列,$Z_1^{(1)}$ 为 $X_1^{(1)}$ 的紧邻均值生成序列,即

$$\begin{cases} X_i^{(1)} = \{x_i^{(1)}(1), x_i^{(1)}(2), \cdots, x_i^{(1)}(n)\} \\ x_i^{(1)}(k) = \sum_{j=1}^{k} x_i^{(0)}(j) \\ z_1^{(1)}(k) = 0.5(x_1^{(1)}(k) + x_1^{(1)}(k-1)) \end{cases} \quad (9-10)$$

则称

$$x_1^{(0)}(k) + az_1^{(1)}(k) = \sum_{i=2}^{N} b_i x_i^{(1)}(k) \quad (9-11)$$

为 GM(1,N)模型。式中参数 a 为 GM(1,N)的发展系数,参数 $b_2, \cdots, b_N$ 称为 GM(1,N)的驱动系数,$\hat{a} = (a, b_2, \cdots, b_N)^T$ 称为参数列。

又设

$$Y = \begin{bmatrix} x_1^{(0)}(2) \\ x_1^{(0)}(3) \\ \vdots \\ x_1^{(0)}(n) \end{bmatrix} \quad (9-12)$$

$$R = \begin{bmatrix} -z_1^{(1)}(2) & x_2^{(1)}(2) & \cdots & x_N^{(1)}(2) \\ -z_1^{(1)}(3) & x_2^{(1)}(3) & \cdots & x_N^{(1)}(3) \\ \vdots & \vdots & & \vdots \\ -z_1^{(1)}(n) & x_2^{(1)}(n) & \cdots & x_N^{(1)}(n) \end{bmatrix} \quad (9-13)$$

则 GM(1,N)模型的最小二乘估计参数列为

$$\hat{a} = (R^T R)^{-1} R^T Y \quad (9-14)$$

设参数列 $\hat{a} = (a, b_2, \cdots, b_N)^T$,则称

$$\frac{dx_1^{(1)}}{dt} + a z_1^{(1)}(k) = \sum_{i=2}^{N} b_i x_i^{(1)}(k) \quad (9-15)$$

为 GM(1,N)模型的白化方程,也称为影子方程。

影子方程的近似时间响应式为

$$\hat{x}_1^{(1)}(k+1) = \left\{ x_1^{(1)}(1) - \frac{1}{a} \left[\sum_{i=2}^{N} b_i x_i^{(1)}(k+1) \right] \right\} \cdot e^{-ak} +$$

$$\frac{1}{a} \left[\sum_{i=2}^{N} b_i x_i^{(1)}(k+1) \right] \quad (9-16)$$

累减还原值为

$$\hat{x}_1^{(0)}(k+1) = \hat{x}_1^{(1)}(k+1) - \hat{x}_1^{(1)}(k) \quad (9-17)$$

由近似时间响应式可以看出,GM(1,N)模型是一种状态模型,可以根据系统的发展趋势和目前的影响因素对系统的当前状态进行估计,但是要说明的是当前状态进行估计和进行预测是两回事,影子方程的近似时间响应式不能用来进行预测。

9.3.1.2 模型精度

令 $e(k) = x_1^{(0)}(k) - \hat{x}_1^{(0)}(k)$ $(k=2,\cdots,n)$,可得 GM(1,N)模型中系统特征变量的相对残差 $\varepsilon(k)$ 和平均相对残差 $\varepsilon(\text{avg})$,即有

$$\begin{cases} \varepsilon(k) = \dfrac{e(k)}{x_1^{(0)}(k)} \cdot 100\% \\ \varepsilon(\text{avg}) = \dfrac{1}{n-1} \sum_{k=2}^{n} |\varepsilon(k)| \end{cases} \quad (9-18)$$

从而可以得到 GM(1,N) 模型的模拟精度为

$$p = (1 - \varepsilon(\text{avg})) \cdot 100\% \quad (9-19)$$

9.3.2 GM(0,N)模型及其参数估计

设 $X_1^{(0)}$ 为系统特征数据建模序列,而 $X_2^{(0)}, X_3^{(0)}, \cdots, X_N^{(0)}$ 为相关因素数据序列,$X_i^{(1)}(i=1,2,\cdots,N)$ 为 $X_i^{(0)}$ 的 1-AGO 序列,则称

$$x_1^{(1)}(k) = b_2 x_2^{(1)}(k) + b_3 x_3^{(1)}(k) + \cdots + b_N x_N^{(1)}(k) + a \quad (9-20)$$

为 GM(0,N) 模型。

GM(0,N)模型不含导数,因此为静态模型。它形如多元线性回归模型,但与一般的多元线性回归模型有着本质的区别,一般的多元线性回归建模以原始数据序列为基础,GM(0,N)的建模基础则是原始数据的 1-AGO 序列。

设 $X_i^{(0)}$、$X_i^{(1)}(i=1,2,\cdots,N)$ 的含义如上所述,又设

$$B = \begin{bmatrix} x_2^{(1)}(2) & x_3^{(1)}(2) & \cdots & x_N^{(1)}(2) \\ x_2^{(1)}(3) & x_3^{(1)}(3) & \cdots & x_N^{(1)}(3) \\ \vdots & \vdots & & \vdots \\ x_2^{(1)}(n) & x_3^{(1)}(n) & \cdots & x_N^{(1)}(n) \end{bmatrix}, \quad Y = \begin{bmatrix} x_1^{(0)}(2) \\ x_1^{(0)}(3) \\ \vdots \\ x_1^{(0)}(n) \end{bmatrix}$$

$$(9-21)$$

则 GM(0,N) 模型的参数列 $\hat{a} = (a, b_2, \cdots, b_N)^T$ 的最小二乘估计为

$$\hat{a} = (B^T B)^{-1} B^T Y \quad (9-22)$$

9.3.3 电子装备的数据传输误码率建模

复杂电磁环境下通信系统的数据传输误码率除了受到装备本身战术技术性能的限制外,很大程度上受到电磁环境的影响,如背景信号密度、背景信号强度等因素,这些因素相互关联地影响着通信系统的数据传输误码率。本节针对某一指挥控制系统的数据传输误码率进行建

模,以数据字节差错率为系统特征数据建模序列,以数据传输系统通信频段内背景信号密度(相关因素一)、通信干扰信号频宽占数据传输系统通信频段的百分比(相关因素二)为相关因素序列,数据如表9-4所列,表中带下画线数据为待估计参数。

表9-4 数据传输字节错误率及相关因素数据

序号	1	2	3	4	5	6
字节差错率/%	17.5	18.6	19.9	21.2	22.7	—
相关因素一/(个/MHz)	70	76	80	85	87	86
相关因素二/%	28	32	33	34	36	36

根据表中数据,有系统特征数据建模序列

$$X_1^{(0)} = \{17.5, 18.6, 19.9, 21.2, 22.7\}$$

和相关因素数据序列

$$X_2^{(0)} = \{70, 76, 80, 85, 87\}$$
$$X_3^{(0)} = \{28, 32, 33, 34, 36\}$$

下面分别建立 GM(1,3) 模型和 GM(0,3) 模型。

9.3.3.1 字节错误率的 GM(1,3) 模型

设 GM(1,3) 模型的白化方程为

$$\frac{dx_1^{(1)}}{dt} + a_1 x_1^{(1)} = b_2 x_2^{(1)} + b_3 x_3^{(1)}$$

对 $X_1^{(0)}$ 和 $X_2^{(0)}$、$X_3^{(0)}$ 作 1-AGO,得到

$$X_1^{(1)} = \{x_1^{(1)}(1), x_1^{(1)}(2), x_1^{(1)}(3), x_1^{(1)}(4), x_1^{(1)}(5)\}$$
$$= \{17.5, 36.1, 56.0, 77.2, 99.9\}$$
$$X_2^{(1)} = \{x_2^{(1)}(1), x_2^{(1)}(2), x_2^{(1)}(3), x_2^{(1)}(4), x_2^{(1)}(5)\}$$
$$= \{70, 146, 226, 311, 398\}$$
$$X_3^{(1)} = \{x_3^{(1)}(1), x_3^{(1)}(2), x_3^{(1)}(3), x_3^{(1)}(4), x_3^{(1)}(5)\}$$
$$= \{28, 60, 93, 127, 163\}$$

$X_1^{(1)}$ 的紧邻均值生成序列为

$$Z_1^{(1)} = \{z_1^{(1)}(2), z_1^{(1)}(3), z_1^{(1)}(4), z_1^{(1)}(5)\}$$
$$= \{26.8, 46.05, 66.6, 88.55\}$$

于是有

$$B = \begin{bmatrix} -z_1^{(1)}(2) & x_2^{(1)}(2) & x_3^{(1)}(2) \\ -z_1^{(1)}(3) & x_2^{(1)}(3) & x_3^{(1)}(3) \\ -z_1^{(1)}(4) & x_2^{(1)}(4) & x_3^{(1)}(4) \\ -z_1^{(1)}(5) & x_2^{(1)}(5) & x_3^{(1)}(5) \end{bmatrix} = \begin{bmatrix} -26.8 & 146 & 60 \\ -46.05 & 226 & 93 \\ -66.6 & 311 & 127 \\ -88.55 & 398 & 163 \end{bmatrix}$$

$$Y = \begin{bmatrix} x_1^{(0)}(2) \\ x_1^{(0)}(3) \\ x_1^{(0)}(4) \\ x_1^{(0)}(5) \end{bmatrix} = \begin{bmatrix} 18.6 \\ 19.9 \\ 21.2 \\ 22.7 \end{bmatrix}$$

所以

$$\hat{a} = \begin{bmatrix} a \\ b_1 \\ b_2 \end{bmatrix} = (B^T B)^{-1} B^T Y = \begin{bmatrix} 1.7023 \\ -0.0045 \\ 1.0729 \end{bmatrix}$$

得估计模型

$$\frac{dx_1^{(1)}}{dt} + 1.7023 x_1^{(1)} = -0.0045 x_2^{(1)} + 1.0729 x_3^{(1)}$$

及近似时间响应式,即

$$\hat{x}_1^{(1)}(k+1) = \left\{ x_1^{(0)}(1) - \frac{1}{a} \left[\sum_{i=2}^{3} b_i x_i^{(1)}(k+1) \right] \right\} \cdot e^{-ak} +$$

$$\frac{1}{a} \left[\sum_{i=2}^{3} b_i x_i^{(1)}(k+1) \right]$$

$$= [17.5 + 0.0026 x_2^{(1)}(k+1) -$$

$$0.6303 x_3^{(1)}(k+1)] \cdot e^{-1.7023k} -$$

$$0.0026 x_2^{(1)}(k+1) + 0.6303 x_3^{(1)}(k+1)$$

由此得到

$$\hat{x}_1^{(1)}(2) = 33.801, \hat{x}_1^{(1)}(3) = 56.6775$$
$$\hat{x}_1^{(1)}(4) = 78.8566, \hat{x}_1^{(1)}(5) = 101.5995$$

作 1 - IAGO 还原,得到

$$\hat{x}_1^{(0)}(k) = \hat{x}_1^{(1)}(k) - \hat{x}_1^{(1)}(k-1)$$

$$\hat{X}_1^{(0)} = \{\hat{x}_1^{(0)}(1), \hat{x}_1^{(0)}(2), \hat{x}_1^{(0)}(3), \hat{x}_1^{(0)}(4), \hat{x}_1^{(0)}(5)\}$$
$$= \{17.5, 16.301, 22.8766, 22.1791, 22.7429\}$$

残差及相对误差如表9-5所列,其接近性和相似性如图9-6所示。

表9-5 字节错误率模拟误差检验表(GM(1,3)模型)

序号	实际数据	模拟数据	残差	相对误差/%
1	17.5	17.5	0	0
2	18.6	16.301	-2.2990	12.36
3	19.9	22.8766	2.9766	14.96
4	21.2	22.1791	0.9791	4.62
5	22.7	22.7429	0.0429	0.19
平均相对误差				6.43

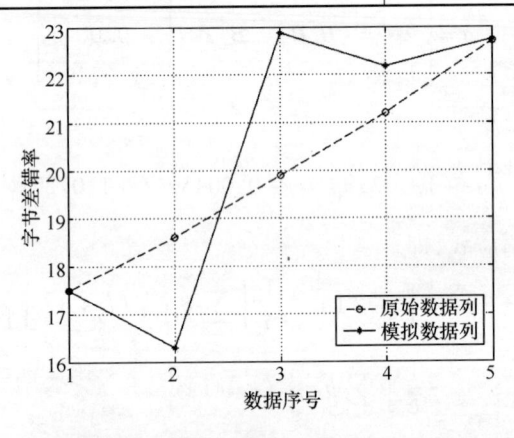

图9-6 字节差错率模拟序列的关联程度(GM(1,3)模型)

另外,由表9-4中数据,当目前态势的背景信号密度(相关因素一)值为86、通信干扰信号频宽占数据传输系统通信频段的百分比(相关因素二)为36%时,根据模型估计公式得到

$$\hat{x}_1^{(1)}(6) = 124.1356$$

从而得到该状态下该指挥控制系统的数据传输差错率为

$$\hat{x}_1^{(0)}(6) = \hat{x}_1^{(1)}(6) - \hat{x}_1^{(1)}(5)$$
$$= 124.1356 - 101.5995 = 22.5361$$

9.3.3.2 字节错误率的 GM(0,3)模型

设 GM(0,3)模型为

$$x_1^{(1)}(k) = b_2 x_2^{(1)}(k) + b_3 x_3^{(1)}(k) + a$$

则由

$$B = \begin{bmatrix} x_2^{(1)}(2) & x_3^{(1)}(2) & 1 \\ x_2^{(1)}(3) & x_3^{(1)}(3) & 1 \\ x_2^{(1)}(4) & x_3^{(1)}(4) & 1 \\ x_2^{(1)}(5) & x_3^{(1)}(5) & 1 \end{bmatrix} = \begin{bmatrix} 146 & 60 & 1 \\ 226 & 93 & 1 \\ 311 & 127 & 1 \\ 398 & 163 & 1 \end{bmatrix}$$

$$Y = \begin{bmatrix} x_1^{(1)}(2) \\ x_1^{(1)}(3) \\ x_1^{(1)}(4) \\ x_1^{(1)}(5) \end{bmatrix} = \begin{bmatrix} 36.1 \\ 56.0 \\ 77.2 \\ 99.9 \end{bmatrix}$$

则可得 $\hat{a} = [b_2 \quad b_3 \quad a]^T$ 的最小二乘估计

$$\hat{a} = (B^T B)^{-1} B^T Y = \begin{bmatrix} 0.0203 \\ 0.5701 \\ -1.3323 \end{bmatrix}$$

故有 GM(0,3)模型估计式为

$$x_1^{(1)}(k) = 0.0203 x_2^{(1)}(k) + 0.5701 x_3^{(1)}(k) - 1.3323$$

由此可得

$$\hat{x}_1^{(1)}(1) = 16.0535, \hat{x}_1^{(1)}(2) = 35.8416, \hat{x}_1^{(1)}(3) = 56.2818$$
$$\hat{x}_1^{(1)}(4) = 77.3925, \hat{x}_1^{(1)}(5) = 99.6847$$

作 1-IAGO 还原,得到

$$\hat{x}_1^{(0)}(k) = \hat{x}_1^{(1)}(k) - \hat{x}_1^{(1)}(k-1)$$

$$\hat{X}_1^{(0)} = \{\hat{x}_1^{(0)}(1), \hat{x}_1^{(0)}(2), \hat{x}_1^{(0)}(3), \hat{x}_1^{(0)}(4), \hat{x}_1^{(0)}(5)\}$$
$$= \{16.0535, 19.7881, 20.4396, 21.1113, 22.2922\}$$

残差及相对误差如表 9-6 所列,其接近性和相似性如图 9-7 所示。

表 9-6 字节错误率模拟误差检验表(GM(0,3)模型)

序号	实际数据	模拟数据	残差	相对误差/%
1	17.5	16.0535	-1.4465	8.27
2	18.6	19.7881	1.1881	6.39
3	19.9	20.4396	0.5396	2.71
4	21.2	21.1113	-0.0887	0.42
5	22.7	22.2922	-0.4078	1.80
平均相对误差				3.92

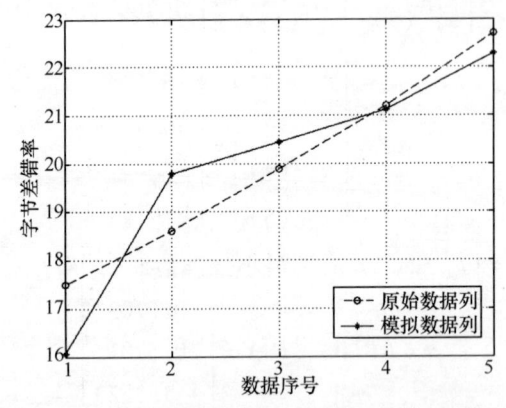

图 9-7 字节差错率模拟序列的关联程度(GM(0,3)模型)

对比图 9-6 和图 9-7,可以看出针对本实例,GM(0,3)模型的模拟性能要优于 GM(1,3)模型。从两个模型的模拟数学表达式可以看出,相关因素二"通信干扰信号频宽占数据传输系统通信频段的百分比"对该指挥控制系统的数据传输差错率的影响要大于相关因素一"通信频段内背景信号密度"。

9.3.4 信号侦察概率的影响因素建模分析

环境因素、特别是复杂电磁环境对武器装备性能的影响分析一直是公认的难题之一。复杂电磁环境下电子侦察装备对信号的侦察概率受到很多因素的影响,如侦察频段内的背景信号密度、对方大功率干扰信号频段进入侦察装备侦察频段的百分比、侦察接收机接收到的信号功率信干比以及操作人员的操作熟练程度等。为了在复杂电磁环境下能采取相应的措施提高电子侦察装备对信号的侦察概率,需要对电磁环境影响因素进行定量分析,并对各个影响因素对侦察概率的影响大小进行排序,以便于在实际工作中抓住主要矛盾、克服主要的影响因素。

对于复杂电磁环境对武器装备性能的影响分析更多的还是处于定性分析和一个整体评估阶段,如文献[82]基于理论公式的仿真,证明了电子装备附近的高压电线会增加其周围电磁环境的复杂性,文献[83]从整体上将战场电磁环境的复杂性分为一般复杂性和特定复杂性,并给出了相应的评估指标和评估方法,文献[84]利用模糊层次分析法构建了电子对抗装备面临的电磁环境复杂度定量评估模型。但是对于具体的武器装备而言,不能只停留在定性描述和分析的阶段,更多地关注其所感受到的特殊战场电磁环境的影响程度定量分析以及影响因素的主次顺序。而战场电磁环境具有多元性、动态性、对抗性、不确定性等复杂系统所具有的特征,难以基于理论公式和仿真数据对装备个体电磁环境影响因素进行定量分析,只能通过实际试验数据来进行。针对小样本的武器装备性能及电磁环境影响因素试验数据,本节利用$GM(1,N)$模型对装备性能及电磁环境影响因素进行综合建模,并根据模型对影响因素的主次顺序进行分析。

本节以某电子侦察装备对某频段信号的侦察概率为系统特征数据建模序列,以干扰信号频段进入侦察装备侦察频段的百分比(相关因素一)、信号功率信干比(相关因素二)、人员操作熟练程度(相关因素三)为相关因素序列,分别建立$GM(1,4)$模型和$GM(0,4)$模型,分析这3个相关因素对侦察装备信号侦察概率的影响大小。某装备的信号侦察概率和3个相关因素数据如表9-7所列。

表9-7 信号侦察概率及相关因素数据

序号	1	2	3	4	5
侦察概率/%	70.6	75.1	79.9	84.2	88.7
相关因素一/%	22.6	21	19	17.5	16
相关因素二/dB	13.9	14.2	14.4	14.8	15
相关因素三	8.6	8.7	8.9	9.1	9.2

表 9-7 中对操作人员的操作熟练程度评估以 10 分制表示,并对数据进行归一化处理后得到系统特征数据建模序列

$$X_1^{(0)} = \{0.706, 0.751, 0.799, 0.842, 0.887\}$$

和相关因素数据序列

$$X_2^{(0)} = \{0.226, 0.2100, 0.1900, 0.1750, 0.1600\}$$
$$X_3^{(0)} = \{0.9250, 0.9488, 0.9625, 0.9837, 1.0000\}$$
$$X_4^{(0)} = \{0.86, 0.87, 0.89, 0.91, 0.92\}$$

下面分别建立 GM(1,4)模型和 GM(0,4)模型。

9.3.4.1 信号侦察概率的 GM(1,4)模型

设 GM(1,4)模型的白化方程为

$$\frac{dx_1^{(1)}}{dt} + ax_1^{(1)} = b_2 x_2^{(1)} + b_3 x_3^{(1)} + b_4 x_4^{(1)}$$

对 $X_1^{(0)}$ 和 $X_2^{(0)}$、$X_3^{(0)}$、$X_4^{(0)}$ 作 1-AGO,得到

$$X_1^{(1)} = \{x_1^{(1)}(1), x_1^{(1)}(2), x_1^{(1)}(3), x_1^{(1)}(4), x_1^{(1)}(5)\}$$
$$= \{0.7060, 1.457, 2.256, 3.098, 3.985\}$$
$$X_2^{(1)} = \{x_2^{(1)}(1), x_2^{(1)}(2), x_2^{(1)}(3), x_2^{(1)}(4), x_2^{(1)}(5)\}$$
$$= \{0.226, 0.436, 0.626, 0.801, 0.961\}$$
$$X_3^{(1)} = \{x_3^{(1)}(1), x_3^{(1)}(2), x_3^{(1)}(3), x_3^{(1)}(4), x_3^{(1)}(5)\}$$
$$= \{0.9250, 1.8738, 2.8363, 3.8200, 4.8200\}$$
$$X_4^{(1)} = \{x_4^{(1)}(1), x_4^{(1)}(2), x_4^{(1)}(3), x_4^{(1)}(4), x_4^{(1)}(5)\}$$
$$= \{0.86, 1.73, 2.62, 3.53, 4.45\}$$

$X_1^{(1)}$ 的紧邻均值生成序列为

$$Z_1^{(1)} = \{z_1^{(1)}(2), z_1^{(1)}(3), z_1^{(1)}(4), z_1^{(1)}(5)\}$$
$$= \{1.0815, 1.8565, 2.6770, 3.5415\}$$

于是有

$$\boldsymbol{B} = \begin{bmatrix} -z_1^{(1)}(2) & x_2^{(1)}(2) & x_3^{(1)}(2) & x_4^{(1)}(2) \\ -z_1^{(1)}(3) & x_2^{(1)}(3) & x_3^{(1)}(3) & x_4^{(1)}(3) \\ -z_1^{(1)}(4) & x_2^{(1)}(4) & x_3^{(1)}(4) & x_4^{(1)}(4) \\ -z_1^{(1)}(5) & x_2^{(1)}(5) & x_3^{(1)}(5) & x_4^{(1)}(5) \end{bmatrix}$$

$$= \begin{bmatrix} -1.0815 & 0.436 & 1.8738 & 1.73 \\ -1.8565 & 0.626 & 2.8363 & 2.62 \\ -2.6770 & 0.801 & 3.8200 & 3.53 \\ -3.5415 & 0.961 & 4.8200 & 4.45 \end{bmatrix}$$

$$Y = \begin{bmatrix} x_1^{(0)}(2) \\ x_1^{(0)}(3) \\ x_1^{(0)}(4) \\ x_1^{(0)}(5) \end{bmatrix} = \begin{bmatrix} 0.751 \\ 0.799 \\ 0.842 \\ 0.887 \end{bmatrix}$$

所以

$$\hat{a} = \begin{bmatrix} a \\ b_1 \\ b_2 \\ b_3 \end{bmatrix} = (B^T B)^{-1} B^T Y = \begin{bmatrix} 1.9230 \\ -2.5886 \\ 4.5526 \\ -2.6423 \end{bmatrix}$$

得估计模型

$$\frac{dx_1^{(1)}}{dt} + 1.9230 x_1^{(1)} = -2.5886 x_2^{(1)} + 4.5526 x_3^{(1)} - 2.6423 x_4^{(1)}$$

及近似时间响应式

$$\hat{x}_1^{(1)}(k+1) = \left\{ x_1^{(0)}(1) - \frac{1}{a} \left[\sum_{i=2}^{4} b_i x_i^{(1)}(k+1) \right] \right\} \cdot e^{-ak} + \frac{1}{a} \left[\sum_{i=2}^{4} b_i x_i^{(1)}(k+1) \right]$$

$$= [0.706 + 1.3461 x_2^{(1)}(k+1) - 2.3674 x_3^{(1)}(k+1) + 1.374 x_4^{(1)}(k+1)] \cdot e^{-1.923k} - 1.3461 x_2^{(1)}(k+1) + 2.3674 x_3^{(1)}(k+1) - 1.374 x_4^{(1)}(k+1)$$

由此得到

$$\hat{x}_1^{(1)}(2) = 1.3601, \hat{x}_1^{(1)}(3) = 2.2385$$
$$\hat{x}_1^{(1)}(4) = 3.1073, \hat{x}_1^{(1)}(5) = 4.0012$$

作 1 - IAGO 还原,得到

$$\hat{x}_1^{(0)}(k) = \hat{x}_1^{(1)}(k) - \hat{x}_1^{(1)}(k-1)$$
$$\hat{X}_1^{(0)} = \{\hat{x}_1^{(0)}(1), \hat{x}_1^{(0)}(2), \hat{x}_1^{(0)}(3), \hat{x}_1^{(0)}(4), \hat{x}_1^{(0)}(5)\}$$

$$= \{0.706, 0.6541, 0.8785, 0.8688, 0.8939\}$$

残差及相对误差如表 9-8 所列,其接近性和相似性如图 9-8 所示。

表 9-8 信号侦察概率模拟误差检验表(GM(1,4)模型)

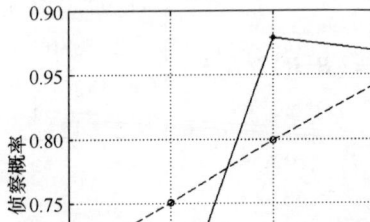

序号	实际数据	模拟数据	残差	相对误差/%
1	0.7060	0.7060	0	0
2	0.7510	0.6541	-0.0969	12.91
3	0.7990	0.8785	0.0795	9.95
4	0.8420	0.8688	0.0268	3.18
5	0.8870	0.8939	0.0069	0.78
平均相对误差				5.36

图 9-8 侦察概率模拟序列的关联程度(GM(1,4)模型)

9.3.4.2 信号侦察概率的 GM(0,4) 模型

设 GM(0,4) 模型为

$$x_1^{(1)}(k) = b_2 x_2^{(1)}(k) + b_3 x_3^{(1)}(k) + b_4 x_4^{(1)}(k) + a$$

则由

$$\boldsymbol{B} = \begin{bmatrix} x_2^{(1)}(2) & x_3^{(1)}(2) & x_4^{(1)}(2) & 1 \\ x_2^{(1)}(3) & x_3^{(1)}(3) & x_4^{(1)}(3) & 1 \\ x_2^{(1)}(4) & x_3^{(1)}(4) & x_4^{(1)}(4) & 1 \\ x_2^{(1)}(5) & x_3^{(1)}(5) & x_4^{(1)}(5) & 1 \end{bmatrix} = \begin{bmatrix} 0.436 & 1.8738 & 1.73 & 1 \\ 0.626 & 2.8363 & 2.62 & 1 \\ 0.801 & 3.8200 & 3.53 & 1 \\ 0.961 & 4.8200 & 4.45 & 1 \end{bmatrix}$$

$$Y = \begin{bmatrix} x_1^{(1)}(2) \\ x_1^{(1)}(3) \\ x_1^{(1)}(4) \\ x_1^{(1)}(5) \end{bmatrix} = \begin{bmatrix} 1.457 \\ 2.256 \\ 3.098 \\ 3.985 \end{bmatrix}$$

则可得 $\hat{a} = [b_2 \quad b_3 \quad b_4 \quad a]^T$ 的最小二乘估计

$$\hat{a} = (B^T B)^{-1} B^T Y = \begin{bmatrix} -1.3519 \\ 2.344 \\ -1.3485 \\ -0.0127 \end{bmatrix}$$

故有 GM(0,4) 模型估计式为

$$x_1^{(1)}(k) = -1.3519 x_2^{(1)}(k) + 2.3441 x_3^{(1)}(k) - 1.3485 x_4^{(1)}(k) - 0.0127$$

由此可得

$$\hat{x}_1^{(1)}(1) = 0.6902, \hat{x}_1^{(1)}(2) = 1.4570, \hat{x}_1^{(1)}(3) = 2.256$$
$$\hat{x}_1^{(1)}(4) = 3.0980, \hat{x}_1^{(1)}(5) = 3.9850$$

作 1-IAGO 还原,得到

$$\hat{x}_1^{(0)}(k) = \hat{x}_1^{(1)}(k) - \hat{x}_1^{(1)}(k-1)$$
$$\hat{X}_1^{(0)} = \{\hat{x}_1^{(0)}(1), \hat{x}_1^{(0)}(2), \hat{x}_1^{(0)}(3), \hat{x}_1^{(0)}(4), \hat{x}_1^{(0)}(5)\}$$
$$= \{0.6902, 0.7668, 0.7990, 0.8420, 0.8870\}$$

残差及相对误差如表 9-9 所列,其接近性和相似性如图 9-9 所示。

表 9-9 信号侦察概率模拟误差检验表(GM(0,4)模型)

序号	实际数据	模拟数据	残差	相对误差/%
1	0.7060	0.6902	-0.0158	2.24
2	0.7510	0.7668	0.0158	2.11
3	0.7990	0.7990	0	0
4	0.8420	0.8420	0	0
5	0.8870	0.8870	0	0
平均相对误差				0.87

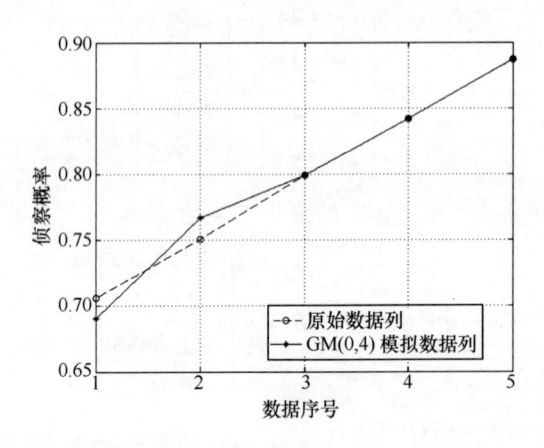

图 9-9 侦察概率模拟序列的关联程度(GM(0,4)模型)

对比图 9-8 和图 9-9,可以看出针对本实例,GM(0,4)模型的模拟性能也要优于 GM(1,4)模型。从两个模型的模拟数学表达式可以看出,由于 $b_3 > b_2$ 和 $b_3 > b_4$,相关因素二"信号功率信干比"对该电子装备的信号侦察概率的影响最大,这与工程实际背景情况是一致的;由于 $b_2 \approx b_4$,相关因素一"干扰信号频段进入侦察装备侦察频段的百分比"和相关因素三"人员操作熟练程度"对该电子装备的信号侦察概率的影响程度相差不大。

9.3.4.3 模型的灵敏度分析

对上述两个估计模型进行灵敏度分析,可以进一步验证 3 个相关因素对侦察概率的影响程度大小。固定其中两个相关因素,一个相关因素变化 10% 来考察侦察概率的变化程度,GM(1,4)模型及 GM(0,4)模型的灵敏度分析如图 9-10 和图 9-11 所示。

由图 9-10 和图 9-11 可以看出,相关因素二"信号功率信干比"对某电子侦察装备对某频段信号侦察概率的影响要大于相关因素一和相关因素三的影响,相关因素一和相关因素三对某电子侦察装备对某频段信号侦察概率的影响程度相差不大。

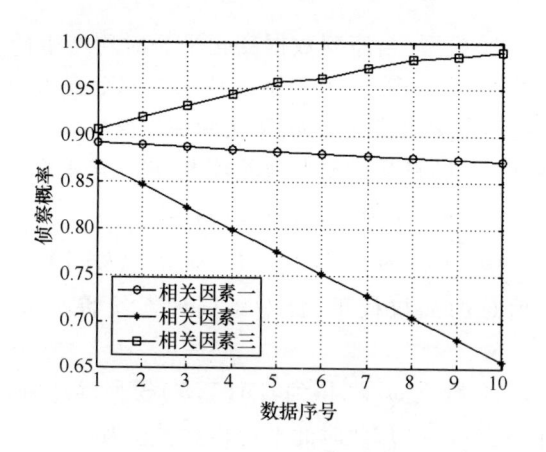

图 9-10 GM(1,4)模型的灵敏度分析

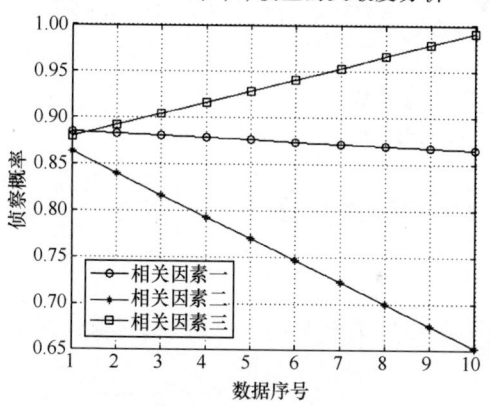

图 9-11 GM(0,4)模型的灵敏度分析

9.4 GM(1,N)优化模型及其应用

由图 9-6 和图 9-8 以及模拟数值可以看出,GM(1,N)模型的模拟误差较大,本节针对背景值的构造提出 GM(1,N)优化模型,并利用上节的两个实例进行对比分析。

9.4.1 GM(1,N)优化模型

GM(1,N)模型中对系统特征数据 $Z^{(1)}$ 的紧邻均值生成是一种平

滑,对于 GM(1,1)模型,当序列数据变化平缓时所产生的模型偏差较小;但是对于 GM(1,N)模型,由于系统特征数据受到相关影响因素数据的影响,系统动态变化特征加强,采用紧邻均值生成的背景值往往产生较大的滞后误差,所产生的模型偏差较大,在一定程度上降低了建模精度。本节采用下述背景值加权构造形式,即

$$z^{(1)}(k) = \omega x^{(1)}(k) + (1-\omega)x^{(1)}(k-1) \quad (9-23)$$

式中:ω 为新信息的加权权重,针对不同的系统特征数据进行优化求解。

在设定的加权权重 ω 下,得到 GM(1,N)模型模拟值 $\hat{x}_\omega^{(1)}(k+1)$,和累减还原值 $\hat{x}_\omega^{(0)}(k+1)$,此时的平均相对误差为

$$\Delta E_\omega = \frac{1}{n}\sum_{k=1}^{n}\left|\frac{\hat{x}_\omega^{(0)}(k)-x^{(0)}(k)}{x^{(0)}(k)}\right| \quad (9-24)$$

式中:ΔE_ω 为权值 ω 的函数。

于是求解下列数学规划模型为

$$\begin{cases} \min \Delta E_\omega = \dfrac{1}{n}\sum_{k=1}^{n}\left|\dfrac{\hat{x}_\omega^{(0)}(k)-x^{(0)}(k)}{x^{(0)}(k)}\right| \\ \text{s.t.} \quad 0 \leq \omega \leq 1 \end{cases} \quad (9-25)$$

得到最优的 ω,从而即可求得 GM(1,N)模型的最优模型参数和模拟时间响应序列。

9.4.2 基于 GM(1,3)优化模型的数据传输差错率建模

本节针对9.3.3节的指挥控制系统数据传输差错率进行 GM(1,N)优化模型建模,并将两种结果进行比较。

针对

$$X_1^{(1)} = \{x_1^{(1)}(1), x_1^{(1)}(2), x_1^{(1)}(3), x_1^{(1)}(4), x_1^{(1)}(5)\}$$
$$= \{17.5, 36.1, 56.0, 77.2, 99.9\}$$

的背景值生成序列为

$$Z_1^{(1)} = \{z_1^{(1)}(2), z_1^{(1)}(3), z_1^{(1)}(4), z_1^{(1)}(5)\}$$

式中:$z_1^{(1)}(k) = \omega x_1^{(1)}(k) + (1-\omega)x_1^{(1)}(k-1)$,$k = 2,3,4,5$。根据上节

的 GM$(1,N)$ 模型优化算法，求得最优的 $\omega = 0.83$，可得到此时的参数估计列为

$$\hat{a} = \begin{bmatrix} a \\ b_1 \\ b_2 \end{bmatrix} = (B^T B)^{-1} B^T Y = \begin{bmatrix} 3.7841 \\ -0.1143 \\ 2.6443 \end{bmatrix}$$

和估计模型

$$\frac{dx_1^{(1)}}{dt} + 3.7841 x_1^{(1)} = -0.1143 x_2^{(1)} + 2.6443 x_3^{(1)}$$

以及近似时间响应式

$$\hat{x}_1^{(1)}(k+1) = \left\{ x_1^{(0)}(1) - \frac{1}{a} \left[\sum_{i=2}^{3} b_i x_i^{(1)}(k+1) \right] \right\} \cdot e^{-ak} +$$

$$\frac{1}{a} \left[\sum_{i=2}^{3} b_i x_i^{(1)}(k+1) \right]$$

$$= [17.5 + 0.0302 x_2^{(1)}(k+1) -$$

$$0.6988 x_3^{(1)}(k+1)] \cdot e^{-3.7841 k} -$$

$$0.0302 x_2^{(1)}(k+1) + 0.6988 x_3^{(1)}(k+1)$$

由此得到

$$\hat{x}_1^{(1)}(2) = 37.0624, \hat{x}_1^{(1)}(3) = 58.1400$$

$$\hat{x}_1^{(1)}(4) = 79.3516, \hat{x}_1^{(1)}(5) = 101.8809$$

作 1-IAGO 还原，得到

$$\hat{x}_1^{(0)}(k) = \hat{x}_1^{(1)}(k) - \hat{x}_1^{(1)}(k-1)$$

$$\hat{X}_1^{(0)} = \{\hat{x}_1^{(0)}(1), \hat{x}_1^{(0)}(2), \hat{x}_1^{(0)}(3), \hat{x}_1^{(0)}(4), \hat{x}_1^{(0)}(5)\}$$

$$= \{17.5, 19.5624, 21.0776, 21.2117, 22.5293\}$$

将建模结果和 GM$(1,3)$ 模型建模结果进行比较，两种模型的残差及相对误差如表 9-10 所列，模拟的相似性与接近性如图 9-12 所列，

可见 GM(1,3)优化模型的模拟结果较优。

表 9-10 数据传输误码率的 GM(1,3)及优化模型模拟结果

序号	实际数据/%	GM(1,3)模型 模拟数据	相对误差/%	GM(1,3)优化模型 模拟数据	相对误差/%
1	17.5	17.5	0	17.5000	0
2	18.6	16.301	12.36	19.5624	5.17
3	19.9	22.8766	14.96	21.0776	5.92
4	21.2	22.1791	4.62	21.2117	0.05
5	22.7	22.7429	0.19	22.5293	0.75
平均相对误差/%		6.43		2.38	

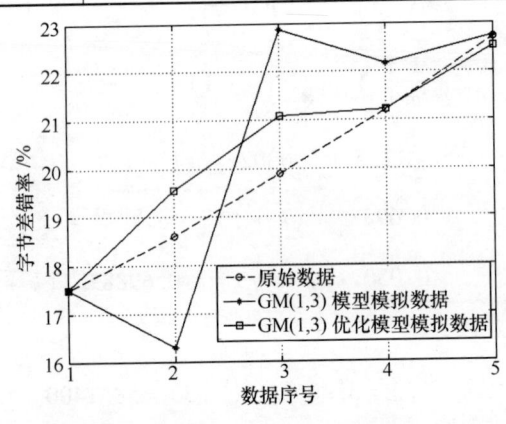

图 9-12 数据传输差错率的 GM(1,3)及优化模型模拟关联程度

9.4.3 基于 GM(1,4)优化模型的侦察概率影响因素分析

本节针对 9.3.4 节的某电子侦察装备对某频段信号的侦察概率进行 GM(1,N)优化模型建模,并将两种结果进行比较。

系统特征数据建模序列和相关因素序列如前所述,针对

$$X_1^{(1)} = \{x_1^{(1)}(1), x_1^{(1)}(2), x_1^{(1)}(3), x_1^{(1)}(4), x_1^{(1)}(5)\}$$
$$= \{0.7060, 1.457, 2.256, 3.098, 3.985\}$$

的背景值生成序列为

$$Z_1^{(1)} = \{z_1^{(1)}(2), z_1^{(1)}(3), z_1^{(1)}(4), z_1^{(1)}(5)\}$$

式中：$z_1^{(1)}(k) = \omega x_1^{(1)}(k) + (1-\omega)x_1^{(1)}(k-1)$ $(k=2,3,4,5)$。根据上节的 GM(1,N) 模型优化算法，求得最优的 $\omega = 0.76$，可得到此时的参数估计列

$$\hat{a} = \begin{bmatrix} a \\ b_1 \\ b_2 \\ b_3 \end{bmatrix} = (\boldsymbol{B}^{\mathrm{T}}\boldsymbol{B})^{-1}\boldsymbol{B}^{\mathrm{T}}\boldsymbol{Y} = \begin{bmatrix} 3.8460 \\ -5.1772 \\ 9.1049 \\ -5.2845 \end{bmatrix}$$

和估计模型

$$\frac{\mathrm{d}x_1^{(1)}}{\mathrm{d}t} + 3.8460 x_1^{(1)} = -5.1772 x_2^{(1)} + 9.1049 x_3^{(1)} - 5.2845 x_4^{(1)}$$

以及近似时间响应式

$$\hat{x}_1^{(1)}(k+1) = \left\{ x_1^{(0)}(1) - \frac{1}{a}\left[\sum_{i=2}^{4} b_i x_i^{(1)}(k+1)\right]\right\} \cdot e^{-ak} +$$

$$\frac{1}{a}\left[\sum_{i=2}^{4} b_i x_i^{(1)}(k+1)\right]$$

$$= [0.706 + 1.3461 x_2^{(1)}(k+1) - 2.3674 x_3^{(1)}(k+1) +$$

$$1.374 x_4^{(1)}(k+1)] \cdot e^{-3.846k} - 1.3461 x_2^{(1)}(k+1) +$$

$$2.3674 x_3^{(1)}(k+1) - 1.374 x_4^{(1)}(k+1)$$

由此得到

$$\hat{x}_1^{(1)}(2) = 1.4557, \hat{x}_1^{(1)}(3) = 2.2713$$

$$\hat{x}_1^{(1)}(4) = 3.1148, \hat{x}_1^{(1)}(5) = 4.0028$$

作 1-IAGO 还原，得到

$$\hat{x}_1^{(0)}(k) = \hat{x}_1^{(1)}(k) - \hat{x}_1^{(1)}(k-1)$$

$$\hat{X}_1^{(0)} = \{\hat{x}_1^{(0)}(1), \hat{x}_1^{(0)}(2), \hat{x}_1^{(0)}(3), \hat{x}_1^{(0)}(4), \hat{x}_1^{(0)}(5)\}$$

$$= \{0.706, 0.7497, 0.8156, 0.8436, 0.8879\}$$

将建模结果和GM(1,4)模型建模结果进行比较,两种模型的残差及相对误差如表9-11所列,模拟的灰色关联程度,也就是相似性与接近性如图9-13所示,可见GM(1,4)优化模型的模拟结果较优。

表9-11 侦察概率的GM(1,4)及优化模型模拟结果

序号	实际数据	GM(1,4)模型		GM(1,4)优化模型	
		模拟数据	相对误差/%	模拟数据	相对误差/%
1	0.7060	0.7060	0	0.7060	0
2	0.7510	0.6541	12.91	0.7497	0.18
3	0.7990	0.8785	9.95	0.8156	2.08
4	0.8420	0.8688	3.18	0.8436	0.18
5	0.8870	0.8939	0.78	0.8879	0.10
平均相对误差/%		5.36		0.51	

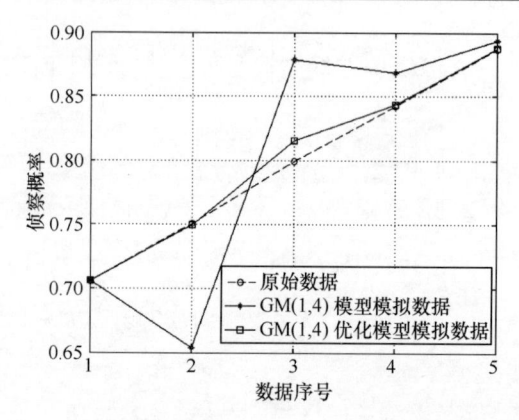

图9-13 侦察概率的GM(1,4)及优化模型模拟关联程度

对GM(1,4)优化模型进行灵敏度分析,固定其中两个相关因素,一个相关因素变化10%来考察侦察概率的变化程度,GM(1,4)优化模型的灵敏度分析如图9-14所示。可以看出,相关因素二对侦察概率的影响要大于相关因素一和相关因素三的影响,相关因素一和相关因素三对侦察概率的影响程度类似。

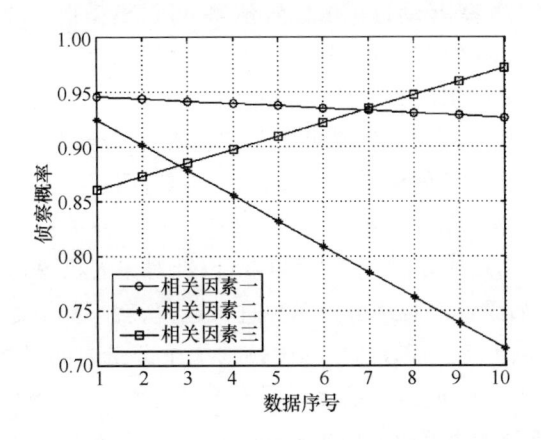

图 9 - 14　GM(1,4)优化模型的灵敏度分析

9.5　基于 MGM(1,N) 模型的数据预测

在武器装备的试验与训练等很多场合中,通常利用雷达或 GPS 测量系统对无人机、投掷式干扰机等运动目标的位置进行实时跟踪测量并显示。但是由于电磁信号的传输、跟踪测量传感器的反应时间、数据处理、图像显示等问题都会带来时间的延迟,实际上跟踪测量系统并不能对运动目标位置进行实时估计与显示。针对该类问题,大多数跟踪测量系统都使用提前预测运动目标位置的策略,通常利用前面若干个周期的历史数据来预测下一个周期目标的位置,具体来说就是对实时测量的目标位置信息进行建模实现。建模预测的实质就是进行曲线拟合,如文献[86-88]都提出了非线性滤波预测算法,文献[89]都提出了基于卡尔曼滤波的轨迹预测方法,文献[90]提出了一种基于马尔可夫链的移动对象轨迹预测方法,文献[91]采用二元线性回归统计来预测飞行时间,进而采用加权平均法来实现飞行位置的预测,文献[92,93]提出了利用神经网络技术对机动目标的轨迹进行预测的实现算法。

上述算法实现要么需要历史数据的概率分布信息,要么需要大量的历史数据进行模型拟合。但是对于武器装备的试验与训练活动这种场合,针对无人机等运动目标的位置预测,可供模型拟合的历史数据较少,很难确定测量数据的概率分布信息,使得对拟合多项式的预先定义较为困难,多项式的阶数低了,如线性或二次方程,不能适应快速变化的信息;多项式的阶数高了,就对噪声很敏感,会导致较大的预测误差。

灰色系统理论是处理未知概率分布、少数据信息的有力工具,其中GM(1,1)预测模型是连续的灰色微分模型,是一种进行变量预测的有效模型。但是GM(1,1)模型针对单变量,针对无人机等运动目标的轨迹预测问题,如果针对轨迹分量单独进行建模,就不能考虑轨迹分量之间的相互影响因素。而运动目标轨迹的3个分量之间是相互影响、相互作用的,灰色系统理论中的多变量灰色MGM(1,N)模型能够考虑相关因素相互影响的关系,所以本节提出基于MGM(1,N)模型对无人机等运动目标轨迹进行建模预测,给出了具体的实现算法,并进行了实例仿真验证。结果表明该方法不仅可以用来预测下一个周期目标的位置信息,还可以用来求该周期内任一个时刻的位置预测信息。

9.5.1 MGM(1,N)模型及其参数估计

9.5.1.1 参数估计

多变量灰色模型 MGM(1,N)由翟军等人提出,MGM(1,N)模型是 GM(1,1)模型在 N 个变量情况下的自然推广,由 N 个一阶常微分方程组组成,常微分方程的形式类似于 GM(1,N)模型,将各个变量分别看作系统特征数据建模,各个变量影子方程的组合就可以得到 MGM(1,N)模型,即有

$$\begin{cases} \dfrac{dx_1^{(1)}}{dt} = a_{11}x_1^{(1)} + a_{12}x_2^{(1)} + \cdots + a_{1N}x_N^{(1)} + b_1 \\ \dfrac{dx_2^{(1)}}{dt} = a_{21}x_2^{(1)} + a_{22}x_2^{(1)} + \cdots + a_{2N}x_N^{(1)} + b_2 \\ \quad\quad\quad\vdots \\ \dfrac{dx_N^{(1)}}{dt} = a_{N1}x_1^{(1)} + a_{N2}x_2^{(1)} + \cdots + a_{NN}x_N^{(1)} + b_N \end{cases} \quad (9-26)$$

写成矩阵形式有

$$\frac{dX^{(1)}}{dt} = AX^{(1)} + B \qquad (9-27)$$

式中

$$A = \begin{bmatrix} a_{11} & a_{12} & \cdots & a_{1N} \\ a_{21} & a_{22} & \cdots & a_{2N} \\ \vdots & \vdots & & \vdots \\ a_{N1} & a_{N2} & \cdots & a_{NN} \end{bmatrix}, \quad B = \begin{bmatrix} b_1 \\ b_2 \\ \vdots \\ b_N \end{bmatrix}$$

设参数列 $\hat{a} = (A, B)^T$ 及

$$Y = \begin{bmatrix} x_1^{(0)}(2) & x_2^{(0)}(2) & \cdots & x_N^{(0)}(2) \\ x_1^{(0)}(3) & x_2^{(0)}(3) & \cdots & x_N^{(0)}(3) \\ \vdots & \vdots & & \vdots \\ x_1^{(0)}(n) & x_2^{(0)}(n) & \cdots & x_N^{(0)}(n) \end{bmatrix} \qquad (9-28)$$

$$R = \begin{bmatrix} z_1^{(1)}(2) & \cdots & z_N^{(1)}(2) & 1 \\ z_1^{(1)}(3) & \cdots & z_N^{(1)}(3) & 1 \\ \vdots & & \vdots & \vdots \\ z_1^{(1)}(n) & \cdots & z_N^{(1)}(n) \cdots & 1 \end{bmatrix} \qquad (9-29)$$

则 MGM(1,N)模型的最小二乘估计参数列为

$$\hat{a} = (R^T R)^{-1} R^T Y \qquad (9-30)$$

故有 MGM(1,N)模型的近似时间响应式为

$$\hat{X}^{(1)}(k) = e^{A(k-1)} X^{(1)}(1) + A^{-1}(e^{A(k-1)} - I) \cdot B \qquad (9-31)$$

式中：$k=1,2,\cdots$，并有累减还原值为

$$\begin{cases} \hat{X}^{(0)}(1) = X^{(0)}(1) \\ \hat{X}^{(0)}(k) = \hat{X}^{(1)}(k) - \hat{X}^{(1)}(k-1) \end{cases} \qquad (9-32)$$

9.5.1.2 模型精度

令 $e_i(k) = x_1^{(0)}(k) - \hat{x}_1^{(0)}(k)(k=2,\cdots,n)$，可得 MGM(1,$N$)模型

中第 i 个变量的相对残差 $\varepsilon_i(k)$ 和平均相对残差 $\varepsilon_i(\text{avg})$，即有

$$\begin{cases} \varepsilon_i(k) = \dfrac{e_i(k)}{x_i^{(0)}(k)} \cdot 100\% \\ \varepsilon_i(\text{avg}) = \dfrac{1}{n-1} \sum_{k=2}^{n} |\varepsilon_i(k)| \end{cases} \quad (9-33)$$

从而可以得到 MGM(1,N) 模型中第 i 个变量的模拟精度为

$$p_i = (1 - \varepsilon_i(\text{avg})) \cdot 100\% \quad (9-34)$$

于是可以得到 MGM(1,N) 模型的建模精度为

$$p = \frac{1}{N} \sum_{i=1}^{N} p_i \quad (9-35)$$

9.5.2 基于 MGM(1,N) 的目标轨迹预测原理

在武器装备试验与训练活动中，指挥人员必须实时观察无人机、投掷式干扰机等运动目标的飞行轨迹，而运动轨迹的位置坐标是通过雷达或 GPS 测量系统实时测量得到的，但是在这个过程中，相对于指挥人员要求的实时显示需求，从无人机等运动目标的飞行位置，到测量系统的测量，再到屏幕的轨迹显示之间会有时延，于是无人机等运动目标轨迹的实时显示就是一个位置坐标的预测问题。

雷达或 GPS 测量系统的输出通常是含有噪声的、带有一定不确定性的测量数据，根据灰色系统理论观念，该测量数据则可以视为在一定范围内的灰色量，可以利用灰色系统的 MGM(1,N) 模型对数据进行拟合与预测处理。

假设运动目标的位置坐标数据列为

$$X_x^{(0)} = \{x_x^{(0)}(1), x_x^{(0)}(2), \cdots, x_x^{(0)}(n)\}$$

$$X_y^{(0)} = \{x_y^{(0)}(1), x_y^{(0)}(2), \cdots, x_y^{(0)}(n)\}$$

$$X_z^{(0)} = \{x_z^{(0)}(1), x_z^{(0)}(2), \cdots, x_z^{(0)}(n)\}$$

有 $X_x^{(1)}$、$X_y^{(1)}$ 和 $X_z^{(1)}$ 分别为 $X_x^{(0)}$、$X_y^{(0)}$ 和 $X_z^{(0)}$ 的 1 阶累加生成序列，则可以得到 MGM(1,3) 模型为

$$\begin{cases} \dfrac{\mathrm{d}x_x^{(1)}}{\mathrm{d}t} = a_{11}x_x^{(1)} + a_{12}x_y^{(1)} + a_{13}x_z^{(1)} + b_x \\ \dfrac{\mathrm{d}x_y^{(1)}}{\mathrm{d}t} = a_{21}x_x^{(1)} + a_{22}x_y^{(1)} + a_{23}x_z^{(1)} + b_y \\ \dfrac{\mathrm{d}x_z^{(1)}}{\mathrm{d}t} = a_{31}x_x^{(1)} + a_{32}x_y^{(1)} + a_{33}x_z^{(1)} + b_z \end{cases} \quad (9-36)$$

令

$$\begin{cases} z_i^{(1)}(k) = 0.5(x_i^{(1)}(k) + x_i^{(1)}(k-1)) \\ Z_i^{(1)} = \{z_i^{(1)}(2), z_i^{(1)}(3), \cdots, z_i^{(1)}(n)\} \end{cases} \quad (9-37)$$

式中：$i = x, y, z$，则有

$$R = \begin{bmatrix} z_x^{(1)}(2) & z_y^{(1)}(2) & z_z^{(1)}(2) & 1 \\ z_x^{(1)}(3) & z_y^{(1)}(3) & z_z^{(1)}(3) & 1 \\ \vdots & \vdots & \vdots & \vdots \\ z_x^{(1)}(n) & z_y^{(1)}(n) & z_z^{(1)}(n) & 1 \end{bmatrix}$$

$$Y = \begin{bmatrix} x_x^{(0)}(2) & x_y^{(0)}(2) & x_z^{(0)}(2) \\ x_x^{(0)}(3) & x_y^{(0)}(3) & x_z^{(0)}(3) \\ \vdots & \vdots & \vdots \\ x_x^{(0)}(n) & x_y^{(0)}(n) & x_z^{(0)}(n) \end{bmatrix}$$

记

$$A = \begin{bmatrix} a_{11} & a_{12} & a_{13} \\ a_{21} & a_{22} & a_{23} \\ a_{31} & a_{32} & a_{33} \end{bmatrix}, \quad B = \begin{bmatrix} b_x \\ b_y \\ b_z \end{bmatrix}$$

则得到 MGM(1,N) 模型的参数估计列为

$$\hat{a} = (A, B)^{\mathrm{T}} = (R^{\mathrm{T}}R)^{-1}R^{\mathrm{T}}Y \quad (9-38)$$

近似时间响应式为

$$\hat{X}^{(1)}(k) = \mathrm{e}^{A(k-1)}[X^{(1)}(1) + A^{-1}B] - A^{-1}B \quad (9-39)$$

可以看出，该式不仅可以对运动目标的位置坐标进行建模模拟，还可以用来对位置坐标进行预测。

从而可以得到运动目标位置坐标的累减还原值为

$$\begin{cases} \hat{x}_x^{(0)}(k+1) = \hat{x}_x^{(1)}(k+1) - \hat{x}_x^{(1)}(k) \\ \hat{x}_y^{(0)}(k+1) = \hat{x}_y^{(1)}(k+1) - \hat{x}_y^{(1)}(k) \\ \hat{x}_z^{(0)}(k+1) = \hat{x}_z^{(1)}(k+1) - \hat{x}_z^{(1)}(k) \end{cases} \quad (9-40)$$

$$\begin{cases} \hat{x}_x^{(0)}(1) = x_x^{(0)}(1) \\ \hat{x}_y^{(0)}(1) = x_y^{(0)}(1) \\ \hat{x}_z^{(0)}(1) = x_z^{(0)}(1) \end{cases} \quad (9-41)$$

根据式(9-40)和式(9-41),可以求得3个坐标变量的MGM(1,3)模型建模模拟精度 p_x、p_y 和 p_z,则运动目标位置坐标的建模预测精度为

$$p = \frac{1}{3}(p_x + p_y + p_z) \quad (9-42)$$

另外,在利用MGM(1,N)模型进行建模时的实际情况是,随着无人机等运动目标的飞行,雷达或GPS测量系统又会测量到新的位置坐标数据,这些数据应该加入到原始数据列中去进行建模,于是数据点增多,需要重新计算各种模型参数,计算量显著增大。但是,灰色系统理论的信息优先原理认为,以雷达或GPS测量系统的当前测试点为时间原点,在时间原点之前,越远离时间原点,位置数据的信息意义将逐步降低,预测的意义就越弱,甚至可能会对预测产生干扰;越靠近时间原点的位置数据,其信息意义越强。因此,从预测的角度讲,去掉一些已经不能反映目前飞行状态的老数据,不断补充雷达或GPS测量系统的当前测量数据,建立理想的新陈代谢预测模型,更能反映无人机等运动目标在当前的飞行状态,从而取得合理的预测效果。此外,不断地进行新陈代谢,还可以避免随着信息的增加,建模运算量不断增大的困难。在实际工程应用中,可以基于新陈代谢原理建立MGM(1,3)模型对无人机等运动目标的轨迹进行实时预测,其流程如图9-15所示。

图9-15表示了一次新陈代谢MGM(1,3)模型的建模预测过程。在实际建模预测过程中,不是单独的利用一次新陈代谢MGM(1,N)模型建模达到预测的目的,而是利用几个MGM(1,N)模型叠加,利用预测均值来提高预测精度。

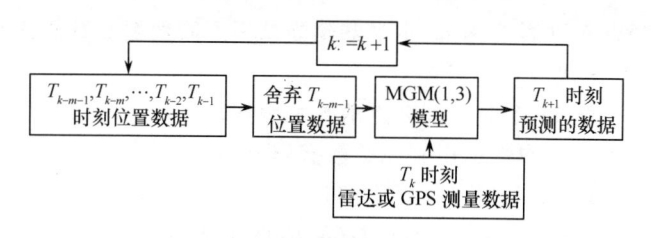

图 9-15 基于新陈代谢的 MGM(1,3)模型预测流程

9.5.3 无人机飞行轨迹预测实例仿真

这里以雷达系统测量的无人机飞行轨迹数据为例来验证本书所提预测算法的可行性和有效性。基于不同的数据个数,进行某一个时间段的一次 MGM(1,3)建模,把模拟值、预测值和实际测量值进行比较验证。设无人机飞行位置坐标 x、y、z 的一时间序列为 $\{x(i),y(i),z(i)\}(i=1,2,\cdots,n)$,首先通过这些历史数据建立 MGM(1,3)预测模型来预测下一阶段无人机飞行的位置坐标,然后再求该阶段内任一个时刻的位置预测坐标。

9.5.3.1 位置坐标的预测

设无人机飞行航迹的位置坐标数据如表 9-12 所列,本书假设根据前 10 个时间周期的位置数据来预测第 11 个时间周期的位置数据。

表 9-12 无人机位置的坐标数据

时间 t	Δt	$2\Delta t$	$3\Delta t$	$4\Delta t$	$5\Delta t$	$6\Delta t$	$7\Delta t$
坐标 $x(i)$	927	988	1051	1080	1138	1190	1231
坐标 $y(i)$	388	399	409	418	427	436	446
坐标 $z(i)$	4404	4418	4432	4447	4461	4475	4489
时间 t	$10\Delta t$	$9\Delta t$	$10\Delta t$	$11\Delta t$	$12\Delta t$	$13\Delta t$	$14\Delta t$
坐标 $x(i)$	1266	1303	1351	1405	1443	1494	1527
坐标 $y(i)$	457	466	477	486	495	505	513
坐标 $z(i)$	4503	4518	4532	4545	4559	4574	4588

从表 9-12 中数据可以看出,前 10 个时间周期的坐标数据为 $\{x(i),y(i),z(i)\}(i=1,2,\cdots,10)$,考虑到越接近第 11 个时间周期点

位置的坐标对其影响越大,本书共建立基于不同数据点数的3个MGM(1,3)模型来进行模拟预测。

(1) 取第11个时间周期点前5个数据。

从表9-12中数据得到原始数据列分别为

$$X^{(0)} = \{x^{(0)}(1), x^{(0)}(2), x^{(0)}(3), x^{(0)}(4), x^{(0)}(5)\}$$
$$= \{1190, 1231, 1266, 1303, 1351\}$$
$$Y^{(0)} = \{y^{(0)}(1), y^{(0)}(2), y^{(0)}(3), y^{(0)}(4), y^{(0)}(5)\}$$
$$= \{436, 446, 457, 466, 477\}$$
$$Z^{(0)} = \{z^{(0)}(1), z^{(0)}(2), z^{(0)}(3), z^{(0)}(4), z^{(0)}(5)\}$$
$$= \{4475, 4489, 4503, 4518, 4532\}$$

可以求得 $X^{(1)}$、$Y^{(1)}$ 和 $Z^{(1)}$ 分别为

$$X^{(1)} = \{x^{(1)}(1), x^{(1)}(2), x^{(1)}(3), x^{(1)}(4), x^{(1)}(5)\}$$
$$= \{1190, 2421, 3687, 4990, 6341\}$$
$$Y^{(1)} = \{y^{(1)}(1), y^{(1)}(2), y^{(1)}(3), y^{(1)}(4), y^{(1)}(5)\}$$
$$= \{436, 882, 1339, 1805, 2282\}$$
$$Z^{(1)} = \{z^{(1)}(1), z^{(1)}(2), z^{(1)}(3), z^{(1)}(4), z^{(1)}(5)\}$$
$$= \{4475, 8964, 13467, 17985, 22517\}$$

则有

$$R = \begin{bmatrix} 1805 & 659 & 6720 & 1 \\ 3054 & 1111 & 11216 & 1 \\ 4339 & 1572 & 15726 & 1 \\ 5666 & 2044 & 20251 & 1 \end{bmatrix}$$

$$Y = \begin{bmatrix} 1231 & 446 & 4489 \\ 1266 & 457 & 4503 \\ 1303 & 466 & 4518 \\ 1351 & 477 & 4532 \end{bmatrix}$$

故得到MGM(1,3)模型的参数估计列为

$$\hat{a} = (A, B)^T = (R^T R)^{-1} R^T Y$$
$$= \begin{bmatrix} 1.38 & 0.62 & -0.31 \\ -4.96 & -2.54 & 1.26 \\ 0.12 & 0.09 & -0.04 \\ 1184.1 & 426.6 & 4469.4 \end{bmatrix}$$

得到

$$A = \begin{bmatrix} 1.38 & 4.96 & 0.12 \\ 0.62 & -2.54 & 0.09 \\ -0.31 & 1.26 & -0.04 \end{bmatrix}, B = \begin{bmatrix} 1184.1 \\ 426.6 \\ 4469.4 \end{bmatrix}$$

则可以建立 MGM(1,3) 模型为

$$\begin{cases} \dfrac{dx^{(1)}}{dt} = 1.38x^{(1)} - 4.96y^{(1)} + 0.12z^{(1)} + 1184.1 \\ \dfrac{dy^{(1)}}{dt} = 0.62x^{(1)} - 2.54y^{(1)} + 0.09z^{(1)} + 426.6 \\ \dfrac{dz^{(1)}}{dt} = -0.31x^{(1)} + 1.26y^{(1)} - 0.04z^{(1)} + 4469.4 \end{cases}$$

解方程组,得到近似时间响应离散值为

$$\begin{bmatrix} \hat{X}^{(1)} \\ \hat{Y}^{(1)} \\ \hat{Z}^{(1)} \end{bmatrix} = \begin{bmatrix} 1190 & 2421 & 3686 & 4987 & 6335 & 7746 \\ 436 & 882 & 1339 & 1804 & 2281 & 2771 \\ 4475 & 8964 & 13467 & 17985 & 22518 & 27062 \end{bmatrix}$$

模型拟合的残差检验如表 9-13 所列。

表 9-13 无人机位置的模拟数据

	项目	1	2	3	4	5	6
X	原始数据	1190	1231	1266	1303	1351	
	模型值	1190	1231.2	1264.4	1301.0	1348.1	1410.8
	残差	0	0.2	-1.6	-2.0	-2.9	
	相对误差/%	0	0.02	0.13	0.15	0.21	0.102
Y	原始数据	436	446	457	466	477	
	模型值	436	446.4	456.5	465.5	476.4	490.4
	残差	0	0.4	-0.5	-0.5	-0.6	
	相对误差/%	0	0.09	0.11	0.11	0.13	0.088
Z	原始数据	4475	4489	4503	4518	4532	
	模型值	4475	4488.8	4503.3	4518.3	4532.3	4544.8
	残差	0	-0.2	0.3	0.3	0.3	
	相对误差/%	0	0.004	0.007	0.007	0.007	0.005

根据模型的相对误差得到

$$p = 1 - \frac{(0.102\% + 0.088\% + 0.005\%)}{3} = 99.935\%$$

可见模型精度较高。时间点 $11\Delta t$ 时的坐标预测值为 $\{1410.8, 490.4, 4544.8\}$，预测结果的平均相对误差仅为

$$\frac{1}{3}\left(\left|\frac{1410.8 - 1405}{1405}\right| + \left|\frac{490.4 - 486}{486}\right| + \left|\frac{4544.8 - 4545}{4545}\right|\right)$$
$$= 0.44\%$$

相比之下，如果把无人机飞行的 3 个位置坐标看成是独立的变量，分别进行 GM(1,1) 建模来模拟预测，则 GM(1,1) 预测模型分别为

$$\frac{dx^{(1)}(k)}{dt} - 0.03089 \cdot x^{(1)}(k) = 1172.98$$

$$\frac{dy^{(1)}(k)}{dt} - 0.0221 \cdot y^{(1)}(k) = 431.7482$$

$$\frac{dz^{(1)}(k)}{dt} - 0.0032 \cdot z^{(1)}(k) = 4467.5$$

时间响应序列分别为

$$\hat{x}^{(1)}(k+1) = 39168.39 \cdot e^{0.03089 \cdot k} - 37978.39$$
$$\hat{y}^{(1)}(k+1) = 19972 \cdot e^{-0.0221 \cdot k} + 19536$$
$$\hat{z}^{(1)}(k+1) = 1403800 \cdot e^{-0.0032 \cdot k} - 1399300$$

从而得到其模拟序列分别为

$$\hat{x}^{(0)} = \{1190.0, 1228.6, 1267.2, 1306.9, 1347.9\}$$
$$\hat{y}^{(0)} = \{436.0, 446.3, 456.3, 466.5, 476.9\}$$
$$\hat{z}^{(0)} = \{4475, 4488.9, 4503.3, 4517.7, 4532.1\}$$

GM(1,1) 建模的模型精度为

$$p = \frac{99.84\% + 99.93\% + 99.99\%}{3} = 99.92\%$$

基于 GM(1,1) 预测模型，时间点 $11\Delta t$ 时的坐标预测值为 $\{1390.2, 487.5, 4546.6\}$，预测结果的平均相对误差为

$$\frac{1}{3}\left(\left|\frac{1390.2 - 1405}{1405}\right| + \left|\frac{487.5 - 486}{486}\right| + \left|\frac{4546.6 - 4545}{4545}\right|\right) = 0.47\%$$

对比 MGM(1,3) 模型，它们的拟合效果如图 9-16 至图 9-19 所

示。可以看出，MGM(1,3)模型和 GM(1,1)模型的模拟预测结果都和实际测量值很接近，MGM(1,3)模型的建模精度稍优于 GM(1,1)模型。考察它们的模拟数据列和实际测量序列的灰色关联度，MGM(1,3)模型 3 个坐标方向的模拟数据列与实际测量序列的灰色关联度分别为 $r_{MGM}^x = 0.6704$、$r_{MGM}^y = 0.5713$ 和 $r_{MGM}^z = 0.4857$，MGM(1,3)模型 3 个坐标方向的灰色关联度分别为 $r_{GM}^x = 0.5574$、$r_{GM}^y = 0.6123$ 和 $r_{GM}^z = 0.5733$。从一步预测的平均相对误差来看，MGM(1,3)模型的一步预测效果也要稍优于 GM(1,1)模型。

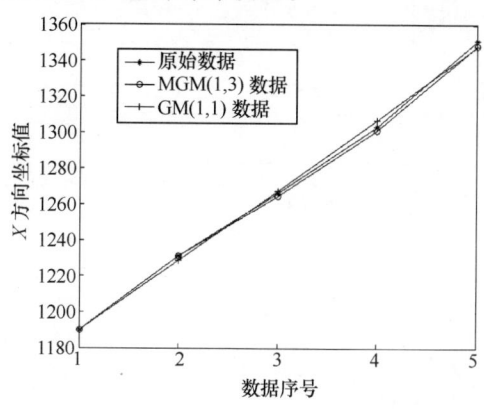

图 9-16 模型(X 方向)的模拟预测效果对比

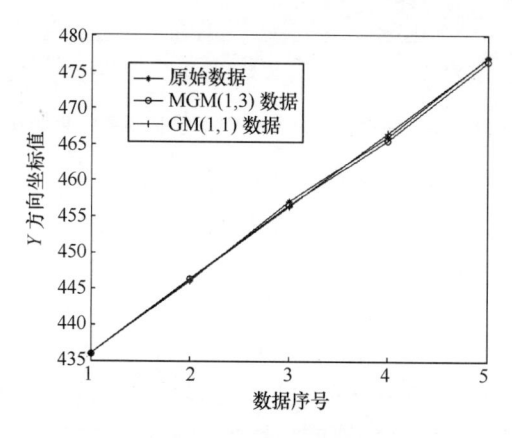

图 9-17 模型(Y 方向)的模拟预测效果对比

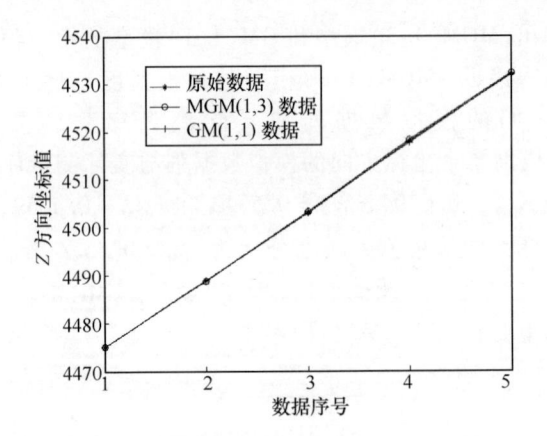

图 9-18　模型(Z 方向)的模拟预测效果对比

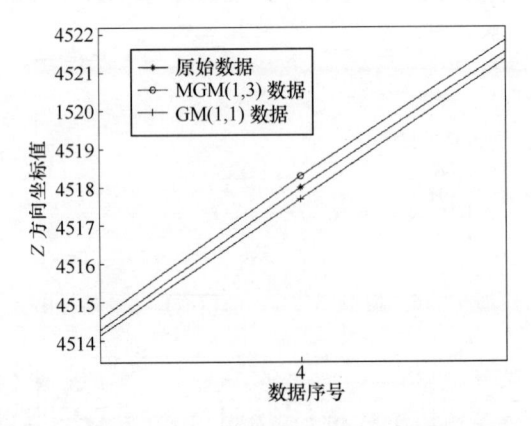

图 9-19　模型(Z 方向局部)的模拟预测效果对比

(2) 取第 11 个时间周期点前 7 个数据。

从表 9-12 中数据得到原始数据列分别为

$$X = \{x(1), x(2), x(3), x(4), x(5), x(6), x(7)\}$$
$$= \{1080, 1138, 1190, 1231, 1266, 1303, 1351\}$$
$$Y = \{y(1), y(2), y(3), y(4), y(5), y(6), y(7)\}$$
$$= \{418, 427, 436, 446, 457, 466, 477\}$$
$$Z = \{z(1), z(2), z(3), z(4), z(5), z(6), z(7)\}$$
$$= \{4447, 4461, 4475, 4489, 4503, 4518, 4532\}$$

类似上述过程建立 MGM(1,3)模型,得到 3 个方向位置坐标的模拟与预测值为

$$\begin{bmatrix} \hat{X}^{(0)} \\ \hat{Y}^{(0)} \\ \hat{Z}^{(0)} \end{bmatrix} = \begin{bmatrix} 1080 & 1140.6 & 1187.5 & 1228.2 & 1267.8 & 1307.3 & 1346.7 & 1386.1 \\ 418 & 426.9 & 436 & 446.1 & 456.4 & 466.7 & 477 & 487.3 \\ 4447 & 4460.9 & 4475 & 4489 & 4503.2 & 4517.5 & 4532.1 & 4546.9 \end{bmatrix}$$

MGM(1,3)建模的模型精度为

$$p = 1 - \frac{(0.21\% + 0.00285\% + 0.046\%)}{3} = 99.91\%$$

基于 MGM(1,3)预测模型,时间点 $11\Delta t$ 时的坐标预测值为 $\{1386.1, 487.3, 4546.9\}$,预测结果的平均相对误差为

$$\frac{1}{3}\left(\left|\frac{1386.1 - 1405}{1405}\right| + \left|\frac{487.3 - 486}{486}\right| + \left|\frac{4546.9 - 4545}{4545}\right|\right)$$
$$= 0.55\%$$

类似地,对 3 个位置坐标数据序列分别进行 GM(1,1)建模,得到模拟序列分别为

$\hat{x}^{(0)} = \{1080, 1146.1, 1184.4, 1224.1, 1265.1, 1307.4, 1351.2, 1396.4\}$
$\hat{y}^{(0)} = \{418.0, 426.8, 436.4, 446.2, 456.2, 466.4, 476.9, 487.6\}$
$\hat{z}^{(0)} = \{4447, 4460.8, 4475, 4489.2, 4503.4, 4517.7, 4532, 4546.3\}$

GM(1,1)建模的模型精度为

$$p = \frac{99.69\% + 99.93\% + 99.99\%}{3} = 99.87\%$$

基于 GM(1,1)预测模型,时间点 $11\Delta t$ 时的坐标预测值为 $\{1390.2, 487.5, 4546.6\}$,预测结果的平均相对误差为

$$\frac{1}{3}\left(\left|\frac{1396.4 - 1413}{1413}\right| + \left|\frac{487.6 - 486}{486}\right| + \left|\frac{4546.3 - 4545}{4545}\right|\right) = 0.32\%$$

(3)取第 11 个时间周期点前 9 个数据。

从表 9-12 中数据得到原始数据列分别为

$X = \{x(1), x(2), x(3), x(4), x(5), x(6), x(7), x(8), x(9)\}$
$\quad = \{988, 1051, 1080, 1138, 1190, 1231, 1266, 1303, 1351\}$
$Y = \{y(1), y(2), y(3), y(4), y(5), y(6), y(7), y(8), y(9)\}$
$\quad = \{399, 409, 418, 427, 436, 446, 457, 466, 477\}$

$$Z = \{z(1), z(2), z(3), z(4), z(5), z(6), z(7), z(8), z(9)\}$$
$$= \{4418, 4432, 4447, 4461, 4475, 4489, 4503, 4518, 4532\}$$

类似上述过程建立 MGM(1,3) 模型,得到 3 个方向位置坐标的模拟与预测值为

$$\begin{bmatrix} \hat{X}^{(0)} \\ \hat{Y}^{(0)} \\ \hat{Z}^{(0)} \end{bmatrix} = \begin{bmatrix} 988 & 1045.2 & 1091.9 & 1138 & 1183.1 & 1227 & 1269.3 & 1309.7 & 1347.7 & 1383.1 \\ 399 & 409 & 417.8 & 426.9 & 436.4 & 446.2 & 456.2 & 466.5 & 476.9 & 487.5 \\ 4418 & 4432.3 & 446.7 & 4460.9 & 4475 & 4489.1 & 4503.2 & 4517.5 & 4532 & 4546.9 \end{bmatrix}$$

MGM(1,3) 建模的模型精度为

$$p = 1 - \frac{(0.4\% + 0.057\% + 0.004\%)}{3} = 99.85\%$$

基于 MGM(1,3) 预测模型,时间点 $11\Delta t$ 时的坐标预测值为 $\{1383.1, 487.5, 4546.9\}$,预测结果的平均相对误差为

$$\frac{1}{3}\left(\left|\frac{1383.1 - 1405}{1405}\right| + \left|\frac{487.5 - 486}{486}\right| + \left|\frac{4546.9 - 4545}{4545}\right|\right) = 0.64\%$$

类似地,对 3 个位置坐标数据序列分别进行 GM(1,1) 建模,得到其模拟序列分别为

$\hat{x}^{(0)} = \{988, 1055.6, 1094.2, 1134.3, 1175.8, 1218.8, 1263.4, 1309.6, 1357.6, 1407.2\}$

$\hat{y}^{(0)} = \{399, 408.7, 417.8, 427.1, 436.6, 446.3, 456.2, 466.4, 476.7, 487.3\}$

$\hat{z}^{(0)} = \{4418, 4432.5, 4446.6, 4460.7, 4474.9, 4489.1, 4503.4, 4517.7, 4532.1, 4546.5\}$

GM(1,1) 建模的模型精度为

$$p = \frac{99.39\% + 99.93\% + 99.99\%}{3} = 99.77\%$$

基于 GM(1,1) 预测模型,时间点 $11\Delta t$ 时的坐标预测值为

$\{1407.2,487.3,4546.5\}$,预测结果的平均相对误差为

$$\frac{1}{3}\left(\left|\frac{1407.2-1413}{1413}\right|+\left|\frac{487.3-486}{486}\right|+\left|\frac{4546.5-4545}{4545}\right|\right)=0.15\%$$

根据上述 3 个不同数据个数的建模结果可以看出,MGM(1,3)和 GM(1,1)模型的建模精度都很高,均达到 99% 以上,并且 MGM(1,3)模型的建模精度稍优于 GM(1,1)模型。但是对于预测来讲,一步预测的平均相对误差也都很小,随着建模数据个数的增加,MGM(1,3)模型一步预测的平均相对误差稍大于 GM(1,1)模型,但是 MGM(1,3)模型由于考虑的 3 个位置坐标的相互影响关系,其预测结果更加准确、合理。

在实际工程应用中,由于无法确定利用多少个数据来进行模拟预测能保证很高的模拟精度,通常利用几个不同的数据列进行模拟预测,然后取平均值来确定最终的预测结果。用上述 3 种 MGM(1,3)模型的总体平均来预测时间点 $11\Delta t$ 时的坐标,即

$$\hat{x}(11)=(1410.8+1386.1+1383.1)/3=1393.3$$
$$\hat{y}(11)=(490.4+487.3+487.5)/3=488.4$$
$$\hat{z}(11)=(4544.8+4546.9+4546.9)/3=4546.2$$

则时间点 $11\Delta t$ 时的坐标预测平均值为 $\{1393.3,488.4,4546.2\}$,而其坐标测量值为 $\{1405,486,4545\}$,则坐标 3 个方向的相对误差为

$$\frac{1405-1393.3}{1405}\times100\%=0.83\%$$

$$\frac{488.4-486}{486}\times100\%=0.49\%$$

$$\frac{4546.2-4545}{4545}\times100\%=0.026\%$$

9.5.3.2 任一时刻坐标的计算

由于 MGM(1,N)模型是由连续型的 GM(1,1)模型灰色微分方程拓广而成,所以它不仅可以利用该模型来预测下一个时刻的值,而且还可以用来模拟或预测短期内任一时刻的值。在本节中,假设需要计算

$t=10.7\Delta t$ 时的无人机位置坐标。

需要计算 $t=10.7\Delta t$ 时的无人机位置坐标,首先以 $t_0=10\Delta t$ 为时间原点,利用其前面的原始数据建立 MGM(1,3) 模型来预测 $t=11\Delta t$ 时的位置坐标,然后通过数据插补来得到 $t=10.7\Delta t$ 时的无人机位置坐标。

在本节实例中,分别利用时间原点前 5 个、7 个、9 个数据(原始数据同上一节)建立 MGM(1,3)模型,预测得到 $t=11\Delta t$ 时的位置坐标分别为 {1410.8,490.4,4544.8}、{1386.1,487.3,4546.9} 和 {1383.1, 487.5,4546.9},$t=10\Delta t$ 时的位置坐标为 {1351,477,4532}。根据下列插补公式

$$K_{10.7\Delta t}=K_{10\Delta t}+\frac{10.7\Delta t-10\Delta t}{11\Delta t-10\Delta t}(K_{11\Delta t}-K_{10\Delta t}) \quad (9-43)$$

式中:K 为无人机位置的 3 个坐标方向 x、y 和 z。

于是分别得到 $t=10.7\Delta t$ 时的无人机位置坐标为 {1392.9,486.4, 4541}、{1375.6,484.2,4542.4} 和 {1373.5,484.3,4542.4},对这些预测结果求平均,得到 $t=10.7\Delta t$ 时的无人机坐标为

$$x(10.7\Delta t)=(1392.9+1375.6+1373.5)/3=1380.7$$
$$y(10.7\Delta t)=(486.4+484.2+484.3)/3=485.0$$
$$z(10.7\Delta t)=(4541+4542.4+4542.4)/3=4541.9$$

在武器装备的试验与训练等很多场合需要对无人机等运动目标的位置信息进行预测,而运动目标 3 个位置方向的运动不是独立的,相互间存在耦合影响,因此对其位置坐标的预测不能简单地利用单变量模型。本书提出利用新陈代谢 MGM(1,N) 模型来进行预测无人机等运动目标的位置坐标,并通过实际事例验证了该方法的可行性和有效性,不仅预测等时间间隔的位置坐标,还可以通过插补运算来仅预测不等时间间隔的位置坐标。仿真结果也表明了 MGM(1,N)建模仅需要很小的样本数据,不需要假设数据的概率分布特征,具有较高的模拟和预测精度,克服了 GM(1,N)模型不能用于预测和 GM(1,1)模型只针对单变量因素的不足。要说明的是,大量数据仿真表明该方法仅适用于 1 个或 2 个数据的短期高精度预测。

9.6 基于区间数的 GM(1,1) 与灰色 Verhulst 模型及其应用

随着电子装备体系及其试验技术的发展,电子装备的试验与评估面临着更多的不确定性与复杂性,试验人员所考虑问题的复杂性、不确定性以及思维的模糊性等在不断增强。在实际的电子装备试验与训练活动过程中,采用区间数表示试验与训练指标数值,是对试验与训练活动过程中各种能力指标不确定性信息的一种有效描述。本节将介绍基于区间数的 GM(1,1) 模型和灰色 Verhulst 模型,并进行实例分析。

9.6.1 基于区间数的 GM(1,1) 模型

既有下界又有上界的数称为区间数,记为

$$\tilde{a} = [a^l, a^u] = \{x \mid a^l \leq x \leq a^u, a^l, a^u \in \mathbf{R}\}$$

特别地,若 $a^l = a^u$,则区间数 $\tilde{a}$ 退化为一个实数。

假设原始区间数据列 $\tilde{X}^{(0)} = \{\tilde{x}^{(0)}(1), \tilde{x}^{(0)}(2), \cdots, \tilde{x}^{(0)}(n)\}$,其中

$$\begin{cases} \tilde{x}^{(0)}(1) = [a^{(0)}(1), b^{(0)}(1)] \\ \tilde{x}^{(0)}(2) = [a^{(0)}(2), b^{(0)}(2)] \\ \quad \vdots \\ \tilde{x}^{(0)}(n) = [a^{(0)}(n), b^{(0)}(n)] \end{cases} \quad (9-44)$$

这里介绍两种 GM(1,1) 模型建模方法,分别是基于上下界的 GM(1,1) 模型和基于区间中心与区间半径的 GM(1,1) 模型。

9.6.1.1 基于上下界的 GM(1,1) 模型

1) 建模过程

基于上下界的 GM(1,1) 模型是一种包络预测,就是利用原始区间数据列 $\tilde{X}^{(0)}$ 的下界数据列 $\tilde{X}^{l(0)} = \{a^{(0)}(1), a^{(0)}(2), \cdots, a^{(0)}(n)\}$ 和上界数据列 $\tilde{X}^{u(0)} = \{b^{(0)}(1), b^{(0)}(2), \cdots, b^{(0)}(n)\}$ 分别进行 GM(1,1)

建模,得到上下界 $k+1$ 时刻的预测值 $\hat{b}^{(0)}(k+1)$ 和 $\hat{a}^{(0)}(k+1)$,从而可以求得模拟预测区间数据列 $\tilde{\hat{X}}^{(0)} = \{\tilde{\hat{x}}^{(0)}(1), \tilde{\hat{x}}^{(0)}(2), \cdots, \tilde{\hat{x}}^{(0)}(n)\}$,其中

$$\begin{cases} \tilde{\hat{x}}^{(0)}(1) = [\hat{a}^{(0)}(1), \hat{b}^{(0)}(1)] \\ \vdots \\ \tilde{\hat{x}}^{(0)}(k+1) = [\hat{a}^{(0)}(k+1), \hat{b}^{(0)}(k+1)] \\ \vdots \end{cases} \quad (9-45)$$

2) 建模精度

对于基于上下界的 GM(1,1) 建模精度可以通过区间平均残差平方和与区间平均相对误差来实现,由上述建模过程可以知道,误差主要由上界的 GM(1,1) 建模误差和下界的 GM(1,1) 建模误差组成,记下界数据列 $\tilde{X}^{l(0)} = \{a^{(0)}(1), a^{(0)}(2), \cdots, a^{(0)}(n)\}$ 的模拟数据列为

$$\tilde{\hat{X}}^{l(0)} = \{\hat{a}^{(0)}(1), \hat{a}^{(0)}(2), \cdots, \hat{a}^{(0)}(n)\}$$

以及上界数据列 $\tilde{X}^{u(0)} = \{b^{(0)}(1), b^{(0)}(2), \cdots, b^{(0)}(n)\}$ 的模拟数据列为

$$\tilde{\hat{X}}^{u(0)} = \{\hat{b}^{(0)}(1), \hat{b}^{(0)}(2), \cdots, \hat{b}^{(0)}(n)\}$$

则有残差序列

$$\begin{aligned}\boldsymbol{\varepsilon}_a &= (\varepsilon_{a1}, \varepsilon_{a2}, \cdots, \varepsilon_{an}) \\ &= (\hat{a}^{(0)}(1) - a^{(0)}(1), \hat{a}^{(0)}(2) - a^{(0)}(2), \cdots, \hat{a}^{(0)}(n) - a^{(0)}(n)) \\ \boldsymbol{\varepsilon}_b &= (\varepsilon_{b1}, \varepsilon_{b2}, \cdots, \varepsilon_{bn}) \\ &= (\hat{b}^{(0)}(1) - b^{(0)}(1), \hat{b}^{(0)}(2) - b^{(0)}(2), \cdots, \hat{b}^{(0)}(n) - b^{(0)}(n))\end{aligned}$$

和相对误差序列

$$\begin{aligned}\Delta_a &= \{\Delta_{a1}, \Delta_{a2}, \cdots, \Delta_{an}\} \\ &= \left\{\frac{\hat{a}^{(0)}(1) - a^{(0)}(1)}{a^{(0)}(1)}, \frac{\hat{a}^{(0)}(2) - a^{(0)}(2)}{a^{(0)}(2)}, \cdots, \frac{\hat{a}^{(0)}(n) - a^{(0)}(n)}{a^{(0)}(n)}\right\}\end{aligned}$$

$$\Delta_b = \{\Delta_{b1}, \Delta_{b2}, \cdots, \Delta_{bn}\}$$
$$= \left\{\frac{\hat{b}^{(0)}(1) - b^{(0)}(1)}{b^{(0)}(1)}, \frac{\hat{b}^{(0)}(2) - b^{(0)}(2)}{b^{(0)}(2)}, \cdots, \frac{\hat{b}^{(0)}(n) - b^{(0)}(n)}{b^{(0)}(n)}\right\}$$

则有区间平均残差平方和为

$$s = \frac{1}{2}(\boldsymbol{\varepsilon}_a^\mathrm{T} \cdot \boldsymbol{\varepsilon}_a + \boldsymbol{\varepsilon}_b^\mathrm{T} \cdot \boldsymbol{\varepsilon}_b) \tag{9-46}$$

和区间平均相对误差

$$\Delta = \frac{1}{2}\left(\frac{1}{n}\sum_{i=1}^{n}\Delta_{ai} + \frac{1}{n}\sum_{j=1}^{n}\Delta_{bj}\right) \tag{9-47}$$

特别地，当区间序列退化为点序列时，区间平均残差平方和与区间平均相对误差就转化为 GM(1,1) 模型的残差平方和与平均相对误差。

9.6.1.2 基于区间中心与半径的 GM(1,1) 模型

1）建模过程

对于区间数 $\tilde{a} = [a^l, a^u]$，记

$$\begin{cases} m = \frac{1}{2}(a^l + a^u) \\ r = \frac{1}{2}(a^u - a^l) \end{cases} \tag{9-48}$$

式中：m, r 分别为区间数 $\tilde{a}$ 的区间中心和区间半径，于是区间数 $\tilde{a}$ 又可以记为 $\tilde{a} = [m; r]$。

于是，原始区间数据列 $\widetilde{X}^{(0)} = \{\tilde{x}^{(0)}(1), \tilde{x}^{(0)}(2), \cdots, \tilde{x}^{(0)}(n)\}$ 可以转化为区间中心数据列，即

$$M^{(0)} = \{m^{(0)}(1), m^{(0)}(2), \cdots, m^{(0)}(n)\}$$
$$= \left\{\frac{a^{(0)}(1) + b^{(0)}(1)}{2}, \frac{a^{(0)}(2) + b^{(0)}(2)}{2}, \cdots, \frac{a^{(0)}(n) + b^{(0)}(n)}{2}\right\}$$

和区间半径数据列

$$R^{(0)} = \{r^{(0)}(1), r^{(0)}(2), \cdots, r^{(0)}(n)\}$$
$$= \left\{\frac{b^{(0)}(1) - a^{(0)}(1)}{2}, \frac{b^{(0)}(2) - a^{(0)}(2)}{2}, \cdots, \frac{b^{(0)}(n) - a^{(0)}(n)}{2}\right\}$$

对数据列 $M^{(0)}$ 和 $R^{(0)}$ 进行 GM(1,1) 建模，得到 $k+1$ 时刻的预测值 $\hat{m}^{(0)}(k+1)$ 和 $\hat{r}^{(0)}(k+1)$，于是有区间模拟值的下界值和上界值为

$$\begin{cases} \hat{a}^{(0)}(k+1) = \hat{m}^{(0)}(k+1) - \hat{r}^{(0)}(k+1) \\ \hat{b}^{(0)}(k+1) = \hat{m}^{(0)}(k+1) + \hat{r}^{(0)}(k+1) \end{cases} \quad (9-49)$$

2）建模精度

对于基于区间中心和区间半径的 GM(1,1) 建模精度也通过区间平均残差平方和与区间平均相对误差来实现，由上述建模过程可以知道，误差主要由区间中心的 GM(1,1) 建模误差和区间半径的 GM(1,1) 建模误差组成，记区间中心数据列的模拟数据列为

$$\hat{M}^{(0)} = (\hat{m}^{(0)}(1), \hat{m}^{(0)}(2), \cdots, \hat{m}^{(0)}(n))$$

以及区间半径数据列的模拟数据列为

$$\hat{R}^{(0)} = (\hat{r}^{(0)}(1), \hat{r}^{(0)}(2), \cdots, \hat{r}^{(0)}(n))$$

则有残差序列

$$\begin{aligned}\boldsymbol{\varepsilon}_m &= (\varepsilon_{m1}, \varepsilon_{m2}, \cdots, \varepsilon_{mn}) \\ &= (\hat{m}^{(0)}(1) - m^{(0)}(1), \hat{m}^{(0)}(2) - m^{(0)}(2), \cdots, \hat{m}^{(0)}(n) - m^{(0)}(n))\end{aligned}$$

$$\begin{aligned}\boldsymbol{\varepsilon}_r &= (\varepsilon_{r1}, \varepsilon_{r2}, \cdots, \varepsilon_{rn}) \\ &= (\hat{r}^{(0)}(1) - r^{(0)}(1), \hat{r}^{(0)}(2) - r^{(0)}(2), \cdots, \hat{r}^{(0)}(n) - r^{(0)}(n))\end{aligned}$$

和相对误差序列

$$\begin{aligned}\Delta_m &= \{\Delta_{m1}, \Delta_{m2}, \cdots, \Delta_{mn}\} \\ &= \left\{ \frac{\hat{m}^{(0)}(1) - m^{(0)}(1)}{m^{(0)}(1)}, \frac{\hat{m}^{(0)}(2) - m^{(0)}(2)}{m^{(0)}(2)}, \cdots, \frac{\hat{m}^{(0)}(n) - m^{(0)}(n)}{m^{(0)}(n)} \right\}\end{aligned}$$

$$\begin{aligned}\Delta_r &= \{\Delta_{r1}, \Delta_{r2}, \cdots, \Delta_{rn}\} \\ &= \left\{ \frac{\hat{r}^{(0)}(1) - r^{(0)}(1)}{r^{(0)}(1)}, \frac{\hat{r}^{(0)}(2) - r^{(0)}(2)}{r^{(0)}(2)}, \cdots, \frac{\hat{r}^{(0)}(n) - r^{(0)}(n)}{r^{(0)}(n)} \right\}\end{aligned}$$

则有区间平均残差平方和为

$$s = \boldsymbol{\varepsilon}_m^{\mathrm{T}} \cdot \boldsymbol{\varepsilon}_m + \boldsymbol{\varepsilon}_r^{\mathrm{T}} \cdot \boldsymbol{\varepsilon}_r \quad (9-50)$$

和区间平均相对误差

$$\Delta = \frac{1}{n}\sum_{i=1}^{n}\Delta_{mi} + \frac{1}{n}\sum_{j=1}^{n}\Delta_{rj} \qquad (9-51)$$

特别地,当区间序列退化为点序列时,区间半径数据列为 $R^{(0)} =(0,0,\cdots,0)$,上面公式中 $\varepsilon_r = (0,0,\cdots,0)$,$\Delta_r = (0,0,\cdots,0)$,则区间平均残差平方和与区间平均相对误差也就转化为 GM(1,1)模型的残差平方和与平均相对误差。

9.6.2 基于区间数的灰色 Verhulst 模型

当这对原始区间数据列 $\tilde{X}^{(0)} = \{\tilde{x}^{(0)}(1),\tilde{x}^{(0)}(2),\cdots,\tilde{x}^{(0)}(n)\}$ 进行灰色 Verhulst 建模时,同样也可以分别采用基于上下界的灰色 Verhulst 建模方法和基于区间中心与区间半径的灰色 Verhulst 建模方法,其建模过程及其建模精度类似于基于区间数的 GM(1,1)建模,这里不再赘述。

9.6.3 运动目标距离的区间 GM(1,1)模型预测

在电子装备试验与训练活动中,常常需要对侦察或干扰的敌方运动目标与己方装备的距离做出估计预测,利用多个传感器的测试数据进行处理后给出一个大概的估计值,但实际上这个值由于受到传感器的性能、测量误差、数据处理误差等的影响而充满了不确定性,用一个区间数来表达这个距离更符合工程实际。

假设根据传感器的测试数据得到前 5 个时间周期的距离值($\times 10^4$m)为

$$\tilde{X}^{(0)} = \{\tilde{x}^{(0)}(1),\tilde{x}^{(0)}(2),\tilde{x}^{(0)}(3),\tilde{x}^{(0)}(4),\tilde{x}^{(0)}(5)\}$$
$$= \{[2.874, 2.919],[3.278, 3.318],[3.307, 3.357],$$
$$[3.39, 3.436],[3.679, 3.72]\}$$

9.6.3.1 基于上下界的 GM(1,1)建模

由原始区间数据列得到下界数据列

$$\tilde{X}^{l(0)} = \{\tilde{x}^{l(0)}(1),\tilde{x}^{l(0)}(2),\tilde{x}^{l(0)}(3),\tilde{x}^{l(0)}(4),\tilde{x}^{l(0)}(5)\}$$

$$= \{2.874, 3.278, 3.307, 3.39, 3.679\}$$

和上界数据列

$$\tilde{X}^{u(0)} = \{\tilde{x}^{u(0)}(1), \tilde{x}^{u(0)}(2), \tilde{x}^{u(0)}(3), \tilde{x}^{u(0)}(4), \tilde{x}^{u(0)}(5)\}$$
$$= \{2.919, 3.318, 3.357, 3.436, 3.72\}$$

对 $\tilde{X}^{l(0)}$ 和 $\tilde{X}^{u(0)}$ 分别进行 GM(1,1) 建模,得到其时间响应式分别为

$$\hat{\tilde{x}}^{l(1)}(k+1) = \left(\tilde{x}^{l(0)}(1) - \frac{b}{a}\right) \cdot e^{-ak} + \frac{b}{a}$$
$$= 82.5892 \cdot e^{0.0382k} - 79.7152$$

和

$$\hat{\tilde{x}}^{u(1)}(k+1) = \left(\tilde{x}^{u(0)}(1) - \frac{b}{a}\right) \cdot e^{-ak} + \frac{b}{a}$$
$$= 84.998 \cdot e^{0.0377k} - 82.079$$

分别进行累减还原,得到其模拟值、残差及相对误差如表 9-14 所列,其模拟预测曲线如图 9-20 所示。

表 9-14 区间距离的上下界模拟数据检验表

序号	下界模拟数据列			上界模拟数据列		
	模拟值	残差	相对误差/%	模拟值	残差	相对误差/%
1	2.8740	0	0	2.9190	0	0
2	3.2197	0.0583	1.78	3.2643	0.0537	1.62
3	3.3453	-0.0383	1.16	3.3897	-0.0327	0.97
4	3.4757	-0.0857	2.53	3.5199	-0.0839	2.44
5	3.6112	0.0678	1.84	3.6550	0.0650	1.75
平均相对误差/%	1.46			1.36		

图 9-20 中虚线表示原始数据列,实践表示模拟值数据列,细线表示上界数据列,粗线表示下界数据列。由图 9-20 可以看到,这实际上是一个包络带的模拟预测问题。

下界数据列 GM(1,1) 模型的残差平方和为 0.0168,上界数据列

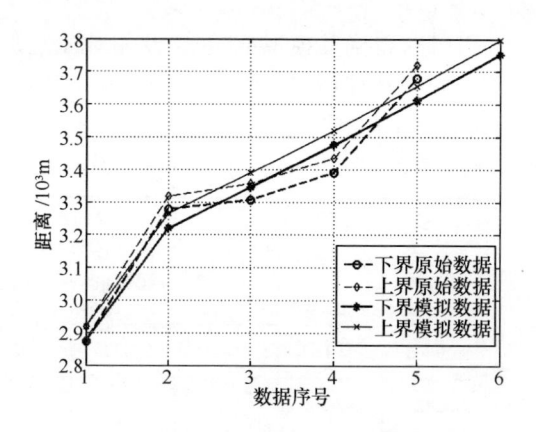

图9-20 区间距离的上下界模拟预测曲线

GM(1,1)模型的残差平方和为0.0152,则针对原始区间数据列进行基于上下界GM(1,1)模型的区间平均残差平方和为0.016,由表9-14可以得到区间平均相对误差为1.41%。

9.6.3.2 基于区间中心与半径的GM(1,1)建模

由原始区间数据列得到区间中心数据列
$$M^{(0)} = \{m^{(0)}(1), m^{(0)}(2), m^{(0)}(3), m^{(0)}(4), m^{(0)}(5)\}$$
$$= \{2.8965, 3.298, 3.332, 3.413, 3.6995\}$$

和区间半径数据列
$$R^{(0)} = \{r^{(0)}(1), r^{(0)}(2), r^{(0)}(3), r^{(0)}(4), r^{(0)}(5)\}$$
$$= \{0.0225, 0.02, 0.025, 0.023, 0.0205\}$$

针对数据列 $M^{(0)}$ 和 $R^{(0)}$ 分别进行GM(1,1)建模,得到其时间响应式分别为

$$\hat{m}^{(1)}(k+1) = \left(m^{(0)}(1) - \frac{b}{a}\right) \cdot e^{-ak} + \frac{b}{a}$$
$$= 83.7891 \cdot e^{0.038k} - 80.8926$$

和

$$\hat{r}^{(1)}(k+1) = \left(r^{(0)}(1) - \frac{b}{a}\right) \cdot e^{-ak} + \frac{b}{a}$$
$$= -10.513 \cdot e^{-0.0021k} + 10.5355$$

分别进行累减还原,得到其模拟值、残差及相对误差如表 9-15 所列,由区间中心与区间半径模拟值数据列可以求得区间模拟数据列,其模拟预测曲线如图 9-21 所示。

表 9-15　区间距离的中心与半径模拟数据检验表

序号	区间中心模拟数据列			区间半径模拟数据列		
	模拟值	残差	相对误差/%	模拟值	残差	相对误差/%
1	2.8965	0	0	0.0225	0	0
2	3.2420	0.0560	1.70	0.0222	-0.0022	10.98
3	3.3675	-0.0355	1.06	0.0221	0.0029	11.41
4	3.4978	-0.0848	2.48	0.0221	0.0009	3.91
5	3.6331	0.0664	1.79	0.0221	-0.0016	7.58
平均相对误差/%	1.41			6.77		

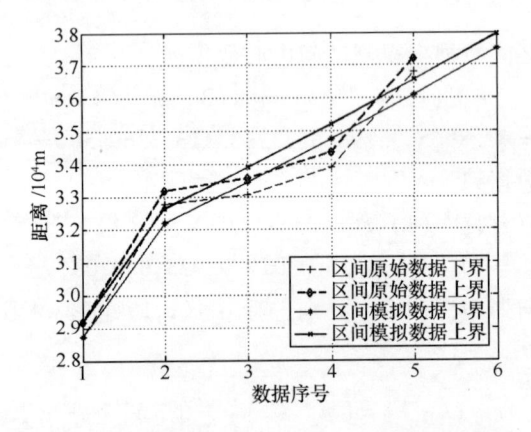

图 9-21　区间距离的中心与半径模拟预测曲线

区间中心数据列 GM(1,1) 模型的残差平方和为 0.016,区间半径数据列 GM(1,1) 模型的残差平方和为 1.6176×10^{-5},则针对原始区间数据列进行基于区间中心与半径 GM(1,1) 模型的区间平均残差平方和约为 0.016,区间平均相对误差为 4.09%。

由实际实例建模精度数据以及图 9-20 和图 9-21 的直观对比可以看出,基于上下界的 GM(1,1)模型和基于区间中心与半径的 GM(1,1)模型建模精度相当。

9.6.4 电子装备训练效果的区间灰色 Verhulst 模型预测

在未来信息化战场上,为了能使电子装备最大限度地发挥系统整体作战效能,装备操作手必须具备相当熟练的基本操作和战斗操作技能,因此在战前必须对操作人员进行各种学习训练。装备操作学习训练的最有效途径就是进行实际装备的对抗训练,就是在利用各种模拟器和实际装备综合模拟战场环境下,通过对训练过程的系统全面的管理和控制,让装备操作手进行各种对抗态势下的战场训练,并对训练结果进行各种层次上的考核,提高电子装备操作手的基本操作和战斗操作技能。从电子装备的实际训练活动中发现,训练效果的提高与训练时间并不是正比例关系,在一定训练模式下训练效果在初期可能会提高较快,但达到某一程度就再难以得到大幅度的提高。因此,在电子装备训练方案的设计中,如何根据少量的训练效果数据来预测预期的训练效果确定,进而确定合适的训练周期是一个必须解决的问题。

在实际的电子装备训练中,对某个操作手训练效果的考核评估通常是根据评估专家组的打分进行评估得到的,但是专家组的个人偏好如何确定是进行数据处理时一个难以解决的问题,这时利用区间数来表达训练效果是一个很好的选择。这里以 100 分制来对某次电子装备训练中某个操作手的训练效果进行打分,综合专家组的评分给出训练前 5 天的训练效果区间数据列为

$$\widetilde{X}^{(0)} = \{\tilde{x}^{(0)}(1), \tilde{x}^{(0)}(2), \tilde{x}^{(0)}(3), \tilde{x}^{(0)}(4), \tilde{x}^{(0)}(5)\}$$
$$= \{[42.3, 45.4], [54.4, 56.2], [60.9, 63.0], [62.2, 65.5], [64.1, 66.7]\}$$

该训练效果区间数据列的特征如图 9-22 所示,上下界数据曲线都是近似 S 形,因此适合利用灰色 Verhulst 模型来建模预测第 6 天的训练效果。这里仅以上下界灰色 Verhulst 模型的建模方法进行示例。

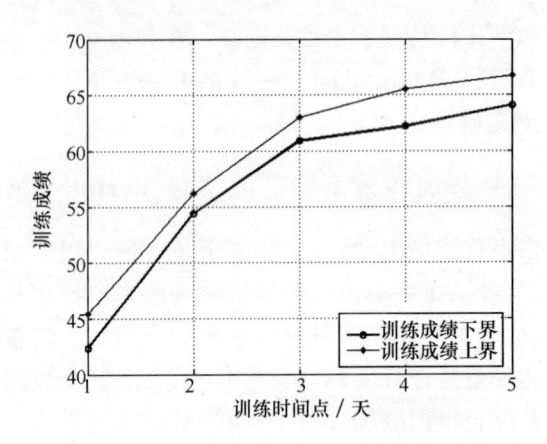

图 9-22 电子装备训练效果数据特征

$$\widetilde{X}^{(0)} = \{\tilde{x}^{(0)}(1), \tilde{x}^{(0)}(2), \tilde{x}^{(0)}(3), \tilde{x}^{(0)}(4), \tilde{x}^{(0)}(5)\}$$
$$= \{[42.3, 45.4], [54.4, 56.2], [60.9, 63.0], [62.2, 65.5], [64.1, 66.7]\}$$

由原始区间数据列得到下界数据列

$$\widetilde{X}^{l(0)} = \{\tilde{x}^{l(0)}(1), \tilde{x}^{l(0)}(2), \tilde{x}^{l(0)}(3), \tilde{x}^{l(0)}(4), \tilde{x}^{l(0)}(5)\}$$
$$= \{42.3, 54.4, 60.9, 62.2, 64.1\}$$

和上界数据列

$$\widetilde{X}^{u(0)} = \{\tilde{x}^{u(0)}(1), \tilde{x}^{u(0)}(2), \tilde{x}^{u(0)}(3), \tilde{x}^{u(0)}(4), \tilde{x}^{u(0)}(5)\}$$
$$= \{45.4, 56.2, 63.0, 65.5, 66.7\}$$

这里把 $\widetilde{X}^{l(0)}$ 和 $\widetilde{X}^{u(0)}$ 直接作为 1-AGO 数据列，也就是对 $\widetilde{X}^{l(0)}$ 和 $\widetilde{X}^{u(0)}$ 的 1 阶累减(1-IAGO)数据列分别进行灰色 Verhulst 建模，得到其时间响应式分别为

$$\hat{\tilde{x}}^{l(1)}(k+1) = \frac{a\tilde{x}^{l(0)}(1)}{b\tilde{x}^{l(0)}(1) - (a - b\tilde{x}^{l(0)}(1)) \cdot e^{ak}}$$
$$= \frac{43.014}{0.6699 - 0.347 \cdot e^{-1.0169k}}$$

和

$$\hat{\tilde{x}}^{u(1)}(k+1) = \frac{\tilde{a}\tilde{x}^{u(0)}(1)}{\tilde{b}\tilde{x}^{u(0)}(1) - (a - \tilde{b}\tilde{x}^{u(0)}(1)) \cdot e^{ak}}$$

$$= \frac{39.8102}{0.589 - 0.2879 \cdot e^{-0.8769k}}$$

根据上述时间响应式得到其模拟值、残差及相对误差如表9–16所列，其模拟预测曲线如图9–23所示。

表9–16 训练效果的上下界模拟数据检验表

序号	下界模拟数据列 模拟值	残差	相对误差/%	上界模拟数据列 模拟值	残差	相对误差/%
1	42.3000	0	0	45.4000	0	0
2	54.0798	-0.3202	0.59	56.1679	-0.0321	0.06
3	60.1376	-0.7624	1.25	62.3177	-0.6823	1.08
4	62.6772	0.4772	0.77	65.2922	-0.2078	0.32
5	63.6495	-0.4505	0.70	66.6152	-0.0848	0.13
平均相对误差/%	0.66			0.32		

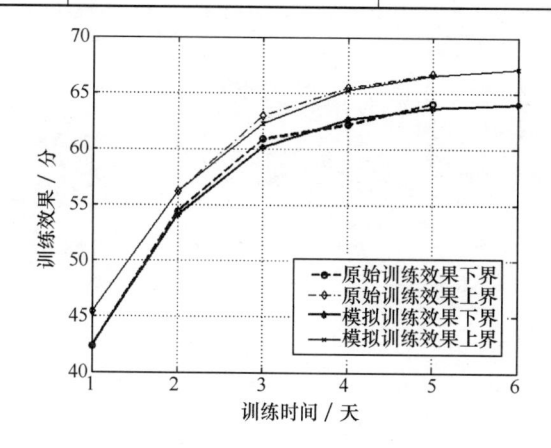

图9–23 训练效果的上下界模拟预测曲线

下界1-IAGO数据列灰色Verhulst模型的残差平方和为1.1145，上界1-IAGO数据列灰色Verhulst模型的残差平方和为0.5169，则针对原始区间数据列进行基于上下界GM(1,1)模型的区间平均残差平方和为 0.8157,由表 9-16 可以得到区间平均相对误差为 0.49%。

由建模的时间响应式可以预测得到训练第 6 天的训练效果为 [64.0,67.2]分。可见,针对同一种训练模式,训练效果在达到一定程度后再提高的速度很缓慢。

第10章 试验数据的灰聚类理论与应用

聚类分析是数据挖掘的重要功能之一,一个聚类可以看作属于同一类的观测对象的集合,灰色聚类是根据灰色关联矩阵或灰数的白化权函数将一些观测指标或观察对象划分成若干个可定义类别的方法。本章研究电子装备小样本试验数据下的灰色聚类分析技术,重点提出了灰色面积变权聚类和灰色关联熵权聚类新方法,并对其在电子装备试验数据聚类中的应用进行了研究。

10.1 试验数据聚类概述

对一批没有标出类别的模式样本集,按照一定的要求和规律将事物进行分类的一种数学方法称为聚类分析,它原来是数理统计中多元分析的一个分支。聚类通常是在不考虑已知的类别标号前提下按照样本之间的相似程度进行分类,进而可以产生这种类别标号,一个类别标号可以看作属于同一类的观测样本对象的集合。

聚类分析方法是一种启发式算法,在模式类别数目不是精确知道的目标识别或分类问题中,这类算法十分有效。聚类分析算法根据最大化类内的相似性、最小化类间的相似性的原则进行聚类或分组,并由专家把每个数据组解释为相应的目标类,使得在一个聚类中的对象具有很高的相似性,而与其他聚类中的对象很不相似。所形成的每个聚类可以看作一个对象类,由它可以导出规则。聚类也便于分类编制,将观察组织成类分层结构,把类似的事件组织在一起。目前常用的聚类准则则是把各种各样的相似性度量作为数据样本的聚类准则,如欧几里得距离、加权欧几里得距离等。而在电子装备试验与训练活动等现实的工程问题中,试验与训练数据对象一般不提供类别标号,而且数据聚类系统大多数是基于不完全信息的小样本数据系统,因此利用不确定性理论与方法来进行聚类分析更符合客观实际,也能取得更好的分类效果。本章主要介绍基于灰色系统理论的聚类准则,基于模糊数学方法的聚类准则在后面的章节进行。

灰色聚类可以分为灰色关联聚类和灰色白化权函数聚类,是根据灰色关联矩阵或灰数的白化权函数将一些观测指标或观测对象划分成若干个可定义类别的方法。灰色关联聚类主要用于同类样本因素的归并,以使复杂系统简化。通过灰色关联聚类,可以检查许多样本因素中是否有若干个因素大体上属于同一类,使我们能用这些因素的综合平均指标或其中的某一个因素来代表这若干个因素而使信息不受严重损失。在电子装备试验或训练活动中,针对某一种战术技术性能或系统作战效能的评估活动,通过典型抽样数据的灰色关联聚类,可以对评估指标变量进行约减,减少不必要的试验数据收集。灰色关联聚类是一种无模式类别的分类;而灰色白化权函数聚类是一种有模式类别的分类,主要用于检查观测样本对象是否属于事先设定的不同模式类别,以便区别对待。当聚类指标的意义和量纲不同时,必须充分考虑某些指标参与聚类的作用强弱问题,这时灰色白化权函数聚类又可以分为灰色变权聚类和灰色定权聚类。

10.2 灰色关联聚类及应用

10.2.1 灰色绝对关联度的定义

命题 10-1 设系统行为序列 $X_i = \{x_i(1), x_i(2), \cdots, x_i(n)\}$,记折线
$$\{x_1(1) - x_i(1), x_1(2) - x_i(1), \cdots, x_1(n) - x_i(1)\}$$
为 $X_i - x_i(1)$,令

$$s_i = \int_1^n (X_i - x_i(1)) \mathrm{d}t \qquad (10-1)$$

则:

① 当 X_i 为增长序列时,$s_i \geq 0$。

② 当 X_i 为衰减序列时,$s_i \leq 0$。

③ 当 X_i 为振荡序列时，s_i 符号不定。

命题 10-2 设系统行为序列

$$X_i = \{x_i(1), x_i(2), \cdots, x_i(n)\}$$
$$X_j = \{x_j(1), x_j(2), \cdots, x_j(n)\}$$

的始点零化序列为

$$\begin{aligned} X_i^0 &= \{x_i^0(1), x_i^0(2), \cdots, x_i^0(n)\} \\ &= \{x_i(1)-x_i(1), x_i(2)-x_i(1), \cdots, x_i(n)-x_i(1)\} \\ X_j^0 &= \{x_j^0(1), x_j^0(2), \cdots, x_j^0(n)\} \\ &= \{x_j(1)-x_j(1), x_j(2)-x_j(1), \cdots, x_j(n)-x_j(1)\} \end{aligned}$$

令

$$s_i - s_j = \int_1^n (X_i^0 - X_j^0) \, \mathrm{d}t \qquad (10-2)$$

则：

① 当 X_i^0 恒在 X_j^0 上方时，$s_i - s_j \geq 0$。

② 当 X_i^0 恒在 X_j^0 下方时，$s_i - s_j \leq 0$。

③ 当 X_i^0 与 X_j^0 相交时，$s_i - s_j$ 符号不定。

定义 10-1 设序列 X_0 与 X_i 长度相同，s_0、s_i 和 $s_i - s_0$ 如上述命题所定义，则称

$$\varepsilon_0 = \frac{1 + |s_i| + |s_0|}{1 + |s_i| + |s_0| + |s_i - s_0|} \qquad (10-3)$$

为 X_0 与 X_i 的灰色绝对关联度。

这里仅给出长度相同序列的灰色绝对关联度的定义，对于长度不同的序列，可采取删去较长序列的过长数据或补齐较短序列的不足数据，使之化成长度相同的序列，但这样一般会影响灰色绝对关联度的取值。

10.2.2 灰色关联聚类原理

设有 n 个聚类对象，每个聚类对象有 m 个特征数据，得到特征数据序列为

$$X_1 = \{x_1(1), x_1(2), \cdots, x_1(n)\}$$

$$X_2 = \{x_2(1), x_2(2), \cdots, x_2(n)\}$$
$$\vdots$$
$$X_m = \{x_m(1), x_m(2), \cdots, x_m(n)\}$$

对所有的 $i \leqslant j(i,j=1,2,\cdots,m)$，计算出 X_i 与 X_j 的灰色绝对关联度 ε_{ij}，得到上三角矩阵，即

$$A = \begin{bmatrix} \varepsilon_{11} & \varepsilon_{12} & \cdots & \varepsilon_{1m} \\ & \varepsilon_{22} & \cdots & \varepsilon_{2m} \\ & & \ddots & \vdots \\ & & & \varepsilon_{mm} \end{bmatrix}$$

式中：$\varepsilon_{ii} = 1(i=1,2,\cdots,m)$。

定义 10 - 2 上述上三角矩阵 A 称为特征变量关联矩阵。

取定临界值 $r \in [0,1]$，一般要求 $r > 0.5$，当 $\varepsilon_{ij} \geqslant r(i \neq j)$ 时，则认为 X_i 与 X_j 为同类特征。

定义 10 - 3 特征变量 $X_1, X_2, \cdots, X_m$ 在临界值 r 下的分类称为特征变量的 r 灰色关联聚类。

临界值 r 可根据实际问题的需要确定，r 越接近于 1，聚类越细，每一组聚类中的变量相对越少；r 越小，聚类越粗，这时每一组聚类中的变量相对越多。

10.2.3 灰色关联聚类的可靠性

对于灰色关联聚类，聚类结果的可靠性表现在灰色关联度 $\varepsilon_{ij} \geqslant r(i \neq j)$ 的接近程度上。若灰色关联度彼此十分接近，就会使聚类结果的可靠性降低；反之，灰色关联度的数值差异越大，聚类结果的可靠性越高。

假设 $\varepsilon_{ij} \geqslant r(i \neq j)$ 聚类时某类内的聚类对象有 s 个，对其进行重新编号而得到 $\varepsilon'_1, \varepsilon'_2, \cdots, \varepsilon'_s$，按照式（10 - 4）进行归一化处理，即

$$\varepsilon_i = \frac{\varepsilon'_i}{\sum_{j=1}^{s} \varepsilon_j} \quad (10-4)$$

式中：$i = 1, 2, \cdots, s$。

处理后得到灰色关联聚类向量 $\boldsymbol{\varepsilon} = [\varepsilon_1, \varepsilon_2, \cdots, \varepsilon_s]$，此时称

$$I(\pmb{\varepsilon}) = -\sum_{i=1}^{s}\varepsilon_i\ln\varepsilon_i \qquad (10-5)$$

为灰色关联聚类向量的熵。

式(10-5)中的熵值 $I(\pmb{\varepsilon})$ 可以作为灰色关联聚类向量内灰色关联度接近程度的一种度量,灰色关联度越接近,$I(\pmb{\varepsilon})$ 的值就越大。当灰色关联聚类向量内灰色关联度 $\varepsilon_1 = \varepsilon_2 = \cdots = \varepsilon_s$ 时,$I(\pmb{\varepsilon})$ 就取得最大值 $\ln s$。这时聚类结果的漂移性较大,聚类可靠性较差。

定义 10-4 对于 $\varepsilon_{ij} \geq r(i \neq j)$ 聚类时的某类别 k,类内的聚类对象有 s 个,则称

$$P_i = 1 - \frac{I(\pmb{\varepsilon}^k)}{\ln s} \qquad (10-6)$$

为灰色关联聚类该类别的可靠性。

显然,当 $I(\pmb{\varepsilon}^k) = 0$ 时,该类别聚类结果漂移性最小,结论可靠性最大;当 $I(\pmb{\varepsilon}^k) \to 0$ 时,该类别聚类结果的漂移性较小,结论较为可靠;当 $I(\pmb{\varepsilon}^k) \to \ln s$ 时,该类别聚类结果的漂移性较大,结论可靠性较差;当 $I(\pmb{\varepsilon}^k) = \ln s$ 时,该类别聚类结果的漂移性最大,此时聚类结果可靠性最低。

定义 10-5 假设针对 $\varepsilon_{ij} \geq r(i \neq j)$ 进行聚类时共有 n 个聚类类别,则称

$$P = \sqrt[n]{\prod_{i=1}^{n} P_i} \qquad (10-7)$$

为该次灰色关联聚类的可靠性。

综上所述,可以得到小样本试验数据的灰色关联聚类实现步骤如图 10-1 所示。

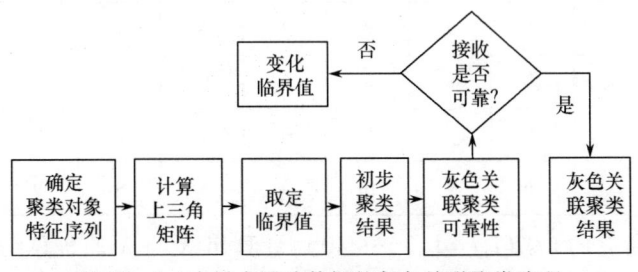

图 10-1 小样本试验数据的灰色关联聚类流程

10.2.4 电子装备性能评价指标的归类约减

在电子装备的设计定型等各种试验活动中,在对对象做出比较全面、准确的评估之前,需要收集多个影响指标要素的数据进行科学分析。但是很多情况下这些指标可能是相关或混同的,所以需要将这些指标适当归类,删去一些不必要的指标,简化评估标准,减少计算量。

对某种评估对象的 13 个影响指标采用十分制进行打分,8 种评估对象的各个指标得分如表 10-1 所列。

表 10-1 8 种评估对象 13 个指标的得分数据

指标＼对象	1	2	3	4	5	6	7	8
x_1	9	9	9	7	6	9	5	6
x_2	8	9	8	6	8	8	6	5
x_3	7	9	8	8	8	7	7	6
x_4	9	8	8	7	6	6	6	5
x_5	10	10	7	9	9	6	8	9
x_6	10	9	9	6	6	5	9	8
x_7	8	9	8	8	8	8	10	7
x_8	8	8	9	9	7	6	8	9
x_9	9	10	10	9	9	9	5	5
x_{10}	9	9	8	8	8	7	7	6
x_{11}	8	8	8	9	10	10	9	8
x_{12}	7	7	9	9	8	8	7	7
x_{13}	10	9	10	8	8	9	9	9

对所有的 $i \leq j(i,j = 1,2,\cdots,13)$,计算出 X_i 与 X_j 的灰色绝对关联度,得到上三角矩阵 $\boldsymbol{\Psi} = [\boldsymbol{A} \vdots \boldsymbol{B}]$,其中

$$A = \begin{bmatrix}
 & x_1 & x_2 & x_3 & x_4 & x_5 & x_6 & x_7 \\
x_1 & 1 & 0.727 & 0.516 & 0.855 & 0.958 & 0.814 & 0.519 \\
x_2 & & 1 & 0.526 & 0.661 & 0.708 & 0.643 & 0.533 \\
x_3 & & & 1 & 0.513 & 0.515 & 0.511 & 0.8 \\
x_4 & & & & 1 & 0.887 & 0.943 & 0.514 \\
x_5 & & & & & 1 & 0.843 & 0.517 \\
x_6 & & & & & & 1 & 0.513 \\
x_7 & & & & & & & 1 \\
x_8 & & & & & & & \\
x_9 & & & & & & & \\
x_{10} & & & & & & & \\
x_{11} & & & & & & & \\
x_{12} & & & & & & & \\
x_{13} & & & & & & & \\
\end{bmatrix}$$

$$B = \begin{bmatrix}
 & x_8 & x_9 & x_{10} & x_{11} & x_{12} & x_{13} \\
x_1 & 0.522 & 0.705 & 0.909 & 0.515 & 0.515 & 0.864 \\
x_2 & 0.545 & 0.95 & 0.778 & 0.523 & 0.523 & 0.813 \\
x_3 & 0.6 & 0.528 & 0.519 & 0.885 & 0.885 & 0.52 \\
x_4 & 0.516 & 0.645 & 0.79 & 0.512 & 0.512 & 0.758 \\
x_5 & 0.52 & 0.688 & 0.875 & 0.514 & 0.514 & 0.833 \\
x_6 & 0.514 & 0.629 & 0.757 & 0.511 & 0.511 & 0.729 \\
x_7 & 0.667 & 0.536 & 0.522 & 0.731 & 0.731 & 0.524 \\
x_8 & 1 & 0.55 & 0.523 & 0.577 & 0.577 & 0.529 \\
x_9 & & 1 & 0.75 & 0.524 & 0.524 & 0.781 \\
x_{10} & & & 1 & 0.517 & 0.517 & 0.944 \\
x_{11} & & & & 1 & 1 & 0.519 \\
x_{12} & & & & & 1 & 0.518 \\
x_{13} & & & & & & 1 \\
\end{bmatrix}$$

利用矩阵 $\boldsymbol{\Psi}$ 即可对评价指标进行聚类简化。临界值 γ 可根据要求取不同的值,如取 $\gamma=1$,则上述 13 个指标各自成为一类。

本例中令 $\gamma=0.75$,挑出大于 0.75 的 ε_{ij},有

$\varepsilon_{1,4}=0.855, \varepsilon_{1,5}=0.958, \varepsilon_{1,6}=0.814, \varepsilon_{1,10}=0.909$

$\varepsilon_{1,13}=0.864, \varepsilon_{2,10}=0.778, \varepsilon_{2,13}=0.813, \varepsilon_{3,7}=0.8$

$\varepsilon_{3,11}=0.885, \varepsilon_{3,12}=0.885, \varepsilon_{4,5}=0.887, \varepsilon_{4,6}=0.943$

$\varepsilon_{4,13}=0.758, \varepsilon_{5,6}=0.843, \varepsilon_{5,10}=0.875, \varepsilon_{5,13}=0.833$

$\varepsilon_{6,10}=0.757, \varepsilon_{9,13}=0.781, \varepsilon_{10,13}=0.944$

从而可知,x_1、x_4、x_5、x_6、x_{10} 与 x_{13} 应在同一类中,x_2、x_{10} 与 x_{13} 应在同一类中,x_3、x_7、x_{11} 与 x_{12} 应在同一类中,x_4、x_5、x_6 与 x_{13} 应在同一类中,x_5、x_6、x_{10} 与 x_{13} 应在同一类中,x_6 与 x_{10} 应在同一类中,x_9 与 x_{13} 应在同一类中,x_{10} 与 x_{13} 应在同一类中。取标号最小的指标作为各类的代表,将 x_9、x_{10} 与 x_{13} 一起归入 x_2 所在的类,未被列出的 x_8 自成一类,则得到 13 个指标的一个聚类,即

$\{x_1, x_4, x_5, x_6\}, \{x_2, x_9, x_{10}, x_{13}\}, \{x_3, x_7, x_{11}, x_{12}\}, \{x_8\}$

这时在每一个类别中各自选取一个有代表的影响指标,利用 4 个指标对电子装备性能进行评价分析。

如取临界值 $\gamma=0.6$,则 x_2 所代表的类可归入 x_1 所代表的类中,x_8 所代表的类可归入 x_3 所代表的类中,就得到较粗的聚类,即

$\{x_1, x_2, x_4, x_5, x_6, x_9, x_{10}, x_{13}\}, \{x_3, x_7, x_8, x_{11}, x_{12}\}$

这时在每一个类别中各自选取一个有代表性的影响指标,利用两个指标只能对电子装备性能进行粗略的评价与分析。

10.2.5 基于灰关联的通信侦察装备归类

在对电子装备的选型与使用过程中,常常需要根据试验测试结果对电子装备按照某种性能准则进行归类,为电子装备的编配及作战运用提供技术依据。

本节基于灰色关联聚类方法针对 5 种通信侦察装备依据某次战情想定训练活动的侦察效果进行归类问题研究。通信侦察装备的侦察效果具体用下列 5 个指标进行考察:侦察距离、信号搜索概率、信号识别概率、信号识别时间、漏警率。5 种通信侦察装备 5 种指标因素的数据

如表 10-2 所列。

表 10-2　通信侦察装备的侦察效果值

装备	侦察距离	搜索概率/%	识别概率/%	识别时间	漏警率/%
Ⅰ	15	90	85	6	20
Ⅱ	18	80	90	5	15
Ⅲ	16	70	90	8	18
Ⅳ	12	80	75	7	16
Ⅴ	12	80	95	9	12

表 10-2 中指标"侦察距离"、"信号搜索概率"和"信号识别概率"属于效益型指标,利用上限效果测度变换进行处理;"信号识别时间"、"漏警率"属于成本型指标,利用下限效果测度变换进行处理。表 10-2 中数据经过归一化处理后,得到 5 种通信侦察装备的特征数据列为

$$X_1 = \{0.8333, 1.0000, 0.8947, 0.8333, 0.6000\}$$
$$X_2 = \{1.0000, 0.8889, 0.9474, 1.0000, 0.8000\}$$
$$X_3 = \{0.8889, 0.7778, 0.9474, 0.6250, 0.6667\}$$
$$X_4 = \{0.6667, 0.8889, 0.7895, 0.7143, 0.7500\}$$
$$X_5 = \{0.6667, 0.8889, 1.0000, 0.5556, 1.0000\}$$

对所有的 $i \leqslant j(i,j=1,2,3,4,5)$,计算出 X_i 与 X_j 的灰色绝对关联度,得到上三角矩阵为

$$\boldsymbol{\Psi} = \begin{bmatrix} 1 & 0.7857 & 0.7406 & 0.8272 & 0.7752 \\ & 1 & 0.9117 & 0.7087 & 0.6819 \\ & & 1 & 0.6836 & 0.6625 \\ & & & 1 & 0.9204 \\ & & & & 1 \end{bmatrix}$$

令 $\gamma = 0.90$,选择出大于 0.90 的 ε_{ij},有

$$\varepsilon_{23} = 0.9117, \varepsilon_{45} = 0.9204$$

可以知道,按照上述 5 个指标进行考察通信侦察装备的侦察效果,通信侦察装备Ⅱ和通信侦察装备Ⅲ在同一类中,通信侦察装备Ⅳ和通信侦察装备Ⅴ在同一类中,通信侦察装备Ⅰ自成一类。所以根据这个

结果,在类似的战情想定作战使用中,通信侦察装备Ⅱ和通信侦察装备Ⅲ、通信侦察装备Ⅳ和通信侦察装备Ⅴ可以分别等效使用。

此时有聚类类别可靠性为

$$P_1 = 1 - \frac{-0.9117\ln 0.9117}{\ln 2} = 0.8784$$

$$P_2 = 1 - \frac{-0.9204\ln 0.9204}{\ln 2} = 0.8899$$

$$P_3 = 1 - \frac{-1\ln 1}{\ln 2} = 1$$

则有聚类可靠性为

$$P = \sqrt[3]{P_1 P_2 P_3} = \sqrt[3]{0.8784 \times 0.8899 \times 1} = 0.9212$$

若令 $\gamma = 0.80$,挑出大于 0.80 的 ε_{ij},则有

$$\varepsilon_{23} = 0.9117, \quad \varepsilon_{45} = 0.9204, \quad \varepsilon_{14} = 0.8272$$

于是按照上述5个指标进行考察通信侦察装备的侦察效果,通信侦察装备Ⅱ和通信侦察装备Ⅲ在同一类中,通信侦察装备Ⅰ、通信侦察装备Ⅳ和通信侦察装备Ⅴ在同一类中。此时根据这个结果,在类似的战情想定作战使用中,通信侦察装备Ⅱ和通信侦察装备Ⅲ,通信侦察装备Ⅰ、通信侦察装备Ⅳ和通信侦察装备Ⅴ可以分别等效使用。

此时有聚类类别可靠性为

$$P_1 = 1 - \frac{-0.9117\ln 0.9117}{\ln 2} = 0.8784$$

$$P_2 = 1 - \frac{-0.9204\ln 0.9204 - 0.8272\ln 0.8272}{\ln 3} = 0.7877$$

则有聚类可靠性为

$$P = \sqrt{P_1 P_2} = \sqrt{0.8784 \times 0.7877} = 0.8318$$

10.3 灰色面积变权聚类及应用

10.3.1 灰色面积变权聚类原理

对于电子装备试验数据的聚类问题,设有 N 个聚类对象,M 个聚类指标,d_{ij} 为第 i 个聚类对象对于第 j 个聚类指标的样本,则可以得到

聚类样本矩阵 $D = (d_{ij})_{N \times M}$。

定义 10-6 设 j 指标 k 灰类的白化权函数 $f_{jk}(\cdot)$ 为图 10-2 所示的典型白化权函数,则称图中 $x_{jk}(1)$、$x_{jk}(2)$、$x_{jk}(3)$、$x_{jk}(4)$ 为 $f_{jk}(\cdot)$ 的转折点。典型白化权函数记为 $f_{jk}(x_{jk}(1), x_{jk}(2), x_{jk}(3), x_{jk}(4))$。

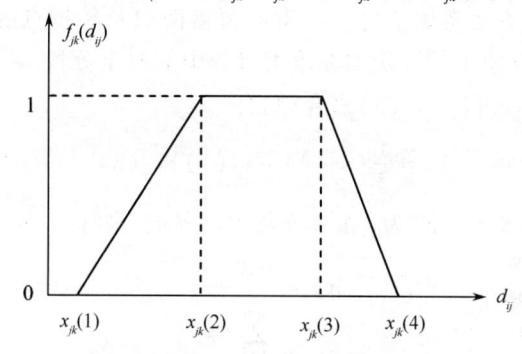

图 10-2 典型白化权函数示意图

对于图 10-2 所示的典型白化权函数,其数学表达式为

$$f_{jk}(\cdot) = \begin{cases} 0 & d_{ij} \notin [x_{ij}(1), x_{ij}(4)] \\ \dfrac{d_{ij} - x_{ij}(1)}{x_{ij}(2) - x_{ij}(1)} & d_{ij} \in [x_{ij}(1), x_{ij}(2)] \\ 1 & d_{ij} \in [x_{ij}(2), x_{ij}(3)] \\ \dfrac{x_{ij}(4) - d_{ij}}{x_{ij}(4) - x_{ij}(3)} & d_{ij} \in [x_{ij}(3), x_{ij}(4)] \end{cases} \quad (10-8)$$

很显然,当图中的白化权函数 $f_{jk}(\cdot)$ 无第一和第二个转折点 $x_{jk}(1)$、$x_{jk}(2)$ 时,就是末类白化权函数;若图中第二和第三个转折点 $x_{jk}(2)$、$x_{jk}(3)$ 重合,就是中类白化权函数;若图中无第三和第四个转折点 $x_{jk}(3)$、$x_{jk}(4)$,就是上类白化权函数。

定义 10-7 称 j 指标 k 灰类的白化权函数 $f_{jk}(\cdot)$ 的覆盖面积与转折点的综合作用为 j 指标 k 灰类临界值 λ_{jk}。对于图 10-2 所示的白化权函数 $f_{jk}(\cdot)$,有

$$\lambda_{jk} = \frac{1}{2}(x_{jk}(4) + x_{jk}(3) - x_{jk}(1) - x_{jk}(2)) \cdot \frac{1}{2}(x_{jk}(2) + x_{jk}(3))$$

$$= \frac{1}{4}(x_{jk}(4) + x_{jk}(3) - x_{jk}(1) - x_{jk}(2))(x_{jk}(2) + x_{jk}(3))$$
(10-9)

本书将基于白化权函数覆盖面积的灰色聚类定义为灰色面积变权聚类方法。该方法考虑了每一灰类的覆盖面积及转折点的综合作用，客观、全面地反映了每一灰类在聚类过程中的权重分量。

若转折点 $x_{jk}(2)$、$x_{jk}(3)$ 重合，则有

$$\lambda_{jk} = \frac{1}{2}(x_{jk}(4) - x_{jk}(1))x_{jk}(2) \qquad (10-10)$$

定义 10-8 设 λ_{jk} 为 j 指标 k 灰类临界值，则称

$$\eta_{jk} = \frac{\lambda_{jk}}{\sum_{j=1}^{m} \lambda_{jk}} \qquad (10-11)$$

为 j 指标 k 灰类的面积权。

定义 10-9 令 F 为映射，S 个聚类灰类，$OPf_{jk}(d_{ij})$ 为样本 d_{ij} 用第 $j(1 \leq i \leq N, 1 \leq j \leq M)$ 个聚类指标的 $k(1 \leq k \leq S)$ 灰类量所做的运算，f_{jk} 为第 j 个聚类指标的 k 灰类的白化权函数，若有

$$F: OPf_{jk}(d_{ij}) \rightarrow \sigma_{ik} \in [0,1], \sigma_i = \sigma_{i1}, \sigma_{i2}, \cdots, \sigma_{iS} \qquad (10-12)$$

存在，则称 F 为灰色聚类，σ_{ik} 为灰色聚类的权。

定义 10-10 设 $f_{jk}(d_{ij})$ 为第 j 个聚类指标对于 k 灰类的白化权函数，η_{jk} 为 j 聚类 k 灰类的权，σ_{ik} 为灰色聚类权，σ_i 为 σ_{ik} 的向量，若有

$$\sigma_i = (\sigma_{i1}, \sigma_{i2}, \cdots, \sigma_{iS})$$
$$= \left[\sum_{j=1}^{M} f_{j1}(d_{ij}) \cdot \eta_{j1}, \sum_{j=1}^{M} f_{j2}(d_{ij}) \cdot \eta_{j2}, \cdots, \sum_{j=1}^{M} f_{jS}(d_{ij}) \cdot \eta_{jS} \right]$$
(10-13)

则称样本 d_{ij} 到 σ_i 为灰色聚类。

定义 10-11 设 $\max_{1 \leq k \leq s}\{\sigma_{ik}\} = \sigma_{ik^*}$，则称被聚类单元 i 属于灰类 k^*。

类似于灰色关联聚类问题可靠性的分析，灰色面积变权聚类结果的可靠性表现在诸聚类系数 $\sigma_{ik}(i=1,2,\cdots,m;k=1,2,\cdots,s)$ 的接近程度上，各聚类系数的数值差异越大，聚类结果的可靠性越高；反之，若各

分量取值越趋接近,聚类结果的可靠性就越差。

设上述聚类对象 i 经过归一化处理后的聚类向量表示为

$$\boldsymbol{\sigma}_i = (\sigma_{i1}, \sigma_{i2}, \cdots, \sigma_{is})$$

则有下述定义:

定义 10 – 12　称

$$I(\boldsymbol{\sigma}_i) = -\sum_{k=1}^{s} \sigma_{ik} \ln \sigma_{ik} \qquad (10-14)$$

为灰色变权聚类向量 $\boldsymbol{\sigma}_i$ 的熵。$\boldsymbol{\sigma}_i$ 的各分量的取值越趋于平衡,$I(\boldsymbol{\sigma}_i)$ 的值越大。

显然,当 $I(\boldsymbol{\sigma}_i) = 0$ 时,待聚类对象 i 的灰色变权聚类结果漂移性最小,聚类可靠性最大;当 $I(\boldsymbol{\sigma}_i) \to 0$ 时,灰色变权聚类结果的漂移性较小,聚类结论较为可靠;当 $I(\boldsymbol{\sigma}_i) \to \ln s$ 时,灰色变权聚类结果的漂移性较大,聚类结论可靠性较差;当 $I(\boldsymbol{\sigma}_i) = \ln s$ 时,灰色变权聚类结果的漂移性最大,此时聚类结论可靠性最低。

定义 10 – 13　对于待聚类对象 i,称

$$P_i = 1 - \frac{I(\boldsymbol{\sigma}_i)}{s} \qquad (10-15)$$

为该对象灰色变权聚类的可靠性。

定义 10 – 14　设有 n 个待聚类目标使用灰色变权聚类方法进行聚类分析,则称

$$P = \sqrt[n]{\prod_{i=1}^{n} P_i} = \sqrt[n]{\prod_{i=1}^{n} \left(1 - \frac{I(\boldsymbol{\sigma}_i)}{s}\right)} \qquad (10-16)$$

为该次灰色聚类的可靠性。

10.3.2　灰色面积变权聚类流程

灰色变权聚类适用于指标的意义、量纲皆相同的情形,当聚类指标的意义、量纲不同且不同指标的观测值在数量上悬殊较大时,则不宜直接采用,这时可对初始数据先进行无量纲化和归一化等处理。

另外,当灰色变权聚类的可靠性较低时,必须对所给的灰类进行调整,通过相应的白化权函数的调整以提高聚类结论的可靠性。灰色变权聚类的流程如图 10 – 3 所示,其具体步骤如下:

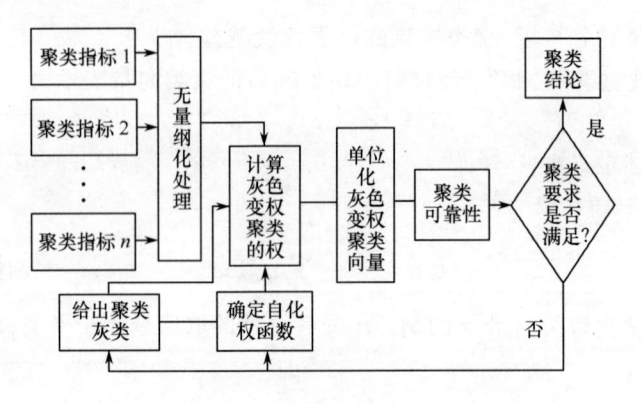

图 10 – 3　灰色变权聚类流程

（1）根据被聚类对象的指标值确定聚类样本矩阵 $D = (d_{ij})_{w \times m}$。

（2）根据电子装备试验中实际聚类问题背景，确定若干个聚类灰类。

（3）给出 j 指标 k 灰类的白化权函数 $f_{jk}(\cdot)(j = 1,2,\cdots,m;k = 1,2,\cdots,s)$ 及面积临界值 λ_{jk}。

（4）计算 j 因素 k 灰类的面积权 η_{jk}。

（5）根据白化权函数 $f_{jk}(\cdot)$、聚类权 η_{jk} 及样本值 d_{ij}，计算灰色面积变权聚类系数 σ_{ik}。

（6）对聚类系数 σ_{ik} 进行归一化处理，建立聚类对象 i 的单位化聚类系数向量 $\boldsymbol{\sigma}_i = (\sigma_{i1},\sigma_{i2},\cdots,\sigma_{is})$，计算其聚类可靠性。

（7）若聚类可靠性符合实际问题要求，则由聚类系数向量得到 $\max\limits_{1 \leq k \leq s}\{\sigma_{ik}\} = \sigma_{ik^*}$，判定被聚类对象 i 属于灰类 k^*；否则返回步骤（2）或步骤（3）。

10.3.3　作战对象模拟程度的灰色聚类

电子装备试验与评价的重点及难点之一是实际作战对象的缺乏，通常选用类型、体制等性能类似的设备进行等效替代，如何对若干种类似的配试设备进行评价选择则是必须解决的问题，本节基于灰色变权聚类，将配试设备按其性能分为"符合"、"比较符合"、"一般"、"不符合"等灰类。

设某指挥控制系统的设计定型试验中,缺少某体制的雷达作为侦察预警装备,现有3种同频段的雷达可供选择,设雷达集合 $O = \{ \mathrm{I} , \mathrm{II} , \mathrm{III} \} (i \in O)$,需要对这3种雷达与某体制雷达的匹配相似程度进行评价,其匹配相似程度以 $J = \{ 1^{*} , 2^{*} , 3^{*} , 4^{*} \} (j \in J)$ 4个指标为依据,评价和聚类结果用 $K = \{ 1 , 2 , 3 , 4 \} (k \in K)$ 4个灰类来表示,其中 $k = 1$ 表示"极相似符合"、$k = 2$ 表示"相似符合"、$k = 3$ 表示"一般"和 $k = 4$ 表示"不符合"。3种雷达4个指标的样本为

$$D = (d_{ij})_{3 \times 4} = \begin{vmatrix} 0.89 & 0.87 & 0.78 & 0.66 \\ 0.92 & 0.75 & 0.84 & 0.72 \\ 0.75 & 0.95 & 0.77 & 0.78 \end{vmatrix}$$

首先进行灰色变权聚类,将 $(d_{ij})_{3 \times 4}$ 按给定灰类作白化函数生成,并计算3种雷达的归一化聚类系数向量。

10.3.3.1 采用中心点白化权函数

指标一的4个白化函数 $f_{11}(c_{11}, \infty)$、$f_{12}(-, c_{12}, +)$、$f_{13}(-, c_{13}, +)$ 和 $f_{14}(0, c_{14})$ 如图10-4所示,这里采用刘思峰教授提出的中心点白化权函数,其中中心点 $c_{11} = 0.9$、$c_{12} = 0.75$、$c_{13} = 0.65$ 和 $c_{14} = 0.5$,4个函数的数学表达式分别为

$$f_{11}(d_{ij}) = \begin{cases} (d_{ij} - 0.75)/0.15 & d_{ij} \in [0.75, 0.9] \\ 1 & d_{ij} \in [0.9, \infty) \\ 0 & d_{ij} \notin [0.75, \infty) \end{cases}$$

$$f_{12}(d_{ij}) = \begin{cases} (d_{ij} - 0.65)/0.1 & d_{ij} \in [0.65, 0.75] \\ (0.9 - d_{ij})/0.15 & d_{ij} \in [0.75, 0.9] \\ 0 & d_{ij} \notin [0.65, 0.9] \end{cases}$$

$$f_{13}(d_{ij}) = \begin{cases} (d_{ij} - 0.5)/0.15 & d_{ij} \in [0.5, 0.65] \\ (0.75 - d_{ij})/0.1 & d_{ij} \in [0.65, 0.75] \\ 0 & d_{ij} \notin [0.5, 0.75] \end{cases}$$

$$f_{14}(d_{ij}) = \begin{cases} 1 & d_{ij} \in [0, 0.5] \\ (0.65 - d_{ij})/0.15 & d_{ij} \in [0.5, 0.65] \\ 0 & d_{ij} \notin [0, 0.65] \end{cases}$$

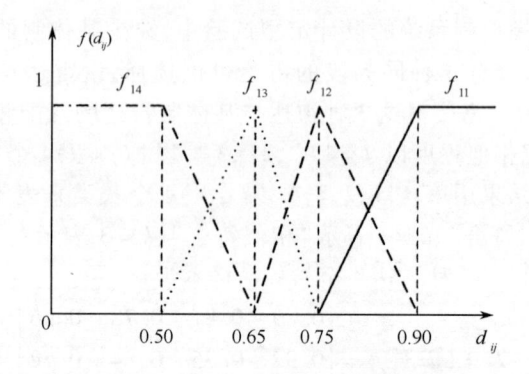

图 10 - 4 指标一的中心点白化函数

同样地,可得到指标二、指标三和指标四的白化权函数数学表达式及示例图。本例中为了说明白化权函数对聚类可靠性的影响,4个指标选取一致的白化权函数。

则关于各个指标各个灰类的白化权函数如下:

灰类 $k=1: f_{i1}(0.75, 0.9, -, -)(i=1,2,3,4)$。
灰类 $k=2: f_{i2}(0.65, 0.75, -, 0.9)(i=1,2,3,4)$。
灰类 $k=3: f_{i3}(0.5, 0.65, -, 0.75)(i=1,2,3,4)$。
灰类 $k=4: f_{i4}(-, -, 0.5, 0.65)(i=1,2,3,4)$。

根据图 10 - 4 所示的白化权函数,有 $\lambda_{j1}=0.1575$、$\lambda_{j2}=0.09375$、$\lambda_{j3}=0.08125$ 和 $\lambda_{j4}=0.2875$,则有4个指标各灰类的权为

$$\eta_{j1} = \frac{\lambda_{j1}}{\sum_{k=1}^{4} \lambda_{jk}} = \frac{0.1575}{0.1575 + 0.09375 + 0.08125 + 0.2875} = 0.254$$

$$\eta_{j2} = \frac{\lambda_{j2}}{\sum_{k=1}^{4} \lambda_{jk}} = \frac{0.09375}{0.1575 + 0.09375 + 0.08125 + 0.2875} = 0.151$$

$$\eta_{j3} = \frac{\lambda_{j3}}{\sum_{k=1}^{4} \lambda_{jk}} = \frac{0.08125}{0.1575 + 0.09375 + 0.08125 + 0.2875} = 0.131$$

$$\eta_{j4} = \frac{\lambda_{j4}}{\sum_{k=1}^{4} \lambda_{jk}} = \frac{0.2875}{0.1575 + 0.09375 + 0.08125 + 0.2875} = 0.464$$

则得 3 种雷达的灰色面积变权聚类系数为

$$\sigma_{11} = \sum_{j=1}^{4} f_{jk}(d_{ij}) \cdot \eta_{jk} = 0.2371 + 0.2032 + 0.0508 + 0 = 0.4911$$

类似地,有

$$\sigma_{12} = 0.1762, \sigma_{13} = 0.1179, \sigma_{14} = 0$$
$$\sigma_{21} = 0.4064, \sigma_{22} = 0.3171, \sigma_{23} = 0.0393, \sigma_{24} = 0$$
$$\sigma_{31} = 0.3387, \sigma_{32} = 0.4631, \sigma_{33} = 0, \sigma_{34} = 0$$

于是,可以分别构造每部雷达的单位化灰色面积变权聚类行向量为

$$\boldsymbol{\sigma}_1 = (\sigma_{11}, \sigma_{12}, \sigma_{13}, \sigma_{14}) = (0.6254, 0.2244, 0.1502, 0)$$
$$\boldsymbol{\sigma}_2 = (\sigma_{21}, \sigma_{22}, \sigma_{23}, \sigma_{24}) = (0.5328, 0.4157, 0.0515, 0)$$
$$\boldsymbol{\sigma}_3 = (\sigma_{31}, \sigma_{32}, \sigma_{33}, \sigma_{34}) = (0.4224, 0.5776, 0, 0)$$

按照 $\max_{1 \leq k \leq s} \{\sigma_{ik}\} = \sigma_{ik^*}$,雷达Ⅰ和雷达Ⅱ与某体制雷达的匹配相似程度属于灰类"极相似符合",且雷达Ⅰ的匹配相似程度高于雷达Ⅱ,雷达Ⅲ与某体制雷达的匹配相似程度属于灰类"相似符合"。其中雷达Ⅰ与某体制雷达匹配相似程度聚类结论的可靠性为

$$P_1 = 1 + \frac{\sum_{k=1}^{s} \sigma_{ik} \ln \sigma_{ik}}{4}$$
$$= 1 + (0.6254 \ln 0.6254 + 0.2244 \ln 0.2244 + 0.1502 \ln 0.1502)/4$$
$$= 0.7716$$

类似地,有

$$P_2 = 0.7867, P_3 = 0.8297$$

则该次灰色聚类的可靠性为

$$P = \sqrt[3]{P_1 \cdot P_2 \cdot P_3} = 0.7956$$

10.3.3.2 采用三角白化权函数

当采用刘思峰教授提出的三角白化权函数时,4 个白化函数 $f_{11}(c_{11}, \infty)$、$f_{12}(-, c_{12}, +)$、$f_{13}(-, c_{13}, +)$ 和 $f_{14}(0, c_{14})$ 如图 10 – 5 所示,其中 $c_{11} = 0.9$、$c_{12} = 0.75$、$c_{13} = 0.65$ 和 $c_{14} = 0.5$,4 个函数的数学表达式分别为

$$f_{11}(d_{ij}) = \begin{cases} (d_{ij}-0.65)/0.25 & d_{ij} \in [0.65,0.9] \\ 1 & d_{ij} \in [0.9,\infty) \\ 0 & d_{ij} \notin [0.65,\infty) \end{cases}$$

$$f_{12}(d_{ij}) = \begin{cases} (d_{ij}-0.5)/0.25 & d_{ij} \in [0.5,0.75] \\ (1.0-d_{ij})/0.25 & d_{ij} \in [0.75,1.0] \\ 0 & d_{ij} \notin [0.5,1.0] \end{cases}$$

$$f_{13}(d_{ij}) = \begin{cases} d_{ij}/0.65 & d_{ij} \in [0,0.65] \\ (0.9-d_{ij})/0.25 & d_{ij} \in [0.65,0.9] \\ 0 & d_{ij} \notin [0,0.9] \end{cases}$$

$$f_{14}(d_{ij}) = \begin{cases} 1 & d_{ij} \in [0,0.5] \\ (0.75-d_{ij})/0.25 & d_{ij} \in [0.5,0.75] \\ 0 & d_{ij} \notin [0,0.75] \end{cases}$$

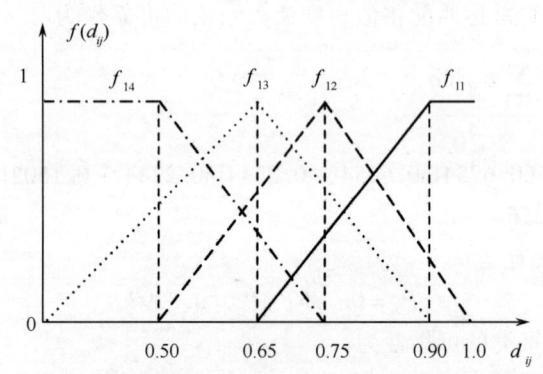

图 10-5 指标一的三角白化函数

根据图 10-5 所示的白化权函数,有 $\lambda_{j1}=0.2025$、$\lambda_{j2}=0.1875$、$\lambda_{j3}=0.2925$ 和 $\lambda_{j4}=0.3125$,则有 4 个指标各灰类的权为 $\eta_{j1}=0.2035$、$\eta_{j2}=0.1884$、$\eta_{j3}=0.2940$ 和 $\eta_{j4}=0.3141$。

因此 3 种雷达的灰色面变权聚类系数为

$\sigma_{11}=0.4884$, $\sigma_{12}=0.4672$, $\sigma_{13}=0.4704$, $\sigma_{14}=0.1131$

$\sigma_{21} = 0.4965$, $\sigma_{22} = 0.5351$, $\sigma_{23} = 0.4586$, $\sigma_{24} = 0.0377$
$\sigma_{31} = 0.4884$, $\sigma_{32} = 0.5652$, $\sigma_{33} = 0.4704$, $\sigma_{34} = 0$

于是,可以分别构造每部雷达的单位化灰色面积变权聚类行向量为

$$\boldsymbol{\sigma}_1 = (\sigma_{11}, \sigma_{12}, \sigma_{13}, \sigma_{14}) = (0.3173, 0.3036, 0.3056, 0.0735)$$

$$\boldsymbol{\sigma}_2 = (\sigma_{21}, \sigma_{22}, \sigma_{23}, \sigma_{24}) = (0.3250, 0.3501, 0.3002, 0.0247)$$

$$\boldsymbol{\sigma}_3 = (\sigma_{31}, \sigma_{32}, \sigma_{33}, \sigma_{34}) = (0.3205, 0.3709, 0.3086, 0)$$

按照 $\max\limits_{1 \leq k \leq s}\{\sigma_{ik}\} = \sigma_{ik^*}$,雷达 I 与某体制雷达的匹配相似程度属于灰类"极相似符合",而雷达 II 和雷达 III 与某体制雷达的匹配相似程度属于灰类"相似符合"。3 种雷达与某体制雷达匹配相似程度聚类结论的可靠性分别为

$$P_1 = 0.6799, \quad P_2 = 0.7037, \quad P_3 = 0.7262$$

则该次灰色聚类的可靠性为

$$P = \sqrt[3]{P_1 \cdot P_2 \cdot P_3} = 0.703$$

由计算结果可以看出,基于三角白化权函数的灰色聚类可靠性低于中心点白化权函数,刘思峰教授认为三角白化权函数由于相间灰类的交叉重叠(如图 10-6 中的灰类二和灰类四的阴影重叠),导致了聚类不确定性的增大,本节计算结果进一步验证了该结论。另外,本节计算结果也验证了本节所提出的灰色面积变权聚类原理的正确性和有效性。

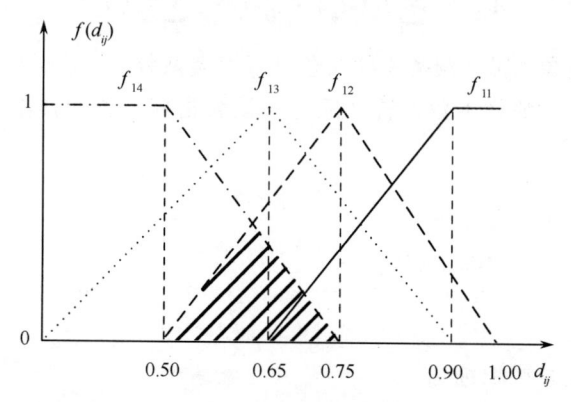

图 10-6 三角白化函数相间灰类的交叉重叠

10.4 灰色关联熵权聚类及应用

在电子装备试验过程中,当试验数据的意义、量纲不同且不同指标的观测值在数量上悬殊较大时,则不宜采用上节所述的灰色变权聚类方法,宜采用灰色定权聚类方法。该方法中的权重是对各聚类指标预先赋予权重,因此,该权重应该和聚类对象自身的样本数据有关,本节研究基于样本数据的灰色关联熵权算法,提炼灰色关联熵权聚类原理和流程,并进行算例仿真。

10.4.1 灰色关联熵权聚类原理

定义 10-15 设 $d_{ij}(i=1,2,\cdots,n;j=1,2,\cdots,m)$ 为被聚类对象 i 关于指标 j 的试验观测值,$f_{jk}(d_{ij})(k=1,2,\cdots,s)$ 为指标 j 关于灰类 k 的白化权函数,若指标 j 关于灰类 k 的权 η_{jk} 与 k 无关,即总有 $\eta_{jk}=\eta_j$,则称

$$\sigma_{ik} = \sum_{j=1}^{m} f_{jk}(d_{ij}) \cdot \eta_j \qquad (10-17)$$

为被聚类对象 i 属于灰类 k 的灰色定权聚类系数。特别地,当所有指标的相对重要性一致,权重相等时,即 $\eta_j=1/m(j=1,2,\cdots,m)$ 时,则称

$$\sigma_{ik} = \sum_{j=1}^{m} f_{jk}(d_{ij}) \cdot \eta_j = \frac{1}{m}\sum_{j=1}^{m} f_{jk}(d_{ij}) \qquad (10-18)$$

为被聚类对象 i 属于灰类 k 的灰色等权聚类系数。

将聚类对象样本数据转换成行向量为指标数据的样本矩阵,如下式,即

$$\boldsymbol{D} = (d_{ji})_{m\times n} = \begin{vmatrix} d_{11} & d_{12} & \cdots & d_{1n} \\ d_{21} & d_{22} & \cdots & d_{2n} \\ \vdots & \vdots & & \vdots \\ d_{m1} & d_{m2} & \cdots & d_{mn} \end{vmatrix}$$

其中的行向量数据列为

$$\boldsymbol{X}_1 = (d_{11}, \quad d_{12}, \quad \cdots, \quad d_{1n})$$

$$X_2 = (d_{21}, \quad d_{22}, \quad \cdots, \quad d_{2n})$$
$$\vdots$$
$$X_m = (d_{m1}, \quad d_{m2}, \quad \cdots, \quad d_{mn})$$

计算 $X_h(h=1,2,\cdots,m)$ 与 $X_l(l=1,2,\cdots,m)$ 的灰色绝对关联度 ε_{hl}，得到灰色绝对关联度矩阵为

$$A = (\varepsilon_{ij})_{m \times m} = \begin{vmatrix} \varepsilon_{11} & \varepsilon_{12} & \cdots & \varepsilon_{1m} \\ \varepsilon_{21} & \varepsilon_{22} & \cdots & \varepsilon_{2m} \\ \vdots & \vdots & & \vdots \\ \varepsilon_{m1} & \varepsilon_{m2} & \cdots & \varepsilon_{mm} \end{vmatrix}$$

于是可以求得指标 $j(j=1,2,\cdots,m)$ 的灰色绝对关联熵为

$$I_j = -\sum_{i=1}^{m} \varepsilon_{ji} \ln \varepsilon_{ji} \qquad (10-19)$$

从而可以得到指标 $j(j=1,2,\cdots,m)$ 的灰色关联熵权为

$$\eta_j = \frac{I_j}{\sum_{i=1}^{m} I_i} \qquad (10-20)$$

类似于灰色面积变权聚类方法，可以对灰色关联熵权聚类结果进行可靠性分析。

10.4.2 灰色关联熵权聚类流程

当灰色关联熵权聚类的可靠性较低时，必须通过调整白化权函数来提高聚类结论的可靠性。灰色关联熵权聚类的流程如图 10-7 所示，其具体步骤如下：

（1）根据被聚类对象的指标值确定聚类样本矩阵 $D = (d_{ij})_{n \times m}$。

（2）将聚类对象样本数据转换成行向量为指标数据的样本矩阵 $D = (d_{ji})_{m \times n}$。

（3）根据行向量指标数据列求灰色绝对关联度矩阵，计算每个指标的灰色关联熵，从而确定每个指标的灰色关联熵权。

（4）根据电子装备试验中实际聚类问题背景，确定若干个聚类灰类；并给出 j 指标 k 灰类的白化权函数 $f_{jk}(\cdot)$ $(j=1,2,\cdots,m;k=1,2,\cdots,s)$。

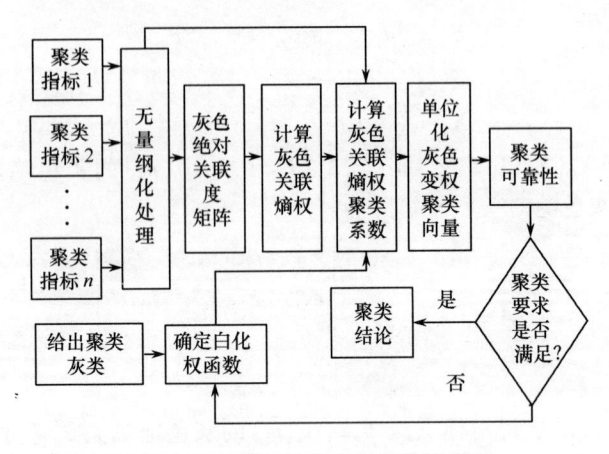

图 10-7 灰色关联熵权聚类流程图

(5) 根据白化权函数 $f_{jk}(\cdot)$、灰色关联熵权 η_j 及样本值 d_{ij},计算灰色关联熵权聚类系数 σ_{ik}。

(6) 对聚类系数 σ_{ik} 进行归一化处理,建立聚类对象 i 的单位化聚类系数向量 $\boldsymbol{\sigma}_i = (\sigma_{i1}, \sigma_{i2}, \cdots, \sigma_{is})$,计算其聚类可靠性。

(7) 若聚类可靠性符合实际问题要求,则由聚类系数向量得到 $\max\limits_{1 \leq k \leq s} \{\sigma_{ik}\} = \sigma_{ik^*}$,判定被聚类对象 i 属于灰类 k^*;否则返回步骤(4)。

10.4.3 作战对象模拟程度的灰色关联熵权聚类

本节仍以10.3.3节的3种雷达与某体制雷达的匹配相似程度问题为例进行仿真研究,其中3种雷达4个指标的样本数据矩阵 $\boldsymbol{D}$ 为

$$\boldsymbol{D} = (d_{ij})_{3 \times 4} = \begin{vmatrix} 0.89 & 0.87 & 0.78 & 0.66 \\ 0.92 & 0.75 & 0.84 & 0.72 \\ 0.75 & 0.95 & 0.77 & 0.78 \end{vmatrix}$$

则有行向量指标数据样本矩阵为

$$\boldsymbol{D}' = (d_{ij})_{4 \times 3} = \begin{vmatrix} 0.89 & 0.92 & 0.75 \\ 0.87 & 0.75 & 0.95 \\ 0.78 & 0.84 & 0.77 \\ 0.66 & 0.72 & 0.78 \end{vmatrix}$$

可以计算出灰色绝对关联度矩阵为

$$A = (\varepsilon_{ij})_{m \times m} = \begin{vmatrix} 1 & 0.965517 & 0.920168 & 0.878788 \\ 0.965517 & 1 & 0.893701 & 0.857143 \\ 0.920168 & 0.893701 & 1 & 0.947581 \\ 0.878788 & 0.857143 & 0.947581 & 1 \end{vmatrix}$$

则 4 个指标的灰色绝对关联熵分别为

$$I_1 = -\sum_{i=1}^{m} \varepsilon_{1i} \ln \varepsilon_{1i} = 0.2244, \quad I_2 = -\sum_{i=1}^{m} \varepsilon_{2i} \ln \varepsilon_{2i} = 0.2664$$

$$I_3 = -\sum_{i=1}^{m} \varepsilon_{3i} \ln \varepsilon_{3i} = 0.1853, \quad I_4 = -\sum_{i=1}^{m} \varepsilon_{4i} \ln \varepsilon_{4i} = 0.2967$$

从而可以得到 4 个指标的灰色关联熵权分别为 $\eta_1 = 0.2307$、$\eta_2 = 0.2738$、$\eta_3 = 0.1905$ 和 $\eta_4 = 0.3050$。

基于图 10 - 4 所示的中心点白化权函数,可以求得 3 种雷达的灰色关联熵权聚类系数为

$$\sigma_{11} = 0.4460, \quad \sigma_{12} = 0.3194, \quad \sigma_{13} = 0.1714, \quad \sigma_{14} = 0$$
$$\sigma_{21} = 0.3691, \quad \sigma_{22} = 0.5750, \quad \sigma_{23} = 0.0572, \quad \sigma_{24} = 0$$
$$\sigma_{31} = 0.3076, \quad \sigma_{32} = 0.7301, \quad \sigma_{33} = 0, \quad \sigma_{34} = 0$$

于是,可以分别构造每部雷达的单位化灰色关联熵权聚类行向量为

$$\boldsymbol{\sigma}_1 = (\sigma_{11}, \sigma_{12}, \sigma_{13}, \sigma_{14}) = (0.4761, 0.3409, 0.1830, 0)$$
$$\boldsymbol{\sigma}_2 = (\sigma_{21}, \sigma_{22}, \sigma_{23}, \sigma_{24}) = (0.3686, 0.5743, 0.0571, 0)$$
$$\boldsymbol{\sigma}_3 = (\sigma_{31}, \sigma_{32}, \sigma_{33}, \sigma_{34}) = (0.2964, 0.7036, 0, 0)$$

按照 $\max\limits_{1 \leq k \leq s} \{\sigma_{ik}\} = \sigma_{ik^*}$,雷达Ⅰ与某体制雷达的匹配相似程度属于灰类"极相似符合",而雷达Ⅱ和雷达Ⅲ与某体制雷达的匹配相似程度属于灰类"相似符合"。3 种雷达与某体制雷达匹配相似程度聚类结论的可靠性分别为

$$P_1 = 0.7423, \quad P_2 = 0.7875, \quad P_3 = 0.8481$$

则该次灰色聚类的可靠性为

$$P = \sqrt[3]{P_1 P_2 P_3} = 0.7915$$

第11章 试验数据的模糊聚类技术

由于电子装备试验等实际工程问题中的分类往往伴随着模糊性,所以用模糊数学方法来进行聚类分析会显得更自然、更符合客观实际,这就是模糊聚类分析,它在天气预报、地震预测、环境保护及图像识别等领域获得了广泛的应用。本章对模糊聚类方法进行简要的介绍,并就基于侦察能力的电子装备分类、电子装备的分类侦察能力以及基于模糊模式识别的试验数据聚类等实际问题进行了研究。

11.1 试验数据的模糊聚类原理

11.1.1 模糊聚类分析法

应用模糊聚类分析法的关键在于要合理选择统计指标,即统计指标要有明确的实际意义,有较强的分辨力和代表性。应用模糊聚类分析的步骤有以下几步:

(1) 确定对象,抽取数据并标准化。

设分类对象的全体 $X = \{x_1, x_2, \cdots, x_n\}$,考虑的分类因素 $Y = \{y_1, y_2, \cdots, y_m\}$,而每个对象 x_i 用一组数据 $x_i = \{x_{i1}, x_{i2}, \cdots, x_{im}\}$ 来描述。

对于分类因素 $y_j (j = 1, 2, \cdots, m)$,可以得到数据 $x_{1j}, x_{2j}, \cdots, x_{nj} (j = 1, 2, \cdots, m)$,将该组数据进行标准化处理,以便进行分析和比较,其算法为

$$x'_{ij} = \frac{x_{ij} - \bar{x}_j}{s_j} \tag{11-1}$$

式中: x_{ij} 为原始数据; $\bar{x}_j$ 为原始数据的平均值, $\bar{x}_j = \frac{1}{n} \sum_{i=1}^{n} x_{ij}$; s_j 为原始数

据的标准差，$s_j = \sqrt{\frac{1}{n}\sum_{i=1}^{n}(x_{ij} - \bar{x}_j)^2}$。

若要将标准化数据压缩到[0,1]区间，可采用极值标准化公式，即

$$x'_{ij} = \frac{x'_{ij} - \min\{x'_{ij}\}}{\max\{x'_{ij}\} - \min\{x'_{ij}\}} \qquad (11-2)$$

（2）确定模糊相似矩阵。

用 $r_{ij} \in [0,1]$ 来衡量被分类对象 x_i 与 x_j 之间的相似程度，于是根据分类对象的全体可以得到一个模糊相似矩阵 $r_{ij}(i=1,2,\cdots,n;j=1,2,\cdots,n)$，其中 $r_{ij}=r_{ji}$，$r_{ii}=1$，即有模糊相似矩阵为

$$\tilde{R} = \begin{bmatrix} r_{11} & r_{12} & \cdots & r_{1n} \\ r_{21} & r_{22} & \cdots & r_{2n} \\ \vdots & \vdots & & \vdots \\ r_{n1} & r_{n2} & \cdots & r_{nn} \end{bmatrix} \qquad (11-3)$$

计算统计量 r_{ij} 的方法很多，有相关系数法、数量乘积法、最大最小法、绝对值减数法等。这里介绍相关系数法和绝对值减数法。

① 相关系数法，即

$$r_{ij} = \frac{\sum_{k=1}^{m}|x_{ik} - \bar{x}_i|\cdot|x_{jk} - \bar{x}_j|}{\sqrt{\sum_{k=1}^{m}(x_{ik} - \bar{x}_i)^2}\cdot\sqrt{\sum_{k=1}^{m}(x_{jk} - \bar{x}_j)^2}} \qquad (11-4)$$

式中

$$\bar{x}_i = \frac{1}{m}\sum_{k=1}^{m}x_{ik}, \quad \bar{x}_j = \frac{1}{m}\sum_{k=1}^{m}x_{jk}。$$

② 绝对值减数法，即

$$r_{ij} = \begin{cases} 1 & i=j \\ 1 - c\cdot\sum_{k=1}^{m}|x_{ik} - x_{jk}| & i \neq j \end{cases} \qquad (11-5)$$

式中：c 为常数，可以根据实际情况选定，使得 $r_{ij} \in [0,1]$。

（3）聚类。

利用模糊相似矩阵 $\tilde{R}$ 进行聚类主要有3种方法：等价闭包法、最大树方法和编网方法。其中最大树方法和编网方法是直接利用模糊相

似矩阵 $\tilde{R}$ 进行聚类,而等价闭包法必须先求取模糊相似矩阵 $\tilde{R}$ 的等价闭包。

结合后面两节具体的实例介绍聚类方法。

11.1.2 基于模糊模式识别的试验数据聚类

模糊模式识别一般可以分为以下几个步骤:

(1) 数据获取。

(2) 模糊特征提取。

这是模式识别最关键的一步,和具体的问题论域密切相关。传统模式识别提取的是数值表示的特征,而模糊模式识别系统获取的应该是一些概念层次的语言标记,对将获取的数值特征需按照一定的规则映射到特征值论域上的一个模糊集。

(3) 隶属函数建立。

在模糊特征有效提取的基础上,识别系统的成功将依赖于建立恰当的描述目标类别模式和待识别目标特性的隶属函数。建立隶属函数需考虑的因素有:选择合适的论域;选择合适的模糊集软边界;选择合适的数学函数表征各类目标特征模式的分布特性。

(4) 匹配分类。

根据所提取的特征,按照某种分类方法对输入的模式进行分类判决。

一般地,设所分类的事物有 n 个提取的特征,对某个具体的对象(模糊集),对应于这 n 个特征,设有 n 个隶属度 $\mu_1, \mu_2, \cdots, \mu_n$,对于具体的问题,这 n 个特征在模式识别中的作用是不同的,所以对这些隶属度分别加上适当的权数 $\alpha_1, \alpha_2, \cdots, \alpha_n$,然后求得

$$F = \sum_{i=1}^{n} \alpha_i \mu_i \qquad (11-6)$$

若给定阈值 θ,当满足 $F \geq \theta$ 时即将待识别对象划分到某一类,并且根据阈值 θ 的不同而分类,从而达到分类的目的。

模糊模式识别的一般流程如图 11-1 所示。

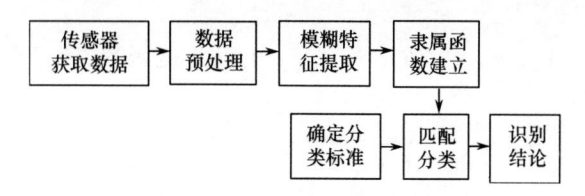

图 11-1 模糊模式识别流程

模糊模式识别的基本方法有两类:一是直接方法(最大隶属度原则);二是间接方法(择近原则)。

1) 基于最大隶属度原则的识别模型

设 X 为全体被识别的对象,$\tilde{A}_1,\tilde{A}_2,\cdots,\tilde{A}_n$ 是 X 的几个模糊子集,现在要对一个确定的对象 $x_0 \in X$ 或 $x_1,x_2,\cdots,x_m$ 的某个属性进行识别,此时模型 $\tilde{A}_1,\tilde{A}_2,\cdots,\tilde{A}_n$ 是模糊的,但是 $x_1,x_2,\cdots,x_m$ 为具体的对象,是清楚的,这时要用最大隶属度原则进行识别归类。这两类问题分别使用下述两个原则:

最大隶属度原则 I 设模糊集合 X,子集 $\tilde{A}_1,\tilde{A}_2,\cdots,\tilde{A}_n \in F(X)$,$x_0 \in X$ 为确定对象,若存在 $i(1 \leq i \leq n)$,使得

$$\mu_{\tilde{A}_i}(x_0) = \max_{1 \leq j \leq n}(\mu_{\tilde{A}_j}(x_j)) \tag{11-7}$$

则认为 x_0 相对隶属于模糊子集 $\tilde{A}_i$。

最大隶属度原则 II: 设模糊集合 X,子集 $\tilde{A} \in F(X)$,$x_1,x_2,\cdots,x_m \in X$ 为录取对象,若存在 $i(1 \leq i \leq n)$,使得

$$\mu_{\tilde{A}}(x_i) = \max_{1 \leq j \leq m}(\mu_{\tilde{A}}(x_j)) \tag{11-8}$$

则优先录取 x_i。

用最大隶属度原则来分类,分类对象都是 X 中的点,而该点所要归的类是模糊集,其中关键难点是隶属函数的建立。

2) 基于择近原则的识别模型

最大隶属度原则进行识别的对象是单个确定的元素,当需识别的不是单个确定的元素,而为模糊集合 X 上的子集或模糊集时,可用间接方法,即择近原则识别法。

设 $\tilde{A}_1,\tilde{A}_2,\cdots,\tilde{A}_n,\tilde{B} \in F(X)$,$\rho$ 为贴近度函数,若存在 $i(1 \leqslant i \leqslant n)$,使得

$$\rho(\tilde{A}_i,\tilde{B}) = \max_{1 \leqslant j \leqslant n} \rho(\tilde{A}_j,\tilde{B})$$

$$= \max\{(\tilde{A}_1,\tilde{B}),(\tilde{A}_2,\tilde{B}),\cdots,(\tilde{A}_n,\tilde{B})\} \quad (11-9)$$

则认为 $\tilde{B}$ 与 $\tilde{A}_i$ 最贴近,将 $\tilde{B}$ 和 $\tilde{A}_i$ 归为一类。

式(11-9)中贴近度函数 ρ 通常有内外积贴近度、海明贴近度和欧氏贴近度。假设模糊集合 $\tilde{A}$ 和 $\tilde{B}$,则内外积贴近度为

$$\rho(\tilde{A},\tilde{B}) = \frac{1}{2}[(\tilde{A} \circ \tilde{B}) + (\tilde{A} \oplus \tilde{B})] \quad (11-10)$$

式中:符号"$\circ$"表示模糊集合 $\tilde{A}$ 和 $\tilde{B}$ 的内积;符号"$\oplus$"表示外积。

海明贴近度为

$$\rho(\tilde{A},\tilde{B}) = 1 - \frac{1}{n}\sum_{i=1}^{n}|\mu_{\tilde{A}}(x_i) - \mu_{\tilde{B}}(x_i)| \quad (11-11)$$

欧氏贴近度为

$$\rho(\tilde{A},\tilde{B}) = 1 - \frac{1}{\sqrt{n}}\left[\sum_{i=1}^{n}(\mu_{\tilde{A}}(x_i) - \mu_{\tilde{B}}(x_i))^2\right]^{\frac{1}{2}}$$

$$(11-12)$$

用择近原则来进行识别分类,其分类对象都是模糊集。

11.2 试验数据的模糊聚类应用实例

11.2.1 基于侦察能力的电子装备分类

在未来信息化战场上,为了能使电子装备最大限度地发挥系统整体作战效能,装备操作手必须具备相当熟练的基本操作和战斗操作技能,这种技能只有通过模拟实战环境下的训练才能掌握。训练通常具有各种模拟器训练、计算机仿真训练和实际装备对抗训练3种形式。一般地说,各种模拟器训练只是低层次上的武器装备的操作模拟训练,

不能针对武器装备特点和要求提供相应的战术战法训练和研究,也不能对训练的效果进行考核;计算机仿真训练虽然能对装备、战术战法和训练效果建立数学模型,但是缺乏战场电磁环境动态变化的灵活性,也很难体现操作手的应急能力;而实际装备对抗训练能利用各种模拟器和实际装备综合模拟战场环境,这是各种模拟器和计算机仿真训练所不具备的优势,并能系统、全面地对训练过程进行管理和控制,直观、客观、真实地实时显示战场训练对抗态势,对训练结果进行各种层次上的考核。

本节基于模糊聚类针对电子装备训练活动中装备操作手训练效果的归类问题进行研究。现从某次训练活动中抽取 8 名装备操作手,称为模糊归类对象,分别用 A、B、C、D、E、F、G 和 H 表示,聚类因素考虑 4 项,即对基础理论的掌握(f_1)、装备的熟练程度(f_2)、操作反应时间(f_3)、抗干扰能力(f_4)。考核评估专家用 10 分制进行打分,综合数据如表 11-1 所列。

表 11-1 训练效果聚类因素数据

操作手	f_1	f_2	f_3	f_4
A	9	9	9	8
B	7	7	6	9
C	9	9	8	7
D	7	6	7	8
E	8	6	7	7
F	9	8	8	8
G	6	7	8	6
H	7	6	8	7

利用绝对值减数法来求取 r_{ij},假设 $c=0.1$。经计算可以得到模糊相似矩阵 $\tilde{R}$ 为

$$\tilde{R} = \begin{bmatrix} 1 & 0.2 & 0.8 & 0.3 & 0.3 & 0.8 & 0.2 & 0.3 \\ 0.2 & 1 & 0.2 & 0.7 & 0.5 & 0.4 & 0.4 & 0.5 \\ 0.8 & 0.2 & 1 & 0.3 & 0.5 & 0.8 & 0.4 & 0.5 \\ 0.3 & 0.7 & 0.3 & 1 & 0.8 & 0.5 & 0.5 & 0.8 \\ 0.3 & 0.5 & 0.5 & 0.8 & 1 & 0.5 & 0.5 & 0.8 \\ 0.8 & 0.4 & 0.8 & 0.5 & 0.5 & 1 & 0.4 & 0.5 \\ 0.2 & 0.4 & 0.4 & 0.5 & 0.5 & 0.4 & 1 & 0.7 \\ 0.3 & 0.5 & 0.5 & 0.8 & 0.8 & 0.5 & 0.7 & 1 \end{bmatrix}$$

设 $0.8 < \alpha \leq 1$：由

$$\tilde{R} = \begin{bmatrix} 1 & & & & & & & \\ 0 & 1 & & & & & & \\ 0 & 0 & 1 & & & & & \\ 0 & 0 & 0 & 1 & & & & \\ 0 & 0 & 0 & 0 & 1 & & & \\ 0 & 0 & 0 & 0 & 0 & 1 & & \\ 0 & 0 & 0 & 0 & 0 & 0 & 1 & \\ 0 & 0 & 0 & 0 & 0 & 0 & 0 & 1 \end{bmatrix}$$

得到

$$\tilde{R} = \begin{bmatrix} A & & & & & & & \\ & B & & & & & & \\ & & C & & & & & \\ & & & D & & & & \\ & & & & E & & & \\ & & & & & F & & \\ & & & & & & G & \\ & & & & & & & H \end{bmatrix}$$

于是 8 名装备操作手的模糊归类为 8 类，即 $\{A\}$、$\{B\}$、$\{C\}$、$\{D\}$、$\{E\}$、$\{F\}$、$\{G\}$ 和 $\{H\}$。

设 $0.7 < \alpha \leq 1$：由

$$\tilde{R} = \begin{bmatrix} 1 & & & & & & & \\ 0 & 1 & & & & & & \\ 1 & 0 & 1 & & & & & \\ 0 & 0 & 0 & 1 & & & & \\ 0 & 0 & 0 & 1 & 1 & & & \\ 1 & 0 & 1 & 0 & 0 & 1 & & \\ 0 & 0 & 0 & 0 & 0 & 0 & 1 & \\ 0 & 0 & 0 & 1 & 1 & 0 & 0 & 1 \end{bmatrix}$$

得到

$$\tilde{R} = \begin{bmatrix} A & & & & & & & \\ \vdots & B & & & & & & \\ * & \cdots & C & & & & & \\ \vdots & & & D & & & & \\ \vdots & & & * & E & & & \\ * & \cdots & * & + & \cdots & F & & \\ & & & & \vdots & & G & \\ & & & & * & * & \cdots & \cdots & H \end{bmatrix}$$

于是 8 名装备操作手的模糊归类为 4 类：$\{A,C,F\}$、$\{B\}$、$\{D,E,H\}$ 和 $\{G\}$。

类似地，当 $0.5 < \alpha \leq 1$ 时，有

$$\tilde{R} = \begin{bmatrix} A & & & & & & & \\ \vdots & B & & & & & & \\ * & + & C & & & & & \\ \vdots & * & \cdots & D & & & & \\ \vdots & & & * & E & & & \\ * & \cdots & * & + & \cdots & F & & \\ & & & & \vdots & & G & \\ & & & & * & * & \cdots & * & H \end{bmatrix}$$

8 名装备操作手的模糊归类为两类，即 $\{A,C,F\}$ 和 $\{B,D,E,G,H\}$。

当 $0.4 < \alpha \leq 1$ 时，有

$$\tilde{R} = \begin{bmatrix} A & & & & & & & \\ \vdots & B & & & & & & \\ * & + & C & & & & & \\ \vdots & * & \cdots & D & & & & \\ \vdots & * & * & * & E & & & \\ * & \cdots & * & * & * & F & & \\ & & & & * & * & & G & \\ & & * & * & * & * & * & * & H \end{bmatrix}$$

8 名装备操作手的模糊归类为两类,即 $\{A,C,F\}$ 和 $\{B,D,E,G,H\}$。

当 $0.2<\alpha\leqslant 1$ 时,有

$$\widetilde{R}=\begin{bmatrix} A & & & & & & & \\ \vdots & B & & & & & & \\ * & + & C & & & & & \\ * & * & * & D & & & & \\ * & * & * & * & E & & & \\ * & * & * & * & * & F & & \\ \vdots & * & * & * & * & * & G & \\ * & * & * & * & * & * & * & H \end{bmatrix}$$

8 名装备操作手的模糊归类为一类: $\{A,B,C,D,E,F,G,H\}$。

可见编网方法直观易懂,避免了等价闭包法针对模糊相似矩阵的复杂运算。

11.2.2 电子装备侦察能力的分类

电子侦察装备的侦察效果按照其对信号的侦察识别概率大小可以分为 5 类模糊子集,即"很差"、"差"、"一般"、"好"、"很好",它们都服从半梯形分布或梯形分布。这 5 类模糊子集所对应的隶属函数分别为

"很差" $\widetilde{A}_1$:

$$\mu_{\widetilde{A}_1}(x)=\begin{cases} 1 & 0\leqslant x\leqslant 0.1 \\ 10\times(0.2-x) & 0.1<x\leqslant 0.2 \\ 0 & x>0.2 \end{cases}$$

"差" $\widetilde{A}_2$:

$$\mu_{\widetilde{A}_2}(x)=\begin{cases} 5x & 0\leqslant x\leqslant 0.2 \\ 1 & 0.2<x\leqslant 0.4 \\ 10\times(0.5-x) & 0.4<x\leqslant 0.5 \\ 0 & x>0.5 \end{cases}$$

"一般" $\tilde{A}_3$：

$$\mu_{\tilde{A}_3}(x) = \begin{cases} 0 & x < 0.4 \\ 10 \times (x - 0.4) & 0.4 \leq x \leq 0.5 \\ 1 & 0.5 < x \leq 0.7 \\ 10 \times (0.8 - x) & 0.7 < x \leq 0.8 \\ 0 & x > 0.8 \end{cases}$$

"好" $\tilde{A}_4$：

$$\mu_{\tilde{A}_4}(x) = \begin{cases} 0 & x < 0.7 \\ 10 \times (x - 0.7) & 0.7 \leq x \leq 0.8 \\ 1 & 0.8 < x \leq 0.9 \\ 20 \times (0.95 - x) & 0.9 < x \leq 0.95 \\ 0 & x > 0.95 \end{cases}$$

"很好" $\tilde{A}_5$：

$$\mu_{\tilde{A}_5}(x) = \begin{cases} 0 & x \leq 0.9 \\ 20 \times (x - 0.9) & 0.9 < x \leq 0.95 \\ 1 & x > 0.95 \end{cases}$$

上述5类模糊子集的隶属函数如图11-2所示。

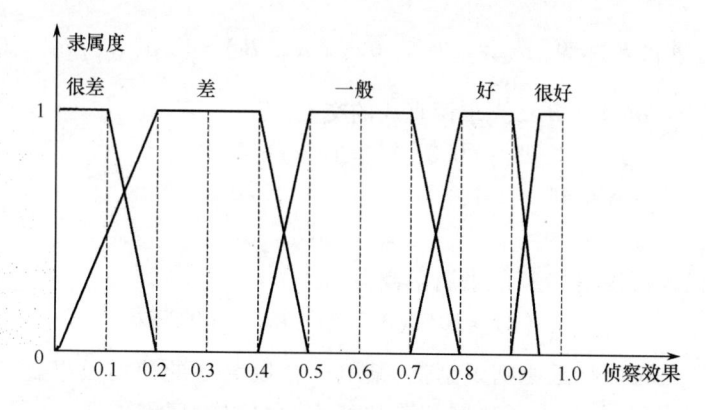

图 11-2 侦察效果模糊子集的隶属函数

根据试验数据处理结果，某电子侦察装备以侦察效果为模糊子集

$\widetilde{B}$ 的隶属函数为

$$\mu_{\widetilde{B}}(x) = \begin{cases} 0 & x < 0.5 \\ 20 \times (x - 0.5) & 0.5 \leq x \leq 0.55 \\ 1 & 0.55 < x \leq 0.75 \\ 20 \times (0.8 - x) & 0.75 < x \leq 0.8 \\ 0 & x > 0.8 \end{cases}$$

模糊子集 $\widetilde{B}$ 的隶属函数如图 11-3 所示。

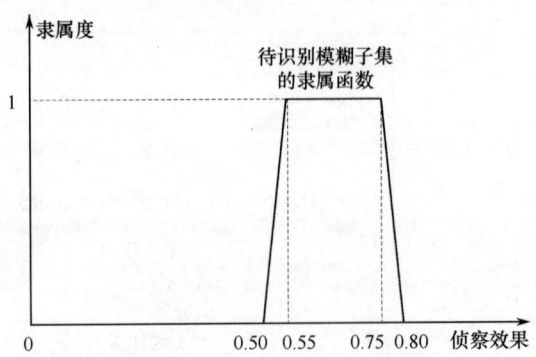

图 11-3 模糊子集 $\widetilde{B}$ 的隶属函数图像

于是根据内外积贴近度公式可以求得

$\rho(\widetilde{A}_1, \widetilde{B}) = 0$, $\rho(\widetilde{A}_2, \widetilde{B}) = 0$, $\rho(\widetilde{A}_3, \widetilde{B}) = 1$, $\rho(\widetilde{A}_5, \widetilde{B}) = 0$

对于 $\rho(\widetilde{A}_4, \widetilde{B})$, 先求两直线的交点, 有

$$20 \times (0.8 - x) = 10 \times (x - 0.7)$$

解该方程得到

$$x = 0.7667$$

代入模糊集"好"的隶属函数得到

$$\mu_{\widetilde{A}_4}(x) = 10 \times (0.7667 - 0.7) = 0.667$$

于是按照择近原则识别法，某电子侦察装备的侦察效果属于"一般"；也可以说，该电子侦察装备的侦察效果以隶属度 1 属于"一般"，而以隶属度 0.667 属于"好"。

第12章 试验数据的未确知预测与聚类

试验数据的预测与聚类分析是电子装备试验数据处理的重要内容之一,未确知有理数作为试验数据的表达方式之一,本章对基于未确知有理数的试验数据预测与聚类方法进行了初步探索。

12.1 基于未确知有理数的试验数据预测模型

12.1.1 通信接收机信干比的预测计算

对于通信信号接收机,当通信信号和干扰信号都是自由空间传播时,其接收到的信号功率信干比为

$$\rho_i = \frac{P_{si}}{P_{ji}} = \frac{P_t G_t q_{rt} R_j^2}{P_j G_j q_{rj}(\theta) \gamma_j R_t^2 B_{rj}} \quad (12-1)$$

式中:P_{si}、P_{ji} 分别为通信接收机输入的信号功率和干扰功率;P_t、G_t 分别为通信发射机发射功率和增益;P_j、G_j 为干扰机输出功率和发射增益;R_t 为通信收发距离;R_j 为干扰机到通信接收机的距离;γ_j 为干扰的极化损失;q_{rt} 为通信接收机天线在通信发射机方向上的增益;$q_{rj}(\theta)$ 为通信接收机天线在干扰机方向上的增益;B_{rj} 为由干扰信号和通信接收机的频率对准程度决定的干扰功率进入通信接收机的百分比。

在传统意义下,式(12-1)各量的求法都是通过各种模型和算法求出一个近似值或均值,并将此近似值或均值当作一个确定的真值;而实际上,如 $q_{rj}(\theta)$、B_{rj}、G_t 等量,实际测试过程中对其所有的可能值不可能完全把握,导致这些参数在本质上不可能就是一个准确的真值,因此用未确知有理数来表达与分析会比较符合应用实际背景。

在式(12-1)中,假设通过试验测试得到通信发射机发射功率 $P_t(W)$ 及其天线增益 $G_t(dB)$、干扰机输出功率 $P_j(W)$ 和发射增益

$G_j(\mathrm{dB})$,并假设

$$\chi = \frac{q_{rt} \cdot R_j^2}{q_{rj}(\theta)\gamma_j R_t^2 B_{rj}} \tag{12-2}$$

则可以得到接收机的信号信干比为

$$\rho_i = \frac{\chi P_t G_t}{P_j G_j} \tag{12-3}$$

对试验测试得到的 P_t、G_t、P_j、G_j 用未确知有理数表达,即

$$P_t = [[120,125], f_1(t)]$$

式中

$$f_1(t) = \begin{cases} 0.20 & t_1 = 120 \\ 0.20 & t_2 = 122 \\ 0.20 & t_3 = 123 \\ 0.40 & t_4 = 125 \\ 0 & \text{其他} \end{cases}$$

$$G_t = [[1,3], g_1(m)]$$

式中

$$g_1(m) = \begin{cases} 0.25 & m_1 = 1 \\ 0.50 & m_2 = 2 \\ 0.25 & m_3 = 3 \\ 0 & \text{其他} \end{cases}$$

$$P_j = [[950,1000], f_2(t)]$$

式中

$$f_2(t) = \begin{cases} 0.20 & t_1 = 950 \\ 0.30 & t_2 = 970 \\ 0.40 & t_3 = 990 \\ 0.10 & t_4 = 1000 \\ 0 & \text{其他} \end{cases}$$

$$G_j = [[2,4], g_2(m)]$$

式中

$$g_2(m) = \begin{cases} 0.20 & m_1 = 2 \\ 0.30 & m_2 = 3 \\ 0.50 & m_3 = 4 \\ 0 & 其他 \end{cases}$$

而假设试验测试数据服从正态分布,利用均值表示上述 4 个参数,有 $P_t = 123$、$G_t = 2$、$P_j = 977$、$G_j = 3.3$,因此,常规确定性参数计算方法得到信号信干比为

$$\rho_i = \frac{\chi \cdot 123 \times 2}{977 \times 3.3} = 0.0763\chi$$

对上述 4 个未确知有理数首先进行乘法运算,得到

$$P_t G_t = [[120, 375], h_1(t)]$$

式中

$$h_1(t) = \begin{cases} 0.05 & t_1 = 120 \\ 0.05 & t_2 = 122 \\ 0.05 & t_3 = 123 \\ 0.1 & t_4 = 125 \\ 0.1 & t_5 = 240 \\ 0.1 & t_6 = 244 \\ 0.1 & t_7 = 246 \\ 0.2 & t_8 = 250 \\ 0.05 & t_9 = 360 \\ 0.05 & t_{10} = 366 \\ 0.05 & t_{11} = 369 \\ 0.1 & t_{12} = 375 \\ 0 & 其他 \end{cases}$$

和

$$P_j \cdot G_j = [[1900, 4000], h_2(t)]$$

303

式中

$$h_2(t) = \begin{cases} 0.04 & t_1 = 1900 \\ 0.06 & t_2 = 1940 \\ 0.08 & t_3 = 1980 \\ 0.02 & t_4 = 2000 \\ 0.06 & t_5 = 2850 \\ 0.09 & t_6 = 2910 \\ 0.12 & t_7 = 2970 \\ 0.03 & t_8 = 3000 \\ 0.1 & t_9 = 3800 \\ 0.15 & t_{10} = 3880 \\ 0.2 & t_{11} = 3960 \\ 0.05 & t_{12} = 4000 \\ 0 & \text{其他} \end{cases}$$

然后进行除法运算来得到$(P_tG_t)/(P_jG_j)$,但是从上述表达式可以看出,P_tG_t和P_jG_j都已经是13阶未确知有理数,其计算结果将导致169阶未确知有理数的出现,这种过多、过密的取值及可信度对最终结果没有太大的实质意义。因此,在计算过程中应该尽可能根据问题的实际背景来对未确知有理数进行降阶运算,控制最终运算结果的阶数,以使计算结果更加清晰明了。

这里介绍基于未确知期望的降阶方法,其基本思路是对未确知有理数的某个取值区间求取未确知期望,以未确知期望值代替原来的取值区间,原来的取值区间的可信度之和作为未确知期望的可信度。

对P_tG_t和P_jG_j进行上述思路的降阶处理,得到

$$P_tG_t = [[123,369], k_1(t)]$$

式中

$$k_1(t) = \begin{cases} 0.25 & t_1 = 123 \\ 0.5 & t_2 = 246 \\ 0.25 & t_3 = 369 \\ 0 & \text{其他} \end{cases}$$

和

$$P_jG_j = [[1954,3908], k_2(t)]$$

式中

$$k_2(t) = \begin{cases} 0.20 & t_1 = 1954 \\ 0.30 & t_2 = 2931 \\ 0.50 & t_3 = 3908 \\ 0 & 其他 \end{cases}$$

进行这两个未确知有理数的除法运算,得到信号信干比为

$$\rho_i = [[0.0315\chi, 0.1888\chi], f(t)]$$

式中

$$f(t) = \begin{cases} 0.125 & t_1 = 0.0315\chi \\ 0.075 & t_2 = 0.0420\chi \\ 0.3 & t_3 = 0.0629\chi \\ 0.15 & t_4 = 0.0839\chi \\ 0.125 & t_5 = 0.0944\chi \\ 0.175 & t_6 = 0.1259\chi \\ 0.05 & t_7 = 0.1888\chi \\ 0 & 其他 \end{cases}$$

如果假设以信号信干比 0.07χ 为临界值,信干比大于 0.07χ 时满足信号截获解调要求,常规确定性参数计算方法的信干比大于临界值,试验结果能说明该接收机能正确截获解调信号,但基于未确知有理数的计算结果说明该结论的置信度有问题,基于未确知有理数的计算结果表明,信干比小于临界值的可能性为 0.5,也就是试验结果表明,该接收机不能正确截获解调信号的可能性为 0.5。

12.1.2 基于未确知有理数的装备作战能力预测

在电子装备试验与训练活动中,对参试装备作战能力的预测估计是参试装备资源配置、制定试验或训练方案的基础。而对参试装备作战能力进行预测的依据是装备的历史试验或训练数据,装备在不同对抗态势下所表现的作战能力不同,因此不同的技术专家对参试装备作

战能力的预测结果是不一致的,本节介绍结合专家意见基于未确知有理数的作战能力预测方法。

X 型号电子侦察装备参与电子装备训练活动,技术专家组根据该次训练对抗态势以及 X 型号电子侦察装备以往的试验数据预测其侦察能力,这里研究两位专家意见的合成预测方法(专家多于 3 位时方法类似)。假设两位专家给出 X 型号电子侦察装备在该次训练对抗态势下的侦察能力为

$$A = [[0.65, 0.80], f_A(x)]$$

式中

$$f_A(x) = \begin{cases} 0.35 & x = 0.65 \\ 0.30 & x = 0.73 \\ 0.30 & x = 0.80 \\ 0 & 其他 \end{cases}$$

$$B = [[0.68, 0.82], f_B(x)]$$

式中

$$f_B(x) = \begin{cases} 0.30 & x = 0.68 \\ 0.40 & x = 0.74 \\ 0.25 & x = 0.82 \\ 0 & 其他 \end{cases}$$

本例中定义侦察能力数量级分别在 0.6、0.7 和 0.8 时认为是侦察能力"弱"、"中"和"强",因此专家 A 认为 X 型号电子侦察装备在该次训练对抗态势下的侦察能力为"弱"、"中"和"强"都是有可能的,而专家 B 认为 X 型号电子侦察装备在该次训练对抗态势下的侦察能力为"中"的可能性大一些。在征求技术组综合专家的意见时,如果两位专家对该次训练对抗态势下 X 型号电子侦察装备侦察能力有利因素和不利因素意见不一致,即专家 A 可以认为有利因素和不利因素使得 X 型号电子侦察装备侦察能力为"弱"时,专家 B 可以认为这些有利因素和不利因素使得 X 型号电子侦察装备侦察能力为"中",这时合成预测时对两位专家的权重系数各取 0.5,有预测结果

$$C = \frac{1}{2}A + \frac{1}{2}B = [[0.6650, 0.8100], f_C(x)]$$

式中

$$f_C(x) = \begin{cases} 0.1050 & x = 0.6650 \\ 0.1400 & x = 0.6950 \\ 0.0900 & x = 0.7050 \\ 0.2075 & x = 0.7350 \\ 0.0900 & x = 0.7400 \\ 0.1200 & x = 0.7700 \\ 0.0750 & x = 0.7750 \\ 0.0750 & x = 0.8100 \\ 0 & \text{其他} \end{cases}$$

由该结果可以看出,该次训练对抗态势下 X 型号电子侦察装备侦察能力达到"强"的可能性只有 7.5%,侦察能力为"弱"的可能性为 $(0.105 + 0.14) \times 100\% = 24.5\%$,其理想侦察能力为 $Ef_C(x) = 0.7324$。

在征求技术组综合专家的意见时,如果两位专家对该次训练对抗态势下 X 型号电子侦察装备侦察能力有利因素和不利因素意见一致,即专家 A 认为有利因素和不利因素使得 X 型号电子侦察装备侦察能力为"弱"时,专家 B 也认为这些有利因素和不利因素使得 X 型号电子侦察装备侦察能力为"弱",只是认定程度上有差异,这时合成两位专家的预测结果为

$$C = \left[\left[\frac{1}{2}(0.65 + 0.68), \frac{1}{2}(0.80 + 0.82) \right] \right],$$

$$f_C(x) = [[0.6650, 0.8100], f_C(x)]$$

式中

$$f_C(x) = \begin{cases} 0.325 & x = 0.665 \\ 0.35 & x = 0.735 \\ 0.275 & x = 0.810 \\ 0 & \text{其他} \end{cases}$$

由该结果可以看出,该次训练对抗态势下 X 型号电子侦察装备侦察能力达到"中"具有最大的可能性,其理想侦察能力为 $Ef_C(x) = 0.7328$。

12.2 基于未确知有理数的聚类模型

12.2.1 未确知有理数的质心与大小关系

第 6 章定义的 n 阶未确知有理数 $[[a,b],\varphi(X)]$,其中

$$\varphi(X) = \begin{cases} \alpha_i & X = X_i (i=1,2,\cdots,n) \\ 0 & 其他 \end{cases}$$

该定义为未确知有理数的分布密度型表达式,其分布型表达式定义如下:

定义 12-1 若函数 $F(x)$ 满足

$$F(x) = \begin{cases} 0 & x < x_1 \\ \sum_{j=1}^{i} \alpha_j & x_i \leqslant x < x_{i+1} (i=1,2,\cdots,n-1) \\ \alpha & x \geqslant x_n \end{cases} \quad (12-4)$$

式中:α_i 为数据取值 X_i 的可信度,并有 $\sum_{i=1}^{n} \alpha_i = \alpha, 0 < \alpha \leqslant 1$ 为总可信度,则称闭区间 $[x_1,x_n]$ 与函数 $F(x)$ 构成分布型未确知有理数,记为 $\{[x_1,x_n],F(x)\}$。

由未确知有理数的两种定义式可以看出,它们可以通过式(12-5)进行转化,即

$$\begin{cases} \varphi(x_1) = F(x_1) \\ \varphi(x_i) = F(x_i) - F(x_{i-1}) \quad i=2,3,\cdots,n \end{cases} \quad (12-5)$$

定义 12-2 设分布型未确知有理数 $A = \{[x_1,x_k],F(x)\}$,则称有序实数对 $(\bar{x},\bar{y})$ 为未确知有理数 A 的心,其中

$$\begin{cases} \bar{x} = \dfrac{\sum_{i=1}^{k-1} \alpha_i (x_{i+1}^2 - x_i^2)}{2\sum_{i=1}^{k-1} \alpha_i (x_{i+1} - x_i)} \\ \bar{y} = \dfrac{\sum_{i=1}^{k-1} \alpha_i^2 (x_{i+1} - x_i)}{2\sum_{i=1}^{k-1} \alpha_i (x_{i+1} - x_i)} \end{cases} \quad (12-6)$$

未确知有理数 A 的心记为 $C_A = (\bar{x}_A, \bar{y}_A)$，其几何意义是分布函数 $F(x)$ 在 $[x_1, x_k]$ 上的图像与 $x = x_1$、$x = x_k$、$y = 0$ 所围成平面图形的质心。

定义 12 – 3　设未确知有理数 A、B 的心记为 $C_A = (\bar{x}_A, \bar{y}_A)$、$C_B = (\bar{x}_B, \bar{y}_B)$，则有：

（1）若 $\bar{x}_A > \bar{x}_B$，则称 A 大于 B，记为 $A > B$。
（2）若 $\bar{x}_A = \bar{x}_B$、$\bar{y}_A > \bar{y}_B$，则称 A 大于 B。
（3）若 $\bar{x}_A = \bar{x}_B$、$\bar{y}_A = \bar{y}_B$，则称 A 与 B 同心。

12.2.2　基于未确知有理数的装备性能聚类模型

未确知有理数的质心作为其有效特征之一，当利用未确知有理数来表达电子装备的性能特性时，可以基于质心的距离来对装备的性能进行聚类。

设以未确知有理数表达性能特征的聚类对象 $X_1, X_2, \cdots, X_n$，聚类对象 X_i 的未确知有理数质心记为 $C_i = (x_i, y_i)$，根据式（12 – 7）得到对象 X_i 与 X_j 的欧氏质心距离 d_{ij}，有

$$d_{ij} = \sqrt{(x_i - x_j)^2 + (y_i - y_j)^2} \tag{12 – 7}$$

对所有的 $i \leq j (i、j = 1, 2, \cdots, n)$，对 d_{ij} 进行归一化处理，其算式为

$$d_{ij} = \frac{d_{ij}}{\max\{d_{ij}\}} \tag{12 – 8}$$

从而得到欧氏质心距离的上三角矩阵为

$$D = \begin{bmatrix} d_{11} & d_{12} & \cdots & d_{1n} \\ & d_{22} & \cdots & d_{2n} \\ & & \ddots & \vdots \\ & & & d_{nn} \end{bmatrix} \tag{12 – 9}$$

式中：$d_{ii} = 0 (i = 1, 2, \cdots, n)$。

取定临界值 $r \in [0, 1]$，当 $d_{ij} < r (i \neq j)$ 时，则认为聚类对象 X_i 与 X_j 为同类。临界值 r 可根据实际问题的需要确定，r 越接近于 1，聚类越粗，这时每一组聚类中的聚类对象相对越多。r 越小，聚类越细，每一

组聚类中的聚类对象相对越少。

对聚类对象进行聚类的前提是这些对象位于距离空间中的不同区域，而且这些区域之间的距离越大对对象聚类的可能性越大，效果也就越好。于是通过衡量这些聚类类别区域之间的距离可以来判别临界值 r 是否合适。

假设聚类对象分为两类，如图 12-1 所示。假设类别 S_1 中有 n_1 个聚类对象、类别 S_2 中有 n_2 个聚类对象，类别 S_1 中任意一点 $X_k(k=1,2,\cdots,n_1)$ 与类别 S_2 中任意一点 $X_l(l=1,2,\cdots,n_2)$ 的欧氏距离表示为 d_{kl}，则把所有这些距离相加求平均，用这个平均值来代表类别 S_1 与类别 S_2 之间的距离 $J(r)$，即

$$J(r) = \frac{1}{n_1 n_2} \sum_{k=1}^{n_1} \sum_{l=1}^{n_2} d_{kl} \qquad (12-10)$$

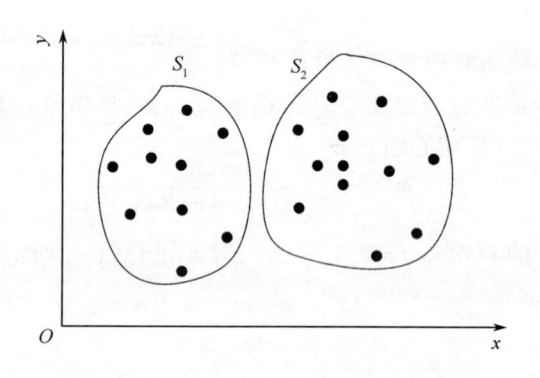

图 12-1 基于距离的聚类示意图

从前面的聚类过程可以看出，临界值 r 决定了 n_1 与 n_2 的大小，因此 $J(r)$ 是临界值 r 的函数，这样应该选择临界值 r^*，使得类别 S_1 与类别 S_2 之间的距离 $J(r)$ 为最大，即

$$J(r^*) = \max_r J(r) \qquad (12-11)$$

实际工程问题中用经验的办法按照上述过程假设为两类，根据问题的性质凭经验选择一个代表点进行聚类，然后针对这两个类别确定是否需要继续进行聚类，如果必须的话就按照上述过程针对每个类别进行聚类，其基本流程如图 12-2 所示。

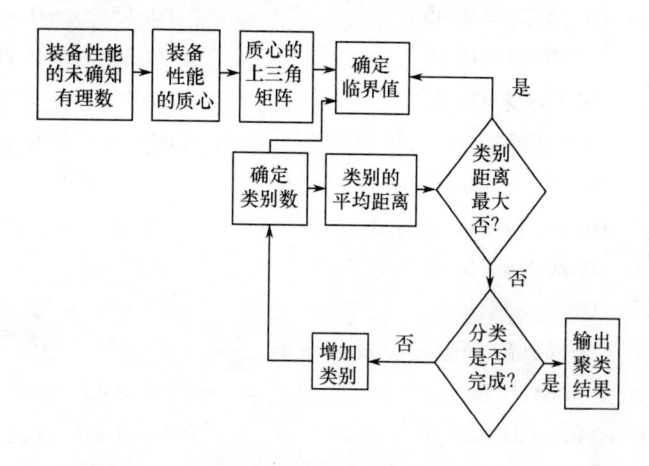

图 12-2　基于未确知有理数的性能聚类流程

12.2.3　装备性能聚类事例

假设某型号电子侦察装备 7 套,基于未确知有理数表达其某对抗态势下的侦察能力(侦察概率),分别为

$A_1 = [[0.65, 0.80], f_1(x)]$　　　$A_2 = [[0.68, 0.82], f_2(x)]$

$A_3 = [[0.60, 0.82], f_3(x)]$　　　$A_4 = [[0.66, 0.80], f_4(x)]$

$A_5 = [[0.65, 0.75], f_5(x)]$　　　$A_6 = [[0.62, 0.78], f_6(x)]$

$A_7 = [[0.68, 0.82], f_7(x)]$

$$f_1(x) = \begin{cases} 0.35 & x=0.65 \\ 0.30 & x=0.73 \\ 0.30 & x=0.80 \\ 0 & 其他 \end{cases}$$

$$f_2(x) = \begin{cases} 0.30 & x=0.68 \\ 0.40 & x=0.74 \\ 0.25 & x=0.82 \\ 0 & 其他 \end{cases}$$

$$f_3(x) = \begin{cases} 0.25 & x=0.60 \\ 0.50 & x=0.73 \\ 0.20 & x=0.82 \\ 0 & 其他 \end{cases}$$

$$f_4(x) = \begin{cases} 0.35 & x=0.66 \\ 0.45 & x=0.70 \\ 0.15 & x=0.80 \\ 0 & 其他 \end{cases}$$

$$f_5(x) = \begin{cases} 0.25 & x=0.65 \\ 0.30 & x=0.70 \\ 0.40 & x=0.75 \\ 0 & 其他 \end{cases} \qquad f_6(x) = \begin{cases} 0.15 & x=0.62 \\ 0.35 & x=0.70 \\ 0.45 & x=0.78 \\ 0 & 其他 \end{cases}$$

$$f_7(x) = \begin{cases} 0.20 & x=0.68 \\ 0.55 & x=0.75 \\ 0.20 & x=0.82 \\ 0 & 其他 \end{cases}$$

将上述未确知有理数转化成分布型,分别为

$A_1 = [[0.65, 0.80], F_1(x)]$ $A_2 = [[0.68, 0.82], F_2(x)]$
$A_3 = [[0.60, 0.82], F_3(x)]$ $A_4 = [[0.66, 0.80], F_4(x)]$
$A_5 = [[0.65, 0.75], F_5(x)]$ $A_6 = [[0.62, 0.78], F_6(x)]$
$A_7 = [[0.68, 0.82], F_7(x)]$

式中

$$F_1(x) = \begin{cases} 0 & x<0.65 \\ 0.65 & 0.65 \leqslant x<0.73 \\ 0.60 & 0.73 \leqslant x<0.80 \\ 0.95 & x \geqslant 0.80 \end{cases} \qquad F_2(x) = \begin{cases} 0 & x<0.68 \\ 0.70 & 0.68 \leqslant x<0.74 \\ 0.65 & 0.74 \leqslant x<0.82 \\ 0.95 & x>0.82 \end{cases}$$

$$F_3(x) = \begin{cases} 0 & x<0.60 \\ 0.75 & 0.60 \leqslant x<0.73 \\ 0.70 & 0.73 \leqslant x<0.82 \\ 0.95 & x>0.82 \end{cases} \qquad F_4(x) = \begin{cases} 0 & x<0.66 \\ 0.80 & 0.66 \leqslant x<0.70 \\ 0.60 & 0.70 \leqslant x<0.80 \\ 0.95 & x>0.80 \end{cases}$$

$$F_5(x) = \begin{cases} 0 & x<0.65 \\ 0.55 & 0.65 \leqslant x<0.70 \\ 0.70 & 0.70 \leqslant x<0.75 \\ 0.95 & x \geqslant 0.75 \end{cases} \qquad F_6(x) = \begin{cases} 0 & x<0.62 \\ 0.50 & 0.62 \leqslant x<0.70 \\ 0.80 & 0.70 \leqslant x<0.78 \\ 0.95 & x \geqslant 0.78 \end{cases}$$

$$F_7(x) = \begin{cases} 0 & x<0.68 \\ 0.75 & 0.68 \leqslant x<0.75 \\ 0.75 & 0.75 \leqslant x<0.82 \\ 0.95 & x \geqslant 0.82 \end{cases}$$

计算这7个未确知有理数的质心,有

$$C_1 = (x_1, y_1) = (0.7235, 0.3138)$$
$$C_2 = (x_2, y_2) = (0.7487, 0.3362)$$
$$C_3 = (x_3, y_3) = (0.7082, 0.3652)$$
$$C_4 = (x_4, y_4) = (0.7257, 0.3348)$$
$$C_5 = (x_5, y_5) = (0.7030, 0.3170)$$
$$C_6 = (x_6, y_6) = (0.7092, 0.3423)$$
$$C_7 = (x_7, y_7) = (0.7500, 0.3750)$$

上述表达电子侦察装备侦察能力的未确知有理数质心分布如图 12-3 所示。计算所有质心间的欧氏距离,并进行归一化处理后得到上三角矩阵为

$$D = \begin{bmatrix} 0 & 0.4511 & 0.7157 & 0.2825 & 0.2771 & 0.4270 & 0.8929 \\ & 0 & 0.6667 & 0.3079 & 0.6640 & 0.5355 & 0.5194 \\ & & 0 & 0.4699 & 0.6493 & 0.3066 & 0.5743 \\ & & & 0 & 0.3855 & 0.2423 & 0.6292 \\ & & & & 0 & 0.3481 & 1.0000 \\ & & & & & 0 & 0.7001 \\ & & & & & & 0 \end{bmatrix}$$

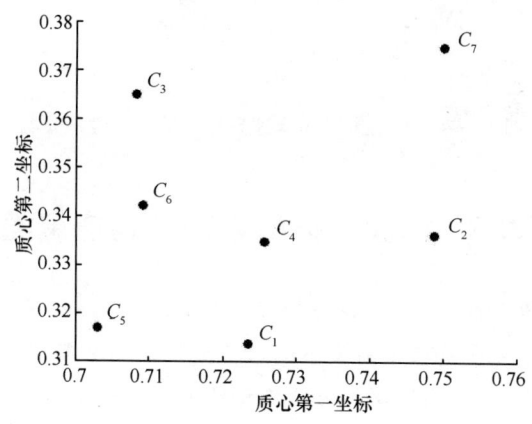

图 12-3 装备性能未确知有理数质心散点图

取临界值 $r = 0.5$,聚类对象 C_1、C_2、C_3、C_4、C_5、C_6 为一类,C_7 为一类。这两个类别之间的距离为

$$J(0.5) = \frac{1}{6}\sum_{k=1}^{6} d_{k7} = \frac{1}{6}\sum_{k=1}^{6} \sqrt{(x_k - x_7)^2 + (y_k - y_7)^2} = 0.0537$$

取临界值 $r = 0.4$，聚类对象 C_1、C_4、C_5、C_6 为一类，C_2、C_3、C_7 为一类。这两个类别之间的距离为

$$J(0.4) = \frac{1}{4 \times 3}\sum_{k=1}^{4}\sum_{l=1}^{3} d_{kl} = 0.1036$$

取临界值 $r = 0.3$，聚类对象 C_1、C_4、C_5、C_6 为一类，C_2、C_3、C_7 为一类。这两个类别之间的距离 $J(0.3) = J(0.4)$。

由于 $J(0.3) = J(0.4) = \max\{J(0.3), J(0.4), J(0.5)\}$，所以临界值取为 $r = 0.4$ 或 $r = 0.3$ 时聚类较优，如图 12 - 4 所示。

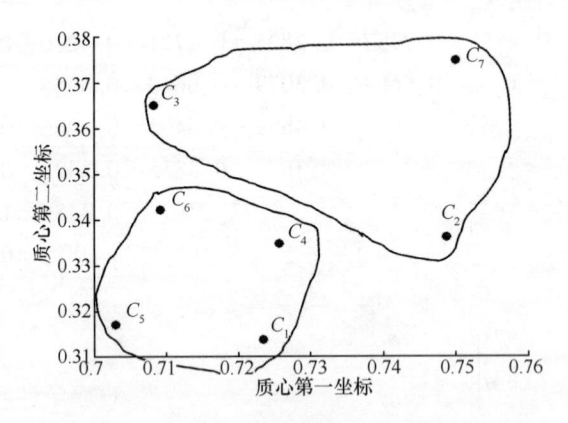

图 12 - 4　基于未确知有理数质心的装备性能聚类

12.3　试验数据的未确知均值聚类

上节介绍了基于未确知有理数形式的装备性能聚类分析方法，实质上是一种距离误差最小意义下的最优聚类。当装备性能以通常的确定性参数表达时，常用的聚类分析方法有 C - 均值聚类、模糊 C - 均值聚类等。C - 均值聚类和模糊 C - 均值聚类都是基于迭代的动态聚类方法，C - 均值聚类是一种"非 0 即 1"的确定性聚类，是误差平方和最小意义下的最优聚类，当存在病态数据和分类不清数据时，聚类效果不能令人满意；模糊 C - 均值聚类则将隶属函数引入均值聚类，能很好地

处理分类不清数据,但当样本存在"野值"时,效果不是很好。而基于未确知系统理论的未确知均值聚类是一质点迭代算法,是一种不确定性聚类,其分类的基础思想是认为样本之所以能被划分为不同类别,是因为不同样本的同一特征的观测值不同,所以不同特征对区分样本的类别所做的贡献不同,因此对于任意一个样本 x_i 都用一个非负值 μ_{ik} 来描述该样本隶属于任意类别 k 的程度,以体现不同分类特征对分类做出的不同贡献。本节首先介绍未确知均值聚类的算法与步骤,然后基于未确知均值聚类方法对几种侦察装备的性能进行聚类分析。

12.3.1 未确知均值聚类的基本思想

假设 n 部电子装备 $x_i = \{x_{i1}, x_{i2}, \cdots, x_{id}\}(i = 1, 2, \cdots, n)$,其中 x_{ij} 表示第 i 部电子装备的第 j 个性能特征,问题就是要将这 n 部电子装备按照其性能特征划分为 K 个类别 $\Gamma_1, \Gamma_2, \cdots, \Gamma_K$,$m_k$ 是 $\Gamma_k(k = 1, 2, \cdots, K)$ 类别的类中心向量。对电子装备性能进行未确知均值聚类的基本前提是假设同一个类别中的装备性能在性能特征空间中彼此更"接近",并且这种接近是欧氏距离或加权欧氏距离意义下的接近。

设 n 部电子装备性能数据 $x_i = \{x_{i1}, x_{i2}, \cdots, x_{id}\}(i = 1, 2, \cdots, n)$,由于装备的性能指标值具有不同的量纲,首先需要对原始性能数据进行无量纲化处理。装备性能指标通常可以分为"效益型"指标和"成本型"指标。效益型指标是指性能值越大越好的指标,如干扰功率等,利用上限效果测度变换进行处理;成本型指标是指性能值越小越好的指标,如反应时间等,利用下限效果测度变换进行处理。

命题 12 – 1 令 T 为效果测度变换,u_{ij}^p 为 p 目标下装备性能值,又令 p 为极大值目标,r_{ij}^p 为 u_{ij}^p 在 T 下的变换值,则上限效果测度变换算式为

$$r_{ij}^p = \frac{u_{ij}^p}{\max_i \max_j u_{ij}^p} \tag{12 - 12}$$

上限效果测度变换着眼于衡量装备性能偏离最大值的程度,由于有 $u_{ij}^p \leq \max_i \max_j u_{ij}^p$,则有 $0 \leq r_{ij}^p \leq 1$。

命题 12 – 2 令 T 为效果测度变换,u_{ij}^p 为 p 目标下装备性能值,又

令 p 为极小值目标，r_{ij}^p 为 u_{ij}^p 在 T 下的变换值，则下限效果测度变换算式为

$$r_{ij}^p = \frac{\min\limits_{i} \min\limits_{j} u_{ij}^p}{u_{ij}^p} \qquad (12-13)$$

下限效果测度变换着眼于衡量装备性能偏离最小值的程度，同样由于有 $u_{ij}^p \geq \min\limits_{i} \min\limits_{j} u_{ij}^p$，所以 $0 \leq r_{ij}^p \leq 1$。

经过上述处理后实现了对电子装备性能数据的无量纲化，便进行比较，设处理后的第 i 部装备性能数据为 $x_i = \{x_{i1}, x_{i2}, \cdots, x_{id}\}$ ($i = 1, 2, \cdots, n$)，并设 $\boldsymbol{m}_k^{(0)}$ 是初始类别 Γ_k 的类中心向量，记为

$$\boldsymbol{m}_k^{(0)} = (m_{k1}^{(0)}, m_{k2}^{(0)}, \cdots, m_{kd}^{(0)})^\mathrm{T} \qquad (12-14)$$

按照未确知分类的观点，在任何情况下给出一个分类，都要定量描述性能特征对分类的贡献，也就是未确知系统中定义的特征分类权重，记第 j 个性能特征的分类贡献值 ω_j 为 j 性能特征关于该分类的分类权重。为了定量描述 d 个性能特征对初始分类做出的贡献大小，令

$$\overline{m} = \frac{1}{K} \sum_{k=1}^{K} m_k = (\overline{m}_1, \overline{m}_2, \cdots, \overline{m}_d) \qquad (12-15)$$

$$\sigma_j^2 = \frac{1}{K} \sum_{k=1}^{K} (m_{kj} - \overline{m}_j)^2 \quad 1 \leq j \leq d \qquad (12-16)$$

式(12-16)中方差 σ_j^2 的大小反映了 K 个类中心 $m_1, m_2, \cdots, m_K$ 在第 j 个性能特征上取值的离散程度。若 $\sigma_j^2 = 0$，则 K 个类中心的第 j 个向量全部相同，这时第 j 个性能特征对于把 K 个类中心的区分分类就没起任何作用，也就是说，第 j 个性能特征区分 K 个分类的贡献值为零。方差 σ_j^2 越大，表明 K 个类中心的第 j 个向量分量越分散，第 j 个性能特征区分 K 个分类的贡献值越大。所以，σ_j^2 的大小反映了第 j 个性能特征区分 K 个分类的贡献大小。

令

$$\omega_j = \frac{\sigma_j^2}{\sum\limits_{k=1}^{d} \sigma_k^2} \qquad (12-17)$$

称 ω_j 为 j 性能特征关于给定分类的分类权重，有 $0 \leq \omega_j \leq 1$，$\sum\limits_{j=1}^{d} \omega_j = 1$。

特征分类权重 ω_j 是在某种分类条件下,性能特征 j 对区分出各种类别所做出的贡献大小在所有性能特征中占有的比例。

初始分类给出 K 个聚类中心 $m_1,m_2,\cdots,m_K$,任意一部电子装备 x_i 关于以 m_k 为类中心的 Γ_k 类有一个实际上的隶属度 μ_{ik}。显然 μ_{ik} 的大小与点 x_i 到 m_k 的距离大小和 j 性能特征的分类贡献 ω_j 的大小有关,距离越近, μ_{ik} 越大; ω_j 越大, j 性能特征对分类的贡献越大, μ_{ik} 越大。所以,当用 x_i 到 m_k 的距离来表征 x_i 关于 Γ_k 类时的隶属度 μ_{ik} 时,这种距离应该是一种加权距离,令加权距离表达为

$$\rho_{ik} = \sqrt{\sum_{j=1}^{d} \frac{1}{\omega_j + \delta}(x_{ij} - m_{kj})^2} \qquad (12-18)$$

式中: δ 为任意非负实数,通常取 $\delta = 0.001 \sim 0.01$。

式(12-18)表明,当 j 性能特征对分类的贡献 ω_j 较大时,加权距离变小,从而使得 x_i 关于 Γ_k 类时的隶属度 μ_{ik} 变大。

12.3.2 未确知均值聚类的基本步骤

基于上述基本思想,可以计算出第 i 部装备性能 x_i 属于第 k 类的某种可能性测度为

$$\mu_{ik} = \frac{\rho_{ik}}{\sum_{k=1}^{K} \rho_{ik}} \qquad (12-19)$$

式中: $0 \leq \mu_{ik} \leq 1$ 且 $\sum_{k=1}^{K} \mu_{ik} = 1$。由 μ_{ik} 可以确定出新的类中心向量为

$$m'_k = \frac{\sum_{i=1}^{n} \mu_{ik} \cdot x_i}{\sum_{i=1}^{n} \mu_{ik}} \quad k = 1,2,\cdots,K \qquad (12-20)$$

以新的类中心 m'_k 替代初始类中心向量 $m_k^{(0)}$,求出新的第 i 部装备性能 x_i 属于第 k 类未确知测度 μ_{ik}。

令

$$k^* = \max_k \{\mu_{ik} \mid k = 1,2,\cdots,K\} \qquad (12-21)$$

则可以判定第 i 部装备性能 x_i 属于类别 Γ_{k^*}。

式(12-21)中未确知测度 μ_{ik} 依据最后的类中心向量求取。未确知均值聚类是一种质点迭代算法,新的类中心 m_k' 相对于初始中心向量 $m_k^{(0)}$ 依据式(12-22)条件停止迭代,即

$$\max_k \| m_k' - m_k^{(0)} \| < \varepsilon \qquad (12-22)$$

式中: ε 为预先确定的小正实数,反映了迭代误差的大小,用以控制迭代次数。

综上所述,可以得到未确知均值聚类的实现步骤如图12-5所示。

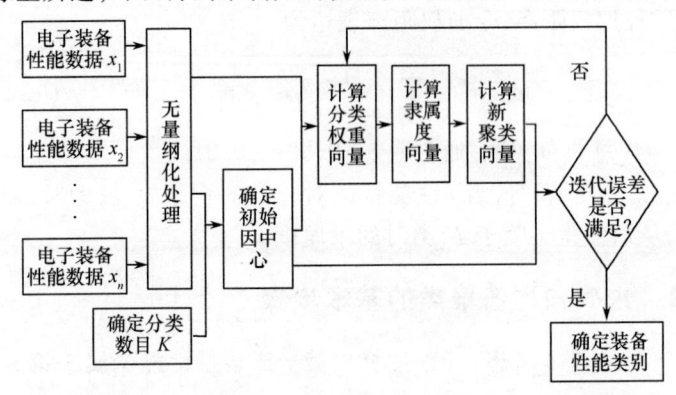

图12-5 未确知均值聚类流程

12.3.3 基于未确知均值聚类的侦察装备性能分析

对某8型侦察装备的侦察性能进行聚类分析,装备的侦察性能以侦察距离、信号搜索概率、信号识别概率、信号截获时间、单位时间内漏警率、单位时间内误报率等6项指标为影响指标进行表征,指标数据如表12-1所列。

表12-1 侦察装备的侦察性能数据

序号	侦察距离	搜索概率	识别概率	截获时间	漏警率	误报率
Ⅰ	21	81	83	14	11	13
Ⅱ	17	74	68	13	29	16
Ⅲ	11	83	81	27	16	8

(续)

序号	侦察距离	搜索概率	识别概率	截获时间	漏警率	误报率
Ⅳ	8	88	63	19	21	12
Ⅴ	16	75	65	14	27	19
Ⅵ	19	65	69	21	28	11
Ⅶ	12	71	55	18	17	21
Ⅷ	18	80	82	13	14	11

表 12-1 中指标"侦察距离"、"信号搜索概率"和"信号识别概率"属于效益型指标,利用上限效果测度变换进行处理;"信号截获时间"、"单位时间内漏警率"和"单位时间内误报率"属于成本型指标,利用下限效果测度变换进行处理。

上述数据经过归一化处理后,本例首先将侦察装备的侦察性能按照"好"、"中"、"差"3 类进行聚类分析,取初始类中心为

$$m_k^{(0)} = \begin{pmatrix} 20 & 88 & 83 & 13 & 11 & 8 \\ 15 & 75 & 69 & 19 & 17 & 12 \\ 8 & 65 & 55 & 27 & 29 & 21 \end{pmatrix}$$

并取迭代控制误差为 $\varepsilon = 0.001$,由图 12-6 所示的迭代误差变化趋势可以看出,经过 9 次迭代后,聚类误差达到 0.0007,8 型侦察装备的侦察性能属于各个类别的隶属度如表 12-2 所列。

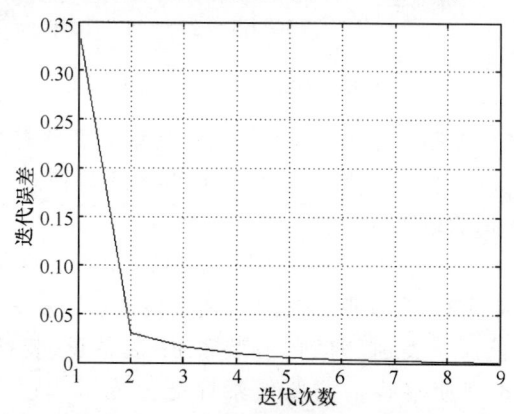

图 12-6 8 型装备侦察性能的聚类(三类)迭代误差

表12-2 侦察装备的类别(三类)隶属度

序号	"好"	"中"	"差"
Ⅰ	0.3677	0.3260	0.3063
Ⅱ	0.2757	0.3363	0.3880
Ⅲ	0.3671	0.3285	0.3044
Ⅳ	0.2945	0.3495	0.3560
Ⅴ	0.2764	0.3363	0.3873
Ⅵ	0.3021	0.3377	0.3602
Ⅶ	0.3168	0.3379	0.3453
Ⅷ	0.3997	0.3169	0.2834

根据未确知均值聚类判别原则,由表12-2所列数据可以得到8型侦察装备的侦察性能属于类别"好"的有装备Ⅰ、装备Ⅲ、装备Ⅷ,侦察性能属于类别"差"的有装备Ⅱ、装备Ⅳ、装备Ⅴ、装备Ⅵ、装备Ⅶ。其实质上将8型侦察装备按照侦察性能分成了"好"、"差"两类。

另外,如果将侦察装备的侦察性能按照"优"、"良"、"中"、"差"4类进行聚类分析,取初始类中心为

$$\boldsymbol{m}_k^{(0)} = \begin{pmatrix} 20 & 88 & 83 & 13 & 11 & 8 \\ 16 & 81 & 75 & 18 & 16 & 11 \\ 12 & 75 & 65 & 21 & 21 & 16 \\ 8 & 65 & 55 & 27 & 29 & 21 \end{pmatrix}$$

同样取迭代控制误差为 $\varepsilon = 0.001$,迭代误差变化趋势如图12-7所示,经过9次迭代后,聚类误差达到0.0008,8型侦察装备的侦察性能属于各个类别的隶属度如表12-3所列。

由表12-3所列数据可以得到8型侦察装备的侦察性能属于类别"优"的有装备Ⅰ、装备Ⅲ、装备Ⅷ,侦察性能属于类别"中"的有装备Ⅶ,侦察性能属于类别"差"的有装备Ⅱ、装备Ⅳ、装备Ⅴ、装备Ⅵ。其实质上将8型侦察装备按照侦察性能分成了"优"、"中"、"差".3类。

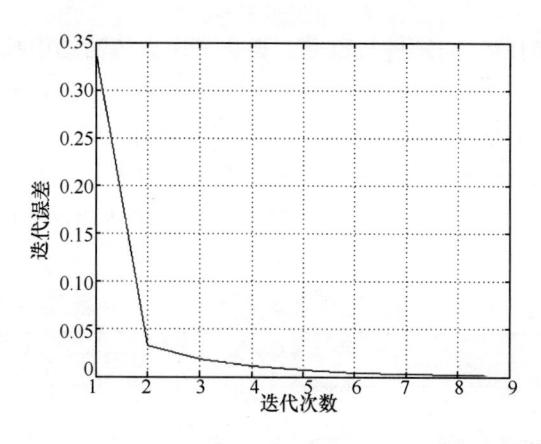

图 12-7 8 型装备侦察性能的聚类(4 类)迭代误差

表 12-3 侦察装备的类别(4 类)隶属度

序号	优	良	中	差
Ⅰ	0.2770	0.2628	0.2306	0.2296
Ⅱ	0.2041	0.2201	0.2868	0.2890
Ⅲ	0.2772	0.2659	0.2285	0.2284
Ⅳ	0.2210	0.2405	0.2690	0.2695
Ⅴ	0.2044	0.2202	0.2870	0.2884
Ⅵ	0.2255	0.2362	0.2683	0.2700
Ⅶ	0.2363	0.2435	0.2608	0.2593
Ⅷ	0.3023	0.2723	0.2133	0.2121

12.3.4 装备操作水平的未确知均值聚类

在未来信息化战场上,为了能使电子装备最大限度地发挥系统整体作战效能,装备操作手必须具备相当熟练的基本操作和战斗操作技能,而且通常情况下经过学习训练的操作人员要比没有经过学习训练的操作人员熟练。所以在电子装备列装部队后,必须通过各种环境下的装备操作与使用训练提高操作人员的技能,对其训练效果进行各种层次上的考核评估是装备操作与使用训练过程中重要的内容之一。

本节基于未确知均值聚类方法针对电子装备训练活动中装备操作

手训练效果的归类问题进行研究。现从某次训练活动中抽取 8 名装备操作手,分别用 A、B、C、D、E、F、G 和 H 表示;未确知均值聚类的影响因素考虑 4 项,分别为对装备工作原理等基础理论的掌握、装备操作的熟练程度、操作反应时间、对训练环境的适应能力等。训练考核评估专家用 10 分制对 8 位人员的训练表现进行打分,4 种影响因素的数据如表 12-4 所列。

表 12-4 训练效果的影响因素数据值

操作手	理论掌握	熟练程度	适应能力	反应时间
A	9	9	8	10
B	7	7	9	6
C	9	9	7	8
D	7	6	8	7
E	8	8	7	5
F	9	8	8	8
G	6	7	6	5
H	7	6	7	8

表 12-4 中指标"对装备工作原理等基础理论的掌握"、"装备操作的熟练程度"和"对训练环境的适应能力"属于效益型指标,利用上限效果测度变换进行处理;"操作反应时间"属于成本型指标,利用下限效果测度变换进行处理。

上述数据经过归一化处理后,本例将操作水平的影响因素数据值按照"好"、"中"、"差"3 类进行聚类分析,取初始类中心为

$$\boldsymbol{m}_k^{(0)} = \begin{pmatrix} 9 & 9 & 9 & 5 \\ 7.5 & 7.5 & 7.5 & 7 \\ 6 & 6 & 6 & 10 \end{pmatrix}$$

并取迭代控制误差为 $\varepsilon = 0.001$,由图 12-8 所示的迭代误差变化趋势可以看出,经过 7 次迭代后,聚类误差达到 0.001,8 个装备操作的训练效果属于各个类别的隶属度如表 12-5 所列。

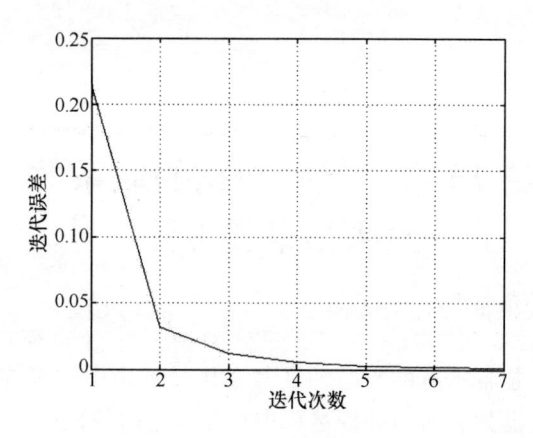

图 12-8 装备操作水平的聚类迭代误差

表 12-5 操作水平的类别隶属度

操作手	"好"	"中"	"差"
A	0.3090	0.3399	0.3511
B	0.3822	0.3187	0.2991
C	0.3059	0.3387	0.3554
D	0.3289	0.3466	0.3246
E	0.3634	0.3210	0.3157
F	0.3059	0.3387	0.3554
G	0.3535	0.3275	0.3191
H	0.3050	0.3498	0.3452

根据未确知均值聚类判别原则,由表12-5所列数据可以得到8个装备操作的训练效果属于类别"好"的有装备操作手B、装备操作手E、装备操作手G,训练效果属于类别"中"的有装备操作手D、装备操作手H,训练效果属于类别"差"的有装备操作手A、装备操作手C、装备操作手F。

第13章 试验数据的联系数预测与聚类方法

由于电子装备本身的复杂性及其在作战运用中的多样性,使得电子装备试验数据的分析与处理过程中存在大量的随机性、模糊性、不完全性和未确知性信息,为了更好地刻画这些不确定性因素对试验数据预测与聚类等分析结果的影响,当电子装备试验数据以联系数的形式表达时,本章研究其均值预测算法和基于距离的聚类算法。

13.1 试验数据的联系数预测模型

13.1.1 基于均值的联系数预测原理

电子装备试验联系数的均值预测算法的基本内容是:假设电子装备试验中第 $1,2,\cdots,n$ 个阶段的数据为

$$u_1 = a_1 + b_1 i + c_1 j$$
$$u_2 = a_2 + b_2 i + c_2 j$$
$$\vdots$$
$$u_n = a_n + b_n i + c_n j$$

以这 n 个联系数的平均值作为对第 $n+1$ 阶段的预测值,即有

$$\begin{aligned}u_{n+1} &= \frac{u_1 + u_2 + \cdots + u_n}{n} \\ &= \frac{a_1 + a_2 + \cdots + a_n}{n} + \frac{b_1 + b_2 + \cdots + b_n}{n}i + \frac{c_1 + c_2 + \cdots + c_n}{n}j \\ &= \overline{a} + \overline{b}i + \overline{c}j\end{aligned} \quad (13-1)$$

式中: $\overline{a}$、$\overline{b}$、$\overline{c}$ 分别为前 n 个联系数的同一度、差异度、对立度的平均值。

13.1.2 基于极值的联系数预测原理

基于极值的联系数预测必须结合具体问题背景进行,分为乐观极值预测法和悲观极值预测法。假设第 $1,2,\cdots,n$ 个阶段的数据如上所述。

1) 乐观极值预测法

乐观极值预测法的基本思想是对前 n 个联系数的同一度取极大值、对对立度取极小值,得到的联系数作为对第 $n+1$ 阶段的预测值,即

$$a_{n+1} = \max\{a_1, a_2, \cdots, a_n\} \quad (13-2)$$

$$c_{n+1} = \min\{c_1, c_2, \cdots, c_n\} \quad (13-3)$$

$$b_{n+1} = 1 - a_{n+1} - c_{n+1} \quad (13-4)$$

则有

$$u_{n+1} = a_{n+1} + b_{n+1}i + c_{n+1}j$$

2) 悲观极值预测法

悲观极值预测法的基本思想是对前 n 个联系数的同一度取极小值、对对立度取极大值,得到的联系数作为对第 $n+1$ 阶段的预测值,即

$$a_{n+1} = \min\{a_1, a_2, \cdots, a_n\} \quad (13-5)$$

$$c_{n+1} = \max\{c_1, c_2, \cdots, c_n\} \quad (13-6)$$

$$b_{n+1} = 1 - a_{n+1} - c_{n+1} \quad (13-7)$$

则有

$$u_{n+1} = a_{n+1} + b_{n+1}i + c_{n+1}j$$

13.1.3 电子侦察装备的性能预测

例如,进行复杂电磁环境下的电子侦察装备训练,假设前 3 个阶段某装备对某体制信号的侦察概率为 $u_1 = 0.72 + 0.08i + 0.2j$、$u_2 = 0.75 + 0.10i + 0.15j$、$u_3 = 0.70 + 0.12i + 0.18j$,预测下一个训练阶段该装备对某体制信号的侦察概率大小。

依据基于均值的预测原理,根据 u_1、u_2、u_3,则有

$$a = \frac{a_1 + a_2 + a_3}{3} = \frac{0.72 + 0.75 + 0.70}{3} = 0.7233$$

$$b = \frac{b_1 + b_2 + b_3}{3} = \frac{0.08 + 0.10 + 0.12}{3} = 0.10$$

$$c = \frac{c_1 + c_2 + c_3}{3} = \frac{0.2 + 0.15 + 0.18}{3} = 0.1767$$

则可以预测下一个训练阶段该装备对某体制信号的侦察概率可能为 $u = 0.7233 + 0.10i + 0.1767j$。

根据训练背景想定,如果下一个训练阶段的电磁环境比前 3 个阶段复杂,则利用悲观极值预测法对其侦察概率大小进行预测,即有

$$a_4 = \min\{a_1, a_2, a_3\} = \min\{0.72, 0.75, 0.70\} = 0.70$$
$$c_4 = \max\{c_1, c_2, c_3\} = \max\{0.20, 0.10, 0.18\} = 0.20$$
$$b_4 = 1 - a_4 - c_4 = 0.10$$

则预测下一个训练阶段该装备对某体制信号的侦察概率可能为 $u_4 = 0.70 + 0.10i + 0.20j$。

如果下一个训练阶段的电磁环境比前 3 个阶段设置简单,则利用乐观极值预测法对其侦察概率大小进行预测,即有

$$a_4' = \max\{a_1, a_2, a_3\} = \max\{0.72, 0.75, 0.70\} = 0.75$$
$$c_4' = \min\{c_1, c_2, c_3\} = \min\{0.20, 0.10, 0.18\} = 0.10$$
$$b_4' = 1 - a_4' - c_4' = 0.15$$

则预测下一个训练阶段该装备对某体制信号的侦察概率可能为 $u_4' = 0.75 + 0.15i + 0.10j$。

13.2 试验数据的联系数聚类原理与实例

13.2.1 基于距离矩阵的联系数聚类原理

设有 n 个待聚类对象,每个聚类对象特征性能的联系数表达式为

$$u_1 = a_1 + b_1 i + c_1 j$$
$$u_2 = a_2 + b_2 i + c_2 j$$
$$\vdots$$
$$u_n = a_n + b_n i + c_n j$$

对于其中的 $u_i = a_i + b_i i + c_i j$ 和 $u_k = a_k + b_k i + c_k j$,可以表示成向量

形式 $u_i=(a_i,b_i,c_i)$ 和 $u_k=(a_k,b_k,c_k)$,则定义它们之间的距离为

$$d_{ik}=\sqrt{(a_i-a_k)^2+(b_i-b_k)^2+(c_i-c_k)^2} \qquad (13-8)$$

该距离简称为同异反距离。

对所有的 $i\leqslant j(i,j=1,2,\cdots,n)$,计算出 u_i 与 u_j 的同异反距离 d_{ij},并对距离 d_{ij} 进行归一化处理,其算法为

$$d_{ij}=\frac{d_{ij}}{\max\{d_{ij}\}} \qquad (13-9)$$

从而得到上三角同异反距离矩阵为

$$D=\begin{vmatrix} d_{11} & d_{12} & \cdots & d_{1n} \\ & d_{22} & \cdots & d_{2n} \\ & & \ddots & \vdots \\ & & & d_{nn} \end{vmatrix} \qquad (13-10)$$

式中:$d_{ii}=0(i=1,2,\cdots,n)$。

利用矩阵 D 即可对待聚类对象进行聚类。临界值 $\gamma\in[0,1]$,一般要求 $\gamma<0.5$,当 $d_{ij}\leqslant\gamma(i\neq j)$ 时,则将特征性能 u_i 和 u_k 的待聚类对象归为同类。

定义13-1 特征性能 $u_1,u_2,\cdots,u_n$ 在临界值 γ 下的分类称为特征变量的 γ 同异反距离聚类。

临界值 γ 可根据要求取不同的值,如取 $\gamma=0$,则上述所有待聚类对象各自成为一类。γ 越接近于0,分类越细,每一组分类中的聚类对象相对地越少;反之,γ 越大,分类越粗,每一组分类中的聚类对象相对越多。

同异反距离聚类方法的工作流程可用图13-1表示。

基于所定义的同异反距离,还可以找出到理想特征性能对象距离最小的聚类对象。理想特征性能的联系数表达式为

$$u_l=a_l+b_l i+c_l j \qquad (13-11)$$

式中

$$a_l=\max\{a_1,a_2,\cdots,a_n\} \qquad (13-12)$$

$$c_l=\min\{c_1,c_2,\cdots,c_n\} \qquad (13-13)$$

$$b_l=1-a_l-c_l \qquad (13-14)$$

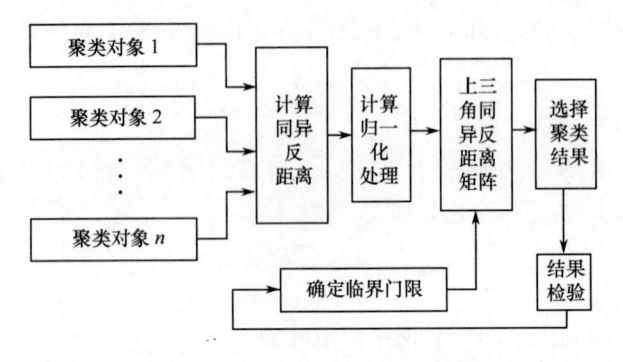

图 13-1 同异反距离聚类流程图

上述 n 个待聚类对象 $u_1, u_2, \cdots, u_n$ 与 u_l 之间的距离为

$$d_{lk} = \sqrt{(a_l - a_k)^2 + (b_l - b_k)^2 + (c_l - c_k)^2} \quad (13-15)$$

式中：$k = 1, 2, \cdots, n$。

若有

$$d_{lk^*} = \min\{d_{l1}, d_{l2}, \cdots, d_{ln}\} \quad (13-16)$$

则第 k^* 个聚类对象距离理想特征性能对象距离最小，在同异反距离内涵下，第 k^* 个聚类对象特征性能最优。

13.2.2 基于距离矩阵的侦察装备聚类示例

对某 8 型侦察装备 $A, B, \cdots, H$ 按照侦察性能进行聚类，装备的侦察性能以联系数形式表征为

$$u_1 = a_1 + b_1 i + c_1 j = 0.70 + 0.15i + 0.15j$$
$$u_2 = a_2 + b_2 i + c_2 j = 0.72 + 0.11i + 0.17j$$
$$u_3 = a_3 + b_3 i + c_3 j = 0.75 + 0.10i + 0.15j$$
$$u_4 = a_4 + b_4 i + c_4 j = 0.72 + 0.15i + 0.13j$$
$$u_5 = a_5 + b_5 i + c_5 j = 0.77 + 0.11i + 0.12j$$
$$u_6 = a_6 + b_6 i + c_6 j = 0.79 + 0.09i + 0.12j$$
$$u_7 = a_7 + b_7 i + c_7 j = 0.76 + 0.13i + 0.11j$$
$$u_8 = a_8 + b_8 i + c_8 j = 0.74 + 0.13i + 0.13j$$

根据上一节算法，得到上三角同异反距离矩阵为

$$D = \begin{vmatrix} 0 & 0.4367 & 0.6301 & 0.2522 & 0.7665 & 1.0000 & 0.6667 & 0.4367 \\ & 0 & 0.3333 & 0.5045 & 0.6301 & 0.7870 & 0.6667 & 0.4367 \\ & & 0 & 0.5490 & 0.3333 & 0.4545 & 0.4545 & 0.3333 \\ & & & 0 & 0.5775 & 0.8262 & 0.4367 & 0.2522 \\ & & & & 0 & 0.2522 & 0.2184 & 0.3333 \\ & & & & & 0 & 0.4545 & 0.5775 \\ & & & & & & 0 & 0.2522 \\ & & & & & & & 0 \end{vmatrix}$$

假设 $\gamma = 0.3$,则得到同异反距离分析矩阵 D' 为

$$D' = \begin{vmatrix} 0 & 1 & 1 & 0 & 1 & 1 & 1 & 1 \\ & 0 & 1 & 1 & 1 & 1 & 1 & 1 \\ & & 0 & 1 & 1 & 1 & 1 & 1 \\ & & & 0 & 1 & 1 & 1 & 0 \\ & & & & 0 & 0 & 0 & 1 \\ & & & & & 0 & 1 & 1 \\ & & & & & & 0 & 0 \\ & & & & & & & 0 \end{vmatrix}$$

继而有

$$D' = \begin{vmatrix} A & \cdots & \cdots & * & \cdots & \cdots & \cdots & \cdots \\ & B & \cdots & \cdots & \cdots & \cdots & \cdots & \vdots \\ & & C & \cdots & \cdots & \cdots & \cdots & \vdots \\ & & & D & \cdots & \cdots & \cdots & * \\ & & & & E & * & * & \vdots \\ & & & & & F & \cdots & \vdots \\ & & & & & & G & * \\ & & & & & & & H \end{vmatrix}$$

则 8 型侦察装备按照侦察性能分类为 $\{A,D,E,F,G,H\}$、$\{B\}$ 和 $\{C\}$ 三类。

假设 $\gamma = 0.4$，则得到同异反距离分析矩阵为

$$D' = \begin{vmatrix} 0 & 1 & 1 & 0 & 1 & 1 & 1 & 1 \\ & 0 & 0 & 1 & 1 & 1 & 1 & 1 \\ & & 0 & 1 & 0 & 1 & 1 & 0 \\ & & & 0 & 1 & 1 & 1 & 0 \\ & & & & 0 & 0 & 0 & 0 \\ & & & & & 0 & 1 & 1 \\ & & & & & & 0 & 0 \\ & & & & & & & 0 \end{vmatrix}$$

继而有

$$D' = \begin{vmatrix} A & \cdots & \cdots & * & \cdots & \cdots & \cdots & \cdots \\ & B & * & \cdots & \cdots & \cdots & \cdots & \vdots \\ & & C & \cdots & * & \cdots & \cdots & * \\ & & & D & \cdots & \cdots & \cdots & * \\ & & & & E & * & * & * \\ & & & & & F & \cdots & \vdots \\ & & & & & & G & * \\ & & & & & & & H \end{vmatrix}$$

则 8 型侦察装备按照侦察性能划入为 $\{A,B,C,D,E,F,G,H\}$ 一类。

对于上述，有

$$a_l = \max\{a_1, a_2, \cdots, a_8\}$$
$$= \max\{0.70, 0.72, 0.75, 0.72, 0.77, 0.79, 0.76, 0.74\}$$
$$= 0.79$$
$$c_l = \min\{c_1, c_2, \cdots, c_8\}$$
$$= \min\{0.15, 0.17, 0.15, 0.13, 0.12, 0.12, 0.11, 0.13\}$$
$$= 0.11$$

则有

$$b_l = 1 - a_l - c_l = 1 - 0.79 - 0.11 = 0.10$$

于是特征性能联系数表达式为

$$u_l = a_l + b_l i + c_l j = 0.79 + 0.10i + 0.11j$$

于是有 8 型侦察装备到理想侦察装备的同异反距离分别为

$$d_{lk}\{k=1,2,\cdots,8\} = \{0.1105, 0.0927, 0.0566, 0.0883, 0.0245,$$
$$0.0141, 0.0242, 0.0616\}$$

则有
$$d_{l6} = \min\{d_{l1}, d_{l2}, \cdots, d_{l8}\}$$

即在同异反距离含义下,上述 8 型侦察装备中装备 F 的侦察性能最好。

参 考 文 献

[1] 武小悦,刘琦. 装备试验与评价[M]. 北京:国防工业出版社,2008.
[2] 熊群力. 综合电子战——信息化战争的杀手锏[M]. 2版. 北京:国防工业出版社,2010.
[3] 中国人民解放军军事科学院. 中国人民解放军军语[M]. 北京:军事科学出版社,2011.
[4] 柯宏发. 电子装备试验中的灰色决策与评估研究[D]. 长沙:国防科技大学,2007.
[5] 柯宏发. 电子装备试验中的不确定性建模问题研究[R]. 南京:南京航空航天大学,2010.
[6] 陈永光,柯宏发. 电子信息装备试验灰色系统理论运用技术[M]. 北京:国防工业出版社,2008.
[7] WRight D, Nation R Smith S K. Statistical Techniques for Determining the Repeatability of Man – in – the – Loop System Performance Data[R]. Joint Advanced Distribution Simulation/Joint Test and Evaluation, Albuquerque, NM,2000.
[8] 史文中. 空间数据与空间分析不确定性原理[M]. 北京:科学出版社,2005.
[9] Wang Daoping, Ma Shaoping, Liu Jing. Study on the classification and disposal of uncertainknowledge in intelligent fault diagnosis systems [C]// Intelligent Control and Automation, 2000. Proceedings of the 3rd World Congress on. IEEE, 2000, 1: 308 – 312.
[10] 王小晟,吴顺祥. 对几种处理不确定性信息的理论的比较研究[J]. 计算机工程与应用,2005(12):51 – 55.
[11] 柯宏发,陈永光,刘思峰. 电子装备试验数据的不确定性分析方法[J]. 应用基础与工程科学学报,2011,19(4):653 – 663.
[12] 柯宏发,陈永光,刘思峰. 电子战系统试验中不确定性信息的处理问题[J]. 装备指挥技术学院学报,2011,22(5):97 – 102.
[13] 刘思峰,党耀国,方志耕. 灰色系统理论及其应用[M]. 3版. 北京:科学出版社,2004.
[14] 刘普寅,吴孟达. 模糊理论及其应用[M]. 长沙:国防科技大学出版社,2001.
[15] 刘开第,吴和琴,庞彦军,等. 不确定性信息数学处理及应用[M]. 北京:科学出版社,1999.
[16] 赵克勤. 集对分析及其初步应用[M]. 杭州:浙江科技出版社,2000.
[17] 赵克勤,米红. 非传统安全与集对分析[M]. 北京:知识产权出版社,2010.
[18] 熊和金,陈德军. 基于灰色系统理论的数据挖掘技术[J]. 系统工程与电子技术,2004,26(2):184 – 186.

[19] 张志謦,刘洁瑜,马学文. 基于非等间距灰色模型的捷联惯组误差系数建模预测[J]. 导弹与航天运载技术,2011(5):40-42.

[20] Chang K C, Yeh M F. Grey relational analysis based approach for data clustering[J]. IEE Proceedings of Vision, Image and Signal Processing, 2005, 152(2): 165-172.

[21] Shimizu N, Ueno O, Komata C. Introduction of time series data analysis using grey system theory[C]. 1998 Second International Conference on Knowledge Based Intelligent Electronic Systems, Adelaide, Australia, 1998:67-72.

[22] 柯宏发,陈永光,楚振锋. 电子装备试验数据的灰色处理[J]. 系统工程与电子技术,2005,27(8):1409-1411.

[23] 柯宏发,陈永光,吴金亮. 一种新的基于GM(1,1)模型的粗大误差判别模型[J]. 系统工程与电子技术,2008,30(10):2003-2006.

[24] Chen Yongguang, Ke Hongfa, Liu Yi. Grey Distance Information Approach for Parameter Estimation of Small Samples[J]. IEEE Transactions on Instrumentation and Measurement,2008, 57(6):1281-1286.

[25] Ke Hongfa, Chen Yongguang, Wang Guoyu. Target Assignment Model of Electronic Equipments Based on GM(1,1) Model[J]. The Journal of Grey System, 2005,17(3):235-242.

[26] Ke Hongfa, Chen Yongguang. An Interpolation Technique Based on Grey Relational Theory [J]. The Journal of Grey System, 2006,18(1):79-83.

[27] 柯宏发,陈永光,陈沫. 基于范数∥·∥∞的数据列空穴插值方法[J]. 系统工程与电子技术,2007,29(3):467-469.

[28] 刘义,王国玉,柯宏发. 一种基于灰色距离测度的小样本数据区间估计方法[J]. 系统工程与电子技术,2008,30(1):116-119.

[29] 柯宏发,刘思峰,陈永光. 无人机飞行轨迹的实时显示预测算法[C]//陈杰. 第二十九届中国控制会议文集,北京:北京航空航天大学出版社,2010:3098-3102.

[30] Meher S K, Pate1 P. Fuzzy impulse noise detector for efficient image restoration[C]//RecentAdvances in Intelligent Computational Systems (RAICS), 2011 IEEE. IEEE, 2011: 701-705.

[31] Semogan A R C, Gerardo B D, Tanguilig B T, et al. A Rule-Based Fuzzy Diagnostics DecisionSupport System for Tuberculosis [C]//Software Engineering Research, Management andApplications (SERA), 2011 9th International Conference on. IEEE, 2011: 60-63.

[32] Jasiewicz. A new GRASS GIS fuzzy inference system for massive data analysis[J]. Computers & Geosciences, 2011, 37(9): 1525-1531.

[33] Döring C, Lesot M J, Kruse R. Data analysis with fuzzy clustering methods[J]. Computational Statistics & Data Analysis, 2006, 51(1): 192-214.

[34] 黄崇福,王家鼎. 模糊信息优化处理技术及其应用[M]. 北京:北京航空航天大学出版社,1995.

[35] 王中宇,刘智敏,夏新涛,等. 测量误差与不确定度评定[M]. 北京:科学出版社,2008.

[36] 朱学锋. 基于聚类模糊系统的动态数据野值剔除方法[J]. 飞行器测控学报,2011,30(5):81-84.

[37] 姚明海,金喜子,赵连朋,等. 基于模糊聚类的侦察数据分析方法[J]. 计算机工程与设计,2009,30(2):404-407.

[38] 魏保华,吕晓雯,王雪松,等. 雷达干扰效果模糊综合评估方法研究[J]. 系统工程与电子技术,2000,22(8):68-71.

[39] 魏保华,孟晨,范书义,等. 基于变权模糊综合评判的雷达抗干扰性能评估[J]. 现代雷达,2010,32(9):15-18.

[40] 武传玉,刘付显. 基于模糊评判的新防空威胁评估模型[J]. 系统工程与电子技术,2004,26(8):1069-1071.

[41] 牛强,夏士雄,周勇,等. 改进的模糊C-均值聚类方法[J]. 电子科技大学学报,2007,36(6):1257-1272.

[42] 杨瑞刚,徐格宁,吕明. 基于未确知信息的复杂结构能度可靠性分析[J]. 中国机械工程,2008,19(21):2577-2581.

[43] 赵志峰,王海波. 充分考虑参数不确定性的挡土墙抗滑验算[J]. 南京林业大学学报(自然科学版),2009,33(5):109-112.

[44] 陈永光,柯宏发,胡利民. 基于未确知有理数的天线增益测试数据处理[J]. 电波科学学报,2011,26(6):1194-1199.

[45] 蒋云良,徐从富. 集对分析理论及其应用研究进展[J]. 计算机科学,2006,33(1):205-209.

[46] 王文圣,金彩良,丁晶,等. 水资源评估新方法——集对评估法[J]. 中国科学(E辑),2009,39(9):1529-1534.

[47] 金菊良,魏一鸣,王文圣. 基于集对分析的水资源相似预测模型[J]. 水力发电学报,2009,28(1):72-77.

[48] 高洁,盛昭瀚. 集对分析聚类预测法及其应用[J]. 系统工程学报,2002,17(5):458-462.

[49] 张明俊,刘以安,马秀芳,等. 基于集对分析的多目标数据关联技术研究[J]. 华东船舶工业学院学报(自然科学版),2005,19(3):70-74.

[50] 赵克勤,黄德才,陆耀忠. 基于$a+bi+cj$型联系数的网络计划方法初探[J]. 系统工程与电子技术,2000,22(2):29-31.

[51] 刘晓,唐辉明,刘瑜. 基于集对分析的滑坡变形动态建模研究[J]. 岩土力学,2009,30(8):2371-2378.

[52] 刘以安,牛媛媛,刘同明. 集对分析在多雷达数据融合中的应用研究[J]. 华东船舶工业学院学报(自然科学版),2005,39(2):64-67.

[53] 李宜敏,罗爱民,吕风虎,等. 集对分析联系度聚类方法在信息分类中的应用[J]. 火力指挥与控制,2008,33(8):145-148.

[54] 王文圣,向红莲,李跃清,等. 基于集对分析的年径流丰枯分类新方法[J]. 四川大学学

报(工程科学版),2008,40(5):1 - 6.

[55] 董奋义,肖美丹,刘斌,等. 灰色系统教学中白化权函数的构造方法分析[J]. 华北水利水电学院学报,2010,31(3):97 - 99.

[56] 谢大勇. 模糊白化灰色关联理论在设计评价中的应用[J]. 福建工程学院学报,2007,5(1):99 - 102.

[57] 杨朝晖,李德毅. 二维云模型及其在预测中的应用[J]. 计算机学报,1998,21(11):961 - 969.

[58] 李德毅,杜鹢. 不确定性人工智能[M]. 北京:国防工业出版社,2005.

[59] 王中宇,夏新涛,朱坚民. 测量不确定度的非统计理论[M]. 北京:国防工业出版社,2001.

[60] Ke Hongfa, Chen Yongguang, Liu Yi. Data Processing of Small Samples Based on Grey Distance Information Approach[J]. Journal of Systems Engineering and Electronics,2007,18(2):281 - 289.

[61] 柯宏发,陈永光,吴金亮. 电子战装备效能评估中的不确定性信息处理[J]. 军事运筹与系统工程,2007,21(4):36 - 40.

[62] 王正明,易东云. 测量数据建模与参数估计[M]. 长沙:国防科技大学出版社,1997.

[63] 张歧山. 灰朦胧集的差异信息理论[M]. 北京:石油工业出版社,2002.

[64] 邵国培,曹志耀,何俊,等. 电子对抗作战效能分析[M]. 北京:解放军出版社,1998.

[65] 刘义,王国玉,柯宏发,等. 一种应用于外场试验数据处理的非概率参数估计方法[J]. 信号处理,2009,25(1):113 - 118.

[66] 王新洲,游扬声,汤永净. 最优信息扩散估计理论及其应用[J]. 地理空间信息,2003,1(1):10 - 17.

[67] 王新洲. 基于信息扩散原理的估计理论、方法及其抗差性[J]. 武汉测绘科技大学学报,1999,24(3):240 - 244.

[68] 赵耀龙,王新洲,陶本藻. 模糊信息处理在测绘学中的应用探讨[J]. 测绘通报,1999(8):6 - 9.

[69] 王万军. 集对分析方法在数据挖掘中的应用[J]. 甘肃联合大学学报(自然科学版),2006,20(6):65 - 67.

[70] 黄德才,赵克勤. 用联系数描述和处理网络计划中的不确定性[J]. 系统工程学报,1999,14(2):112 - 117.

[71] 王霞. 观察数据用联系数表示的方差分析及应用[J]. 天津科技大学学报,2007,22(3):72 - 75.

[72] 胡剑文. 武器装备体系能力指标的探索性分析与设计[M]. 北京:国防工业出版社,2009.

[73] 韩家炜. 数据挖掘:概念与技术[M]. 北京:机械工业出版社,2007.

[74] Zhao Zhongming, Chen Xien. Surface movement and deformation simulated by Verhulstmodel[C]//Computer Science and Information Technology, 2009. ICCSIT 2009. 2nd IEEEInter-

national Conference on. IEEE, 2009: 459-461.

[75] Zhao Wenqing, Zhu Yongli. A prediction model for dissolved gas in transformer oil based on-improved verhulst grey theory[C]//Industrial Electronics and Applications, 2008. ICIEA 2008. 3rdIEEE Conference on. IEEE, 2008: 1042-2044.

[76] Luo Youxin, Chen Mianyun, Che Xiaoyi, et al. Non-equal interval direct optimizing Verhulst model that $x(n)$ be taken as initial value and its application[J]. Journal of Southeast University (English Edition), 2008, 24(9): 17-21.

[77] 何必高,刘福太. 弹上电子设备可靠性灰色预测方法[J]. 舰船电子工程,2008,28(3): 160-164.

[78] 梁庆卫,宋保维,贾越. 鱼雷研制费用的灰色Verhulst模型[J]. 系统仿真学报,2005, 17(2): 257-258.

[79] Jaekel B W. Electromagnetic envirOnments-Phenomena, classification, compatibility andimmunity levels[C]//EUROCON 2009, EUROCON'09. IEEE. IEEE, 2009: 1498-1502.

[80] Zhou Changlin, Zhan Zhan, Qin Xuebing, et al. Research on the electromagnetic environmenteffect on wireless communication systems[C]//Antennas, Propagation and EM Theory, 2008. ISAPE 2008. 8th International Symposium on. IEEE, 2008: 1478-1481.

[81] 陈行勇,张殿宗,钱祖平,等. 战场电磁环境复杂性定量分析研究综述[J]. 电子信息对抗技术,2010, 25(4):44-51.

[82] Wu Jinliang, Su Donglin, Li Hongling. The effect of electromagnetic environment ofhigh-voltage transmission line and ubstations on electronic equipment test[C]//2008 8thInternational Symposium on Antennas, Propagation and EM Theory. 2008: 1216-1119.

[83] 邵国培,刘雅奇,何俊,等. 战场电磁环境的定量描述与模拟构建及复杂性评估[J]. 军事运筹与系统工程,2007, 21(4):17-20.

[84] 邵涛,胡以华,石亮,等. 战场电磁环境复杂度定量评估方法研讨[J]. 电光与控制, 2010, 17(1):81-84.

[85] Luo R C, Chen T M. Autonomous Mobile Target Tracking System Based on Grey-Fuzzy Control Algorithm[J]. IEEE Trans. on Industrial Electronics, 2000, 47(4): 920-931.

[86] 徐祖华,赵均,钱积新. 基于操作轨迹模型的非线性预测控制算法[J]. 电路与系统学报,2009, 14(1): 59-65, 58.

[87] Pan Xiaogang, Zhou Haiyin, Wang Jiongqi, et al. An Orbital Prediction Algorithm for LEO Satellites Based on Optical Observations of Short Arcs at Single Station[J]. Chinese Astronomy and Astrophysics, 2010,34(3): 316-331.

[88] Chen Hongda, Chang K C. Novel nonlinear filtering & prediction method for maneuvering target tracking[J]. IEEE Transactions on Aerospace and Electronic Systems, 2009, 45(1): 237-249.

[89] 万琴,王耀南. 基于卡尔曼滤波器的运动目标检测与跟踪[J]. 湖南大学学报,2007,34 (3):36-40.

[90] 彭曲,丁治明,郭黎敏. 基于马尔可夫链的轨迹预测[J]. 计算机科学,2010,37(8): 189-193.

[91] 吴鹍,潘薇. 基于数据挖掘的四维飞行轨迹预测模型[J]. 计算机应用,2007,27(11): 2637-2639.

[92] Chen Guangzhu, Zhou Lijuan, Zhu Zhencai, et al. RBF neural network based prediction for target tracking in chain-type wireless sensor networks[C]//Advanced COmrputer Control (ICACC),2010 2nd International Conference on. IEEE, 2010, 2: 635-639.

[93] 马国兵,张楠. 一种基于神经网络的机动目标轨迹预测方法[J]. 青岛理工大学学报, 2006,27(5): 108-111.

[94] Luo R C, Chen T M, Su K L. Target Tracking Using Hierarchical Grey-Fuzzy Motion Decision-Making Method[J]. IEEE Transactions. on System, Man, and Cybernetics Part A: Systems and Humans, 2001, 31(3): 179-186.

[95] 沈继红,张长斌,柴艳有,等. 递推批量MGM(1,N)模型在滑行艇运动姿态预报中的应用[J]. 哈尔滨工业大学学报,2010, 42(7): 1163-1167.

[96] 王正新,党耀国,刘思峰. 基于白化权函数分类区分度的变权灰色聚类[J]. 统计与信息论坛,2011, 26(6): 23-27.

[97] 李宜敏,罗爱民,吕凤虎. 灰色聚类评估的一种改进方法[J]. 统计与决策,2007(1): 20-21.

[98] 张荣,刘思峰,刘斌. 灰色聚类评价方法的延拓研究[J]. 统计与决策,2007(9): 24-26.

[99] 庞彦军,刘立民,刘开第. 未确知均值聚类[J]. 河北工程大学学报(自然科学版), 2010, 27(4): 98-100.

[100] 周巧萍,潘晋孝,杨明. 基于核函数的混合C均值聚类算法[J]. 模糊系统与数学, 2008, 22(6): 148-151.

[101] 陈昊,李兵. 云推理方法及其在预测中的应用[J]. 计算机科学,2011, 38(7): 209-211,244.

[102] 李飞,张仕斌. 基于云模型的网络系统状态评估与预测模型研究[J]. 四川大学学报 (工程科学版),2010, 42(6): 99-105.

内 容 简 介

本书是国内第一部系统研究电子装备试验数据非统计处理与分析技术的专著,构建了电子装备试验数据的非统计分析理论和应用方法体系,富有开拓性和创新性。

全书共13章,主要内容:首先,分析了电子装备试验数据的非统计处理与分析需求,提出了专著的主要研究内容框架;其次,介绍了试验数据的非统计预处理模型与方法;然后,分别对基于灰色系统理论、模糊数学、未确知有理数、联系数的试验数据处理与分析模型进行研究,包括粗大误差的灰色包络判别法和 $GM(1,1)$ 模型判别法、基于灰色距离信息的试验数据点估计与评定方法、基于模糊熵和模糊聚类的试验数据粗大误差判别以及基于模糊信息扩散原理的参数估计、粗大误差的未确知有理数判别方法、基于盲数的试验数据表达模型、基于联系数的试验数据方差分析模型以及基于集对同势的试验数据分析模型等,并针对所提出的每个理论模型进行了实例分析;最后,研究了试验数据的数据挖掘理论与技术,包括基于灰色系统理论的试验数据预测与聚类、基于模糊数学和未确知有理数的试验数据聚类,以及基于云模型和联系数的试验数据挖掘方法等。

本书可作为高等院校装备试验、装备保障、军事运筹学、作战指挥学及管理类等专业本科生、研究生教材或参考书,也可供从事武器装备试验的管理人员、工程技术人员进行系统分析和决策时参考。